普通高等院校数学类规划教材

应用概率统计

PROBABILITY AND STATISTICS WITH APPLICATIONS

大连理工大学城市学院基础教学部　　组编

主编　曹铁川

编者　（按编写章节先后排序）

王淑娟　张宇红　佟小华

肖厚国　孙晓坤

大连理工大学出版社
DALIAN UNIVERSITY OF TECHNOLOGY PRESS

图书在版编目(CIP)数据

应用概率统计 / 大连理工大学城市学院基础教学部
组编. — 大连：大连理工大学出版社，2013.2(2021.12 重印)
ISBN 978-7-5611-7629-0

Ⅰ. ①应… Ⅱ. ①大… Ⅲ. ①概率统计—高等学校—
教材 Ⅳ. ①O211

中国版本图书馆 CIP 数据核字(2013)第 025214 号

大连理工大学出版社出版
地址：大连市软件园路 80 号　邮政编码：116023
发行：0411-84708842　邮购：0411-84708943　传真：0411-84701466
E-mail:dutp@dutp.cn　URL:http://dutp.dlut.edu.cn
大连雪莲彩印有限公司印刷　　　大连理工大学出版社发行

| 幅面尺寸：185mm×260mm | 印张：12.5 | 字数：277 千字 |
| 2013 年 2 月第 1 版 | | 2021 年 12 月第 10 次印刷 |

责任编辑：王　伟　　　　　　　　　　　　责任校对：李　慧
封面设计：熔点创意

ISBN 978-7-5611-7629-0　　　　　　　　　　定　价：32.00 元

本书如有印装质量问题，请与我社发行部联系更换。

前　言

　　概率论与数理统计是研究和揭示随机现象统计规律性的一门数学学科,其内容丰富,实用性强.它广泛渗透于自然科学、技术科学、管理科学、社会科学及人文科学各领域,应用遍及工业、农业、经济、金融、保险、生物、医药、军事、气象、地质等国民经济各个部门。

　　该课程的重要性被许多科学大家所津津乐道。例如,被誉为"法国的牛顿"的著名数学家和天文学家拉普拉斯曾说过:"值得注意的是,概率论这门起源于机会游戏的科学,早就应该成为人类知识最重要的组成部分……对于大多数人来说,生活中那些最重要的问题,绝大部分恰恰是概率论问题。"英国著名的逻辑学家和经济学家杰文斯也对概率论大加赞美:"概率论是生活真正的领路人,如果没有对概率的某种估计,那么我们就寸步难行,无所作为。"

　　概率论与数理统计研究的是随机现象的数量规律性及其应用。一方面,它独特的理论和研究方法使人耳目一新;另一方面,学习该课程需要中学数学和微积分理论作支撑,加之各种新概念、新记号繁多,又使一些初学者颇感困惑。近年来,随着我国教育事业的发展,客观上也给教育工作者提出了新的研究课题,需要不断总结经验,探索规律,从教学理念、教学方法以及教材上适应新形势的要求。

　　《应用概率统计》是为普通高等院校,特别是应用型本科院校编写的教材。我们从本课程的特点出发,结合应用型人才培养的目标,分析了课程系统性、严密性与应用型人才需求的关系,对知识结构删繁就简,优化重组。编写原则是:立足应用型人才培养,使学生学到知识,形成能力,在学习中感受成功,享受快乐。在编写过程中,我们力求用通俗的语言和熟知的实例为背景,提炼出抽象难懂的概念,循序渐进地揭示研究方法,在保证知识体系完整的前提下,适当削弱理论深度。在例题和习题的配置上,注意示范性、多样性、趣味性。特别是在每一章的最后,都设有"应用实例阅读"一节,供学生课外阅读。通过阅读这些材料,既可以开阔眼界,活跃思想,加深对本章知识的理解,又可增强应用意识,提高应用能力。

　　《应用概率统计》涵盖了概率论与数理统计最基本的内容和方法。第1~4章是概率论部分,包括概率论的基本概念、随机变量及其分布、二维随机变量及其分布、随机变量的数字特征;第5~7章是数理统计部分,包括数理统计的基本概念、参数估计、假设检验等。

　　本书由大连理工大学城市学院基础教学部组织编写,曹铁川任主编并负责统稿,编者有王淑娟(第 1 章)、张宇红(第 2 章、第 5 章)、佟小华(第 3 章)、肖厚国(第 4 章)、孙晓坤(第 6 章、第 7 章)。

本教材配有《应用概率统计学习指导》教学参考书。

大连理工大学数学科学学院冯敬海教授悉心阅读了书稿,并提出宝贵建议,在此表示感谢。

限于作者水平,不妥之处在所难免,期待读者和同行批评指正。

编　者

2013 年 2 月　于大连

目　录

第1章 概率论的基本概念

概率论与数理统计是研究和揭示随机现象统计规律性的一门数学学科. 概率论的起源可以追溯到三四百年前对赌博问题的研究, 那时欧洲许多国家贵族之间赌博之风盛行, 掷骰子是他们常采用的一种赌博方式. 在掷骰子过程中, 人们遇到了很多诸如"分赌本"等需要计算可能性大小的问题, 并求教于数学家. 很多数学家参与其中, 围绕赌博中的数学问题开始深入细致的研究, 从而产生了概率论这一数学分支. 这一时期概率论主要用来计算各种古典概率.

随着 18、19 世纪科学的发展, 人们注意到某些生物、物理和社会现象与机会游戏相似, 从而由赌博起源的概率论被应用到这些领域中, 同时也大大推动了概率论本身的发展. 特别是概率论的公理化方法的诞生, 成为现代概率论的基础, 使概率论成为严谨的数学分支. 现在, 概率论以及与之伴随产生的数理统计, 在自然科学、社会科学、工程技术、军事科学及国民经济的各个部门, 几乎都可以找到它的应用, 其应用前景广阔.

本章主要介绍概率论的基本知识以及一些简单应用, 包括随机事件及事件之间的关系和运算、概率的定义、古典概型及几何概型、条件概率和全概率公式、事件的独立性与贝努利试验. 这些基本概念与基本知识是学习概率论的基础, 对理解整个概率论的内容是至关重要的.

1.1 随机事件及其运算

现实世界千姿百态, 精彩纷呈. 在科学研究和社会生活中会遇到多种多样的现象, 有一类现象, 在一定条件下必然会发生(或必然不发生). 例如, 在标准大气压下, 水加热到 100℃ 就会沸腾; 异性电荷相互吸引; 向空中抛一物体必然会落回地面. 这类现象称为**确定性现象**. 同时, 还存在另一类现象, 在相同的条件下, 可能会出现这样的结果, 也可能会出现那样的结果. 例如, 在相同条件下抛掷一枚硬币, 其结果可能是正面向上, 也可能是反面向上, 并且每次抛掷之前无法肯定结果是什么; 再如, 同一门炮向同一目标射击, 弹着点的位置不尽相同, 并且在每次射击前无法预知弹着点的确切位置. 但是, 如果多次重复抛掷同一枚硬币, 那么正面向上的次数大致会有一半; 同一门炮射击同一目标, 弹着点的分布也呈现某种规律.像这样在个别试验中,其结果呈现出不确定性,但是在大量重复试验中,其结果却呈现出某种规律性的现象,称为**随机现象**.

我们把随机现象的这种规律性称为**统计规律性**.科学的任务就在于,要从看起来错综复杂的偶然性中,揭示其潜在的必然性.概率论与数理统计就是研究随机现象统计规律性的一门学科.

1.1.1 随机试验

为了研究随机现象的统计规律性,我们给出**随机试验**或**试验**的说法.这里的试验是一个很广泛的术语,它包括各种各样的科学试验,也包括对某些现象进行观测和记录等.下面给出几个试验的例子.

E_1:投掷一枚骰子,观察出现的点数.

E_2:将一枚硬币连续抛三次,观察出现正、反面的情况.

E_3:从一批产品中抽取 n 件,观察出现次品的数量.

E_4:从一批电视机中任意抽取一台,测试其寿命(单位:小时).

E_5:向一个直径为 50 cm 的圆形靶子射击,假设每次都能中靶,观察弹着点在靶子上的位置.

E_6:在城市的某一交通路口,观测在指定的一小时内汽车的流量.

上述这些试验都具有一些共同特征:试验前,每个试验的所有可能结果都是可以确定的,但每次试验究竟会发生什么样的结果是事先无法预知.例如,掷骰子前,就知道骰子的点数为 $1,2,3,4,5,6$,但每次投掷之前并不知道会出现哪个点数;从一批产品中抽取的 n 件产品中,含有的次品数可能是 $0,1,2,\cdots,n$,但没法预知到底会出现几件次品.

定义 1-1 满足下面三个条件的试验,称为**随机试验**:

(1)试验可以在相同条件下重复进行;

(2)每次试验的可能结果不止一个,但事先能知道试验的所有可能结果;

(3)每次试验前不能确定哪一个结果会出现.

前面所列举的试验都属于随机试验.随机试验一般用字母 E 表示.

1.1.2 样本空间

尽管随机试验前并不能确定会出现哪一个结果,但试验的所有可能结果却是已知的.

定义 1-2 随机试验 E 的所有可能结果组成的集合称为**样本空间**,记作 Ω.样本空间的元素,即 E 的每个结果,称为**样本点**.

【例 1-1】 写出上述随机试验 $E_k(k=1,2,3,4,5,6)$ 对应的样本空间 Ω_k.

解 $\Omega_1=\{1,2,3,4,5,6\}$;

$\Omega_2=\{(正,正,正),(正,正,反),(正,反,正),(正,反,反),(反,正,正),(反,正,反),$
$(反,反,正),(反,反,反)\}$;

$\Omega_3=\{0,1,2,\cdots,n\}$;

$\Omega_4=\{t\,|\,t\geqslant0\}$;

$\Omega_5 = \{(x, y) \mid x^2 + y^2 < 25^2\}$;

$\Omega_6 = \{0, 1, 2, \cdots\}$.

需要注意的是,同一个随机试验,试验目的不同,样本空间也可以不同.例如,投掷两枚骰子,观察可能出现的点数,其样本空间为 $\{(i, j) \mid i, j = 1, 2, 3, 4, 5, 6\}$.而投掷两枚骰子,观察出现的点数之和,此时样本空间则是 $\{2, 3, \cdots, 12\}$.

1.1.3　随机事件

在进行随机试验时,我们关注的常常是满足某些条件的样本点所构成的集合.例如对一批产品进行检验时,规定若次品率≤2%,则这批产品为合格品,当我们在这批产品中随机抽取 100 件,我们所关注的是其次品数是否≤2,满足这一条件的样本点构成的集合 $A = \{0, 1, 2\}$ 显然为该随机试验所对应样本空间的一个子集.

定义 1-3　一般地,我们称随机试验 E 的样本空间 Ω 的子集为**随机事件**,简称事件,一般用 $A, B, C, \cdots$ 表示.

当且仅当随机事件中的一个样本点出现时,我们称事件发生了.

特殊地,由一个样本点所构成的单点集,称为**基本事件**.样本空间 Ω 包含所有的样本点,在一次随机试验中必然发生,称为**必然事件**.空集 $\varnothing$ 作为样本空间 Ω 的一个子集,也是一个事件,$\varnothing$ 不包含任何样本点,在每次试验中都不会发生,称为**不可能事件**.

例如,在试验 E_1 中考虑事件 $A = \{$出现奇数点$\}$,则 $A = \{1, 3, 5\}$.事件 $B = \{$点数大于 7$\}$,显然 B 为不可能事件.

1.1.4　事件之间的关系与运算

实际问题中遇到的随机事件往往是比较复杂的,这就需要我们能将较复杂的事件"分解"成一些简单事件的组合.由前面的定义,样本空间可以看作全集,事件是其子集,因此就可以用集合之间的关系和运算来描述事件之间的关系和运算.

1. 包含关系

若事件 A 的每一个样本点都包含在事件 B 中,则称事件 B 包含事件 A,记为 $A \subset B$ 或 $B \supset A$(图 1-1).这时,若事件 A 发生必导致事件 B 发生.

若 $A \subset B$ 且 $B \subset A$,则称事件 A 与 B 相等,记为 $A = B$.

2. 和事件

至少属于事件 A 与 B 二者之一的样本点的全体称为 A 与 B 的**和事件**,记作 $A \cup B$ (图 1-2).事件 $A \cup B$ 发生表示事件 A 与事件 B 至少有一个发生.

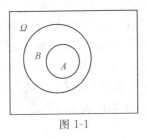

图 1-1

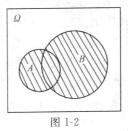

图 1-2

3. 积事件

同时属于事件 A 与 B 的样本点的全体称为事件 A 与 B 的**积事件**,记作 $A \cap B$ 或 AB (图 1-3).事件 $A \cap B$ 发生表示事件 A 与事件 B 同时发生.

4. 差事件

属于事件 A 而不属于事件 B 的样本点的全体称为 A 与 B 的**差事件**,记作 $A-B$(图 1-4).事件 $A-B$ 发生表示事件 A 发生,而事件 B 不发生.

易知,$A-B = A \cap \bar{B} = A\bar{B}$.

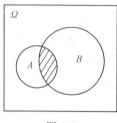
图 1-3

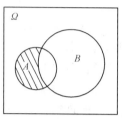
图 1-4

5. 对立事件

样本空间 Ω 与随机事件 A 的差事件,称为事件 A 的**对立事件**(也称为**逆事件**或**补事件**),记作 $\bar{A}$(图 1-5).事件 $\bar{A}$ 发生当且仅当 A 不发生.

易知,$A \cup \bar{A} = \Omega, \bar{\bar{A}} = A, \bar{\varnothing} = \Omega, \bar{\Omega} = \varnothing$.

6. 互不相容关系

若 $AB = \varnothing$,即事件 A 与 B 不能同时发生,则称事件 A 与 B 是**互不相容**的,也称为事件 A 与事件 B **互斥**(图 1-6).

如果 A 与 B 互不相容,并不是说 A 与 B 之间没有关系,而是有非常密切的关系.因为其中一个事件的发生会限制另一个事件的发生.

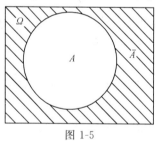
图 1-5

图 1-6

如同代数运算有其运算规则一样,事件之间的运算也遵循一定的规则.设 A, B, C 为任意三个事件,则有:

(1) 交换律:$A \cup B = B \cup A, A \cap B = B \cap A$;

(2) 结合律:$A \cup (B \cup C) = (A \cup B) \cup C, A \cap (B \cap C) = (A \cap B) \cap C$;

(3) 分配律:$A \cap (B \cup C) = (A \cap B) \cup (A \cap C), A \cup (B \cap C) = (A \cup B) \cap (A \cup C)$;

(4) 对偶律:$\overline{A \cup B} = \bar{A} \cap \bar{B}, \overline{A \cap B} = \bar{A} \cup \bar{B}$.

【**例 1-2**】 设有三个人各购买了一注福利彩票,以 A 表示"第一个人中奖",B 表示"第二个人中奖",C 表示"第三个人中奖".试用 A, B, C 表示下列事件:

（1）至少有一个人中奖；

（2）恰有一个人中奖；

（3）至多有一个人中奖.

解　（1）$A \cup B \cup C$；

（2）恰有一个人中奖是指其中有一个人中奖而另外两个人没中奖，即
$$A\overline{B}\,\overline{C} \cup \overline{A}B\overline{C} \cup \overline{A}\,\overline{B}C;$$

（3）至多有一个人中奖是指没有人中奖或恰有一个人中奖，即
$$\overline{A}\,\overline{B}\,\overline{C} \cup A\overline{B}\,\overline{C} \cup \overline{A}B\overline{C} \cup \overline{A}\,\overline{B}C.$$

【例 1-3】　靶子由 10 个同心圆组成，半径分别为 $r_1, r_2, \cdots, r_{10}$，且 $r_1 < r_2 < \cdots < r_{10}$，以事件 A_k 表示命中点在半径为 r_k 的圆内，叙述下列事件的意义：

（1）$\bigcup\limits_{k=1}^{6} A_k$；（2）$\bigcap\limits_{k=1}^{8} A_k$；（3）$\overline{A_1}A_2$.

解　（1）命中点在半径为 r_6 的圆域内；

（2）命中点在半径为 r_1 的圆域内；

（3）命中点在内径为 r_1，外径为 r_2 的圆环域内.

1.2　事件的概率

数学是一门研究"数"与"形"的学科.用数学的眼光看问题，往往首先需要对研究对象进行量化.

一个随机事件在试验中可能发生，也可能不发生，但我们常常需要知道一个事件在试验中发生的可能性到底有多大，因为事件发生的可能性大小，在现实中往往起到非常关键的作用.例如，在寿险业务中，保险公司对身患重病的人一般不会给予保险，因为这些人死亡的可能性要远大于健康人群，也就是说，保险公司赔付的可能性就会很大；再如，一家生产出口产品的公司，其经营状况受人民币汇率的影响比较大，如果人民币升值的可能性很大，那么该公司的利润就会受到影响，严重时会造成公司破产.

在概率论中，事件 A 在随机试验 E 中出现的可能性的大小，是否也可以用数来度量呢？如果可以，我们就称这个用以描述事件 A 出现可能性大小的数为事件 A 发生的**概率**，记作 $P(A)$.

为给出概率的定义，首先引入频率，进而用"频率"来表征概率.

1.2.1　概率的统计定义

设 E 是随机试验，Ω 是它的样本空间，A 为 E 的一个事件.在相同条件下，将试验重复进行 n 次，其中事件 A 发生了 n_A 次，则称比值 $\dfrac{n_A}{n}$ 为 A 发生的**频率**，记作 $f_n(A) = \dfrac{n_A}{n}$.

"频率"的大小反映了事件 A 在试验中发生的频繁程度.

例如，将"抛硬币"的随机试验重复进行 n 次，记 $A = \{$正面向上$\}$，事件 A 发生的次数

记作 n_A,则事件 A 发生的频率为 $f_n(A)=\dfrac{n_A}{n}$.当 n 较小时,频率 $f_n(A)$ 在 0 与 1 之间随机波动,其幅度比较大,但随着 n 的增大,频率将呈现出稳定性.一些著名的统计学家曾进行过大量抛掷硬币的试验,所得结果见表 1-1.

表 1-1　　　　　　　　　　掷均匀硬币的试验

试验者	试验次数	正面出现的次数	正面出现的频率
摩根	2048	1061	0.5181
蒲丰	4040	2048	0.5069
皮尔逊	12000	6019	0.5016
皮尔逊	24000	12012	0.5005
维尼	30000	14994	0.4998

以上试验结果表明,硬币正面出现的频率总在 0.5 附近波动,而逐渐稳定于 0.5.这个 0.5 就反映了出现正面可能性的大小,此时就将 0.5 称为事件 A 发生的概率,记作 $P(A)=0.5$.

类似这样的例子还可以举很多.大量试验证实,当重复试验的次数 n 逐渐增大时,频率 $f_n(A)$ 将呈现出稳定性,并逐渐稳定于某个常数.这个常数可以用来刻画随机事件 A 在试验中发生的可能性大小,我们称其为事件 A 发生的概率.这里的"频率的稳定性"即通常所说的统计规律性,这种概率的定义方式称为概率的统计定义.

应该指出,随机事件的频率与进行的试验有关,而随机事件的概率是客观存在的.

概率的统计定义非常直观,实际中经常用频率作为概率的近似值,如一批产品的次品率、射手射击的命中率等.

下面介绍概率论发展初期关注的两类试验模型.

1.2.2　古典概型

古典概型是一类常见的随机现象,如掷骰子、掷硬币、抽扑克牌、抽签等都属于古典概型.观察这些试验,发现它们有以下两个特征:(1)试验的所有可能结果只有有限个,即样本空间 Ω 只包含有限个基本事件,如"掷骰子"的试验中只含 6 个结果,即出现的点数为 1,2,3,4,5,6;(2)每一个基本事件发生的可能性相同,如"抛硬币"试验中出现"正面"和出现"反面"的可能性都是 0.5.满足这些条件的试验称为**古典概型试验**.根据古典概型的特点,可以定义随机事件 A 发生的概率.

定义 1-4　若古典概型的样本空间 Ω 包含的基本事件总数为 n,事件 A 包含的基本事件数为 k,则事件 A 发生的概率为

$$P(A)=\frac{A\text{包含的基本事件数}}{\Omega\text{包含的基本事件总数}}=\frac{k}{n}.$$

古典概型是人们最早研究的概率题型,其最早用于解决赌博中出现的问题,古典概型也是概率论中最吸引人的一类题型.计算古典概型的概率看似是一件简单的事情,只需要用事件 A 包含的基本事件个数,除以样本空间 Ω 包含的基本事件个数即可.但在具体运

算中,古典概型却常常是最难的一类题型,需要熟悉基本的计数原理——加法原理和乘法原理,以及在此原理基础上建立的排列组合知识等.本书设有附录,对这些原理和相关知识进行了详细介绍,熟悉这些知识能够帮助我们解决比较复杂的古典概型问题.

【例 1-4】 从 $0,1,2,\cdots,9$ 十个数字中任取一个,求取得奇数的概率.

解 样本空间 Ω 所含基本事件的个数 $n=10$,记事件 $A=\{$取得奇数$\}$,A 所含基本事件的个数 $k=5$,于是取得奇数的概率 $P(A)=\dfrac{5}{10}=\dfrac{1}{2}$.

【例 1-5】 盒内有 10 只球,其中 6 只白球,4 只黑球,从中任取 2 只球.求:(1)取到 2 只白球的概率;(2)取到 2 只黑球的概率;(3)取到一黑一白的概率.

解 盒内共有 10 只球,从中任取 2 只球,所有可能的取法共有 $n=C_{10}^2=\dfrac{10\times9}{2!}=45$ 种,每一种取法为一基本事件.

(1)记事件 $A_1=\{$取到 2 只白球$\}$,则 A_1 中所含基本事件的总数为 $k_1=C_6^2=\dfrac{6\times5}{2!}=15$,于是

$$P(A_1)=\frac{k_1}{n}=\frac{15}{45}=\frac{1}{3}.$$

(2)记事件 $A_2=\{$取到 2 只黑球$\}$,则 A_2 中所含基本事件的总数为 $k_2=C_4^2=\dfrac{4\times3}{2!}=6$,于是

$$P(A_2)=\frac{k_2}{n}=\frac{6}{45}=\frac{2}{15}.$$

(3)记事件 $A_3=\{$取到一黑一白$\}$,则 A_3 中所含基本事件的总数为 $k_3=C_4^1C_6^1=24$,于是

$$P(A_3)=\frac{k_3}{n}=\frac{24}{45}=\frac{8}{15}.$$

【例 1-6】 设有 N 件产品,其中有 M 件正品,从中分别按(1)不放回,(2)有放回的抽取方式,任取 $n(n\leqslant N)$ 件,问在两种情况下恰有 $m(m\leqslant M)$ 件正品的概率各是多少?

解 设事件 A 表示"任取的 n 件产品中恰有 m 件正品",则

(1)在不放回的抽取方式下,样本空间 Ω 中包含的基本事件总数为 C_N^n,A 中包含的基本事件数为 $C_M^m C_{N-M}^{n-m}$,故

$$P(A)=\frac{C_M^m C_{N-M}^{n-m}}{C_N^n}.$$

(2)在有放回的抽取方式下,样本空间 Ω 中包含的基本事件的总数为 N^n,A 中包含的基本事件数为 $C_n^m M^m (N-M)^{n-m}$,故

$$P(A)=\frac{C_n^m M^m (N-M)^{n-m}}{N^n}=C_n^m\left(\frac{M}{N}\right)^m\left(1-\frac{M}{N}\right)^{n-m}.$$

【例 1-7】(分房问题) n 个人等可能地被分配到 N 个房间($n\leqslant N$),求下列事件发生的概率:(1)指定的 n 个房间各有一个人住;(2)恰好有 n 个房间各有一个人住.

分析 对每个人而言,可供其选择的房间都有 N 个,故样本空间中包含样本点的总

数为 $N \cdot N \cdot \cdots \cdot N = N^n$.

解 (1)由乘法原理,将指定的 n 个房间分配给 n 个人住,共有 $P_n^n = n \cdot (n-1) \cdot \cdots \cdot 2 \cdot 1 = n!$ 种不同的方法,则事件 $A = \{$指定的 n 个房间各有一个人住$\}$ 发生的概率 $P(A) = \dfrac{n \cdot (n-1) \cdot \cdots \cdot 2 \cdot 1}{N^n} = \dfrac{n!}{N^n}$;

(2)此问题与第一个问题的区别在于需要先从 N 个房间中选出 n 个房间,其选法共有 C_N^n 种,于是事件 $B = \{$恰好有 n 个房间各有一个人住$\}$ 发生的概率 $P(B) = \dfrac{C_N^n \cdot n!}{N^n}$.

【例 1-8】(排队问题) 将 4 册一套的书随机地放在书架上,求下列事件发生的概率:(1)自左至右或自右至左恰好排成 1,2,3,4 册的顺序;(2)第 1 册恰好排在最左边或最右边;(3)第 1 册与第 2 册相邻;(4)第 1 册排在第 2 册左边(不一定相邻).

解 这 4 册书的排放方式共有 4! =24 种.

(1)记 $A = \{$自左至右或自右至左恰好排成 1,2,3,4 册的顺序$\}$,这时 $A = \{(1,2,3,4),(4,3,2,1)\}$,即 A 包含两个基本事件,于是 $P(A) = \dfrac{2}{4!} = \dfrac{1}{12}$.

(2)记 $B = \{$第一册恰好排在最左边或最右边$\}$,则第 1 册的位置只有两种选择,而其余 3 册在三个剩余位置的排法共有 3! 种,于是 $P(B) = \dfrac{2 \cdot 3!}{4!} = \dfrac{1}{2}$.

(3)记 $C = \{$第一册与第二册相邻$\}$,则可将第一册与第二册打成一捆,捆内排法为 2 种,这一捆与其余两册共有 3! 种排法,于是 $P(C) = \dfrac{2 \cdot 3!}{4!} = \dfrac{1}{2}$.

(4)第 1 册排在第 2 册左边与右边的排法相等,各占了样本空间中样本点个数的一半,故事件 $\{$第 1 册排在第 2 册左边(不一定相邻)$\}$ 发生的概率为 $\dfrac{1}{2}$.

【例 1-9】(抽签问题) 某超市举办有奖销售活动,共投放 n 张奖券,其中只有 1 张可以中奖.每位顾客可随机抽取一张,求第 k 位顾客中奖的概率$(1 \leqslant k \leqslant n)$.

解 令事件 $A = \{$第 k 位顾客中奖$\}$.依问题的实际情况,抽奖券是不放回抽样,且与次序有关,所以样本点总数为

$$n \cdot (n-1) \cdot (n-2) \cdot \cdots \cdot (n-k+1).$$

事件 A 要求第 k 位顾客中奖,我们可以先将奖券"预留"给第 k 位顾客,其他 $k-1$ 位顾客任意抽取,那么 A 的样本点为

$$1 \cdot (n-1) \cdot (n-2) \cdot \cdots \cdot (n-k+1),$$

所以

$$P(A) = \dfrac{1 \cdot (n-1) \cdot (n-2) \cdot \cdots \cdot (n-k+1)}{n \cdot (n-1) \cdot (n-2) \cdot \cdots \cdot (n-k+1)} = \dfrac{1}{n}.$$

这一结果表明中奖与否同顾客出现的次序无关,也就是说抽奖券活动对每位参与者来说都是公平的.

1.2.3 几何概型

古典概型要求试验结果的个数是有限的,但在现实中存在这样一类问题:试验结果的

个数是无限的,但每个结果出现的可能性相等,这类问题尽管不属于古典概型,但处理方法与古典概型非常类似,通常称其为**几何概型**.

设有二维平面区域 Ω,区域 A 为 Ω 的一部分,向 Ω 上等可能地投掷一点,显然,该点落在区域 A 上的概率 p 可用下面公式计算:

$$p=\frac{\text{区域 } A \text{ 的面积}}{\text{区域 } \Omega \text{ 的面积}}.$$

这一结论可以推广到一维数轴上和三维空间中.

在数轴上的区间 $[a,b]$ 上等可能地投掷一点,则该点落在其子区间 $[c,d]$ 内的概率 p 为

$$p=\frac{\text{区间 } [c,d] \text{ 的长度}}{\text{区间 } [a,b] \text{ 的长度}}=\frac{d-c}{b-a}.$$

在三维立体 Ω 内等可能地取一点,则该点属于 Ω 内的一个小立体 D 的概率 p 为

$$p=\frac{\text{立体 } D \text{ 的体积}}{\text{立体 } \Omega \text{ 的体积}}.$$

【例 1-10】(会面问题)　两人定于 7 点到 8 点之间在某地会面,先到者等候另一人 20 分钟,过时就离去.如果每人在指定的一小时内的任一时刻到达是等可能的,求两人能会面的概率.

解　设两人到达指定地点的时刻分别为 7 点 x 分和 7 点 y 分,则有 $0\leqslant x\leqslant60,0\leqslant y\leqslant60$,两人能会面的充要条件为 $|x-y|\leqslant20$,由此作图 1-7.令 $A=\{\text{两人能够会面}\}$,则两人到达时间的一切可能结果落在边长为 60 的正方形内,两人能会面的时间如图中阴影部分所示.于是

$$P(A)=\frac{\text{阴影 } A \text{ 的面积}}{\text{正方形 } \Omega \text{ 的面积}}=\frac{60^2-40^2}{60^2}\approx0.56.$$

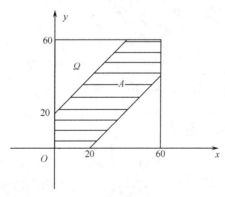

图 1-7

【例 1-11】　某公共汽车站从上午 7 时起,每隔 15 分钟来一趟车,一乘客在 7:00 到 7:30 之间随机到达该车站,求:(1)该乘客等候不到 5 分钟就上车的概率;(2)该乘客等候超过 10 分钟才上车的概率.

解　设该乘客到达车站的时刻为 7 点 T 分,则样本空间 $\Omega=\{T\,|\,0\leqslant T\leqslant30\}$.

(1)令 $A=\{\text{乘客等候不到 5 分钟即上车}\}$,则

$$A=\{T\,|\,10\leqslant T\leqslant15 \text{ 或 } 25\leqslant T\leqslant30\},$$

于是

$$P(A) = \frac{A \text{ 的区间长度}}{\Omega \text{ 的区间长度}} = \frac{10}{30} = \frac{1}{3}.$$

(2)令 $B = \{$乘客等候超过 10 分钟才上车$\}$,则

$$B = \{T \mid 0 \leqslant T \leqslant 5 \text{ 或 } 15 \leqslant T \leqslant 20\},$$

于是

$$P(B) = \frac{B \text{ 的区间长度}}{\Omega \text{ 的区间长度}} = \frac{10}{30} = \frac{1}{3}.$$

【例 1-12】 随机地向矩形区域 $\Omega = \left\{ (x,y) \mid 0 \leqslant x \leqslant \frac{3}{2}, 0 \leqslant y \leqslant 1 \right\}$ 内投掷一点,如果该点落在 Ω 内任一子区域的概率与其面积成正比,求该点落在曲线 $y = x^2$ 上方的概率.

解 设事件 $A = \{$随机点落在曲线 $y = x^2$ 上方$\}$."该点落在 Ω 内任一子区域的概率与其面积成正比",说明该试验满足几何概型特点.

矩形区域 Ω 的面积为 $\frac{3}{2}$,事件 A 对应的区域为图 1-8 中的阴影部分,其面积为

$$\int_0^1 (1 - x^2) \mathrm{d}x = 1 - \int_0^1 x^2 \mathrm{d}x = 1 - \frac{1}{3} = \frac{2}{3},$$

所以

$$P(A) = \frac{2/3}{3/2} = \frac{4}{9}.$$

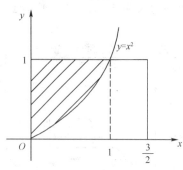

图 1-8

1.2.4 概率的公理化定义

概率的统计定义是建立在"频率的稳定性"基础上的,但是这种定义并没有提供确切计算概率的方法,因为我们不可能依据它确定任何一个事件的概率. 在实际中,也不可能对每一个事件都做大量的试验,也不知道 n 选多大才行,况且也没有理由认为试验 $n+1$ 次计算出的频率,一定比进行 n 次试验计算出的频率更准确,更逼近所求的概率. 也就是说,用频率来代替概率,具有不确定性,在理论上有严重缺陷. 古典概型和几何概型又只能解决部分随机试验的概率问题,并不普遍适用. 直到 1933 年,苏联数学家 Kolmogorov 提出了概率的公理化定义,这个定义综合了前人的研究成果,明确了概率的基本概念,使概率论成为严谨的数学分支,对之后概率论的迅速发展起了积极作用.

定义 1-5 设 E 是随机试验,Ω 是它的样本空间,对于 E 的每一个事件 A,赋予一个

实数 $P(A)$ 与之相对应,且满足如下条件:

(1)非负性 $P(A) \geqslant 0$;

(2)归一性 $P(\Omega) = 1$;

(3)可加性 如果 $A_1, A_2, \cdots, A_n, \cdots$ 互不相容,有 $P(\bigcup\limits_{i=1}^{\infty} A_i) = \sum\limits_{i=1}^{\infty} P(A_i)$,则称 $P(A)$

为事件 A 的**概率**.

由概率的公理化定义,可以推得概率的一些重要性质.

性质 1-1 $P(\overline{A}) = 1 - P(A)$.

证明 因为 A 与 $\overline{A}$ 互不相容,且 $\Omega = A \cup \overline{A}$,所以

$$P(\Omega) = P(A \cup \overline{A}) = P(A) + P(\overline{A}) = 1,$$

即

$$P(\overline{A}) = 1 - P(A).$$

性质 1-2(减法公式) $P(A - B) = P(A\overline{B}) = P(A) - P(AB)$.

证明 因为 $A = AB \cup A\overline{B}$,且 AB 与 $A\overline{B}$ 互不相容,所以

$$P(A) = P(AB \cup A\overline{B}) = P(AB) + P(A\overline{B}),$$

即

$$P(A\overline{B}) = P(A) - P(AB).$$

特殊地,若 $B \subset A$,则 $P(A - B) = P(A) - P(B)$.

性质 1-3(加法公式) $P(A \cup B) = P(A) + P(B) - P(AB)$.

证明 因为 $A \cup B = B \cup A\overline{B}$,且 B 与 $A\overline{B}$ 互不相容,所以

$$P(A \cup B) = P(B \cup A\overline{B}) = P(B) + P(A\overline{B}) = P(B) + P(A) - P(AB).$$

特殊地,若 $AB = \varnothing$,则 $P(A \cup B) = P(A) + P(B)$.

加法公式可以推广到多个事件的情形,如

$$P(A \cup B \cup C) = P(A) + P(B) + P(C) - P(AB) - P(BC) - P(AC) + P(ABC).$$

值得注意的是,概率的公理化定义并没有提供计算事件发生的概率的方法,但其基本性质适用于任何情形,包括古典概型和几何概型.

【例 1-13】 已知 $P(A) = 0.5$,$P(B) = 0.6$,$P(B - A) = 0.2$,求 $P(A \cup B)$.

解 由 $P(B - A) = P(B) - P(AB)$ 得

$$P(AB) = P(B) - P(B - A) = 0.6 - 0.2 = 0.4,$$

则

$$P(A \cup B) = P(A) + P(B) - P(AB) = 0.5 + 0.6 - 0.4 = 0.7.$$

【例 1-14】 设 A, B, C 为三个事件,且 $P(A) = P(B) = P(C) = \dfrac{1}{4}$,$P(AB) = P(BC)$

$= \dfrac{1}{8}$,$P(AC) = 0$,求 A, B, C 都不发生的概率.

解 A, B, C 都不发生可以表示为 $\overline{A}\,\overline{B}\,\overline{C}$,易知 $P(\overline{A}\,\overline{B}\,\overline{C}) = 1 - P(A \cup B \cup C)$.由 $P(AC) = 0$,可得 $P(ABC) = 0$,于是

$$P(A \cup B \cup C) = P(A) + P(B) + P(C) - P(AB) - P(AC) - P(BC) + P(ABC)$$

$$=\frac{1}{4}+\frac{1}{4}+\frac{1}{4}-\frac{1}{8}-0-\frac{1}{8}+0=\frac{1}{2},$$

所以

$$P(\overline{A}\,\overline{B}\,\overline{C})=\frac{1}{2}.$$

【例 1-15】 在所有两位数 10～99 中任取一个数,求这个数能被 2 或 3 整除的概率.

解 令 $A=\{$取出的数能被 2 整除$\}$,$B=\{$取出的数能被 3 整除$\}$,则

$$A\bigcup B=\{\text{取出的数能被 2 或 3 整除}\},$$
$$AB=\{\text{取出的数既能被 2 整除,也能被 3 整除}\}.$$

由于 $\frac{90}{2}=45,\frac{90}{3}=30$,故得 $P(A)=\frac{45}{90}=\frac{1}{2}$,$P(B)=\frac{30}{90}=\frac{1}{3}$. 又由于一个数既能被 2 整除,又能被 3 整除,就相当于能被 6 整除,而 $\frac{90}{6}=15$,故 $P(AB)=\frac{15}{90}=\frac{1}{6}$,所以

$$P(A\bigcup B)=P(A)+P(B)-P(AB)=\frac{1}{2}+\frac{1}{3}-\frac{1}{6}=\frac{2}{3}.$$

【例 1-16】(生日问题) 设一年有 365 天,求下述事件 A,B 发生的概率($n\leqslant365$):

$$A=\{n\text{ 个人中没有 2 人生日相同}\},$$
$$B=\{n\text{ 个人中至少有 2 人生日在同一天}\}.$$

解 显然事件 A,B 有关系 $B=\overline{A}$,只需求出其中之一即可,先求 $P(A)$.

由于每个人的生日可以是 365 天的任意一天,而且发生在每天的可能性都是相同的,因而本问题属于古典概型. Ω 中包含的基本事件总数为 365^n.

事件 A 包含的可能结果必须是 n 个不同的生日,因而 A 中包含的样本点个数为

$$365\times364\times\cdots\times(365-n+1)=P_{365}^n,$$

所以

$$P(A)=\frac{P_{365}^n}{365^n}=\frac{365\times364\times\cdots\times(365-n+1)}{365^n},$$
$$P(B)=1-P(A)=1-\frac{365\times364\times\cdots\times(365-n+1)}{365^n}.$$

有趣的是当 $n=23$ 时,$P(B)>\frac{1}{2}$;而当 $n=50$ 时,$P(B)=0.97$. 也就是说,如有随机产生的 50 个人聚在一起时,则他们中至少有 2 个人生日在同一天的可能性很大.

1.3 条件概率

1.3.1 条件概率的定义

在实际问题中常常需要考虑在固定试验条件下,外加某些条件时随机事件发生的概率.

先来看两个例子.

【**例 1-17**】　设有两个口袋,第一个口袋装有 5 只黑球,3 只白球;第二个口袋装有 4 只黑球,2 只白球.今从第一个口袋任取一球放到第二个口袋,再从第二个口袋中任取一球,在已知第一个口袋中取出的是白球的条件下,求从第二个口袋中取出白球的概率.

解　令 $A=\{$从第二个口袋中取出白球$\}$,$B=\{$从第一个口袋中取出白球$\}$,由于事件 B 已经发生,则现在第二个口袋中有 4 只黑球,3 只白球.由古典概型,在事件 B 发生条件下事件 A 发生的概率(记作 $P(A|B)$)为

$$P(A|B)=\frac{3}{7}.$$

如果事件 B 没有发生,直接从第二个口袋取出白球的概率 $P(A)=\frac{2}{6}=\frac{1}{3}$,显然 $P(A)\neq P(A|B)$.这是因为在求 $P(A|B)$ 时,我们限制在 B 已经发生的条件下考虑事件 A 发生的概率,即是在新的样本空间下计算事件 A 发生的概率.

下面从另一个角度来讨论这个问题.

从第一个口袋中任取一球,有 8 种取法,将取到的球放到第二个口袋,现在第二个口袋中有 7 个球,再从中任取一球,有 7 种取法.由乘法原理,该试验的样本空间中包含 8×7 个样本点.

从第一个口袋中取出白球,有 3 种取法.由古典概型,

$$P(B)=\frac{3}{8}.$$

将其放到第二个口袋中,再从中任取一白球,也有 3 种取法.同样由古典概型

$$P(AB)=\frac{3\times 3}{8\times 7}.$$

则有

$$P(A|B)=\frac{3}{7}=\frac{\frac{3\times 3}{8\times 7}}{\frac{3\times 7}{8\times 7}}=\frac{P(AB)}{P(B)}.$$

【**例 1-18**】　设一对夫妻有两个孩子(不考虑双胞胎),已知其中一个为女孩,求他们有男孩的概率.

解　样本空间为 $\Omega=\{($男,男$),($男,女$),($女,男$),($女,女$)\}$.

设事件 $A=\{$有男孩$\}$,事件 $B=\{$其中一个为女孩$\}$,则
$$A=\{(男,男),(男,女),(女,男)\},$$
$$B=\{(女,女)(男,女),(女,男)\}.$$

由于事件 B 已经发生,B 的可能结果只有 3 种,而事件 A 在这 3 种结果中占 2 种,由古典概型的定义,在事件 B 发生条件下事件 A 发生的概率(记作 $P(A|B)$)为

$$P(A|B)=\frac{2}{3}.$$

在这里,我们看到 $P(A)=\frac{3}{4}\neq P(A|B)$.这也是因为在求 $P(A|B)$ 时,限制在 B 已经发生的条件下,考虑事件 A 发生的概率,即是在新的样本空间 $\{($女,女$)($男,女$)$,

(女,男)}中计算事件 A 发生的概率.

另外,读者容易验证在此例中同样有

$$P(A \mid B) = \frac{P(AB)}{P(B)}.$$

对于一般古典概型问题,若试验的基本事件总数为 n,事件 B 中所包含的基本事件数为 m,AB 所包含的基本事件数为 k,则有

$$P(A \mid B) = \frac{k}{m} = \frac{\dfrac{k}{n}}{\dfrac{m}{n}} = \frac{P(AB)}{P(B)}.$$

一般地,在已知事件 B 发生的条件下,事件 A 发生的概率称为条件概率,并将上式作为条件概率 $P(A \mid B)$ 的定义.

定义 1-6 设 A,B 为两个事件,且 $P(B) > 0$,称

$$P(A \mid B) = \frac{P(AB)}{P(B)}$$

为已知事件 B 发生的条件下事件 A 发生的**条件概率**.

容易验证,条件概率仍满足概率的三条性质:

(1)非负性 对每一事件 A,有 $P(A \mid B) \geq 0$;

(2)归一性 $P(\Omega \mid B) = 1$;

(3)可加性 设 A_1,A_2,$\cdots$,A_n 是互不相容的一列事件,则有

$$P(\bigcup_{i=1}^{n} A_i \mid B) = \sum_{i=1}^{n} P(A_i \mid B).$$

【例 1-19】 已知 $P(A) = 0.5$,$P(B) = 0.3$. $P(AB) = 0.15$,求 $P(A \mid B)$,$P(A \mid \overline{B})$,$P(B \mid A)$,$P(\overline{B} \mid A)$.

解 $P(A \mid B) = \dfrac{P(AB)}{P(B)} = \dfrac{0.15}{0.3} = 0.5$;

$$P(A \mid \overline{B}) = \frac{P(A\overline{B})}{P(\overline{B})} = \frac{P(A) - P(AB)}{1 - P(B)} = \frac{0.5 - 0.15}{0.7} = \frac{0.35}{0.7} = 0.5;$$

$$P(B \mid A) = \frac{P(AB)}{P(A)} = \frac{0.15}{0.5} = 0.3;$$

$$P(\overline{B} \mid A) = 1 - P(B \mid A) = 1 - 0.3 = 0.7.$$

【例 1-20】 某种动物寿命达到 20 岁的概率为 0.8,寿命达到 25 岁的概率为 0.4,现有 20 岁的这种动物,求其活到 25 岁的概率.

解 由题意可知,所要求的是该种动物在活到 20 岁的条件下,活到 25 岁的条件概率. 令 $A = \{$该种动物活到 20 岁$\}$,$B = \{$该种动物活到 25 岁$\}$,则

$$P(B \mid A) = \frac{P(AB)}{P(A)} = \frac{P(B)}{P(A)} = \frac{0.4}{0.8} = 0.5.$$

说明:求 $P(B \mid A)$ 时,可以用定义 $\dfrac{P(AB)}{P(A)}$ 求解,也可以在"缩减的样本空间" A 中求解.

【例 1-21】 掷两颗骰子,已知两颗骰子点数之和为 7,求其中有一颗为 1 点的概率.

解　令事件 $A=\{$两颗骰子点数之和为 $7\}$，$B=\{$其中有一颗为 1 点$\}$，则所求概率为 $P(B|A)$。

事件 A 出现的可能情况有 6 种，即

$$A=\{(1,6),(2,5),(3,4),(4,3),(5,2),(6,1)\}.$$

在事件 A 发生后，A 为"缩减的样本空间"，此时事件 $B=\{(1,6),(6,1)\}$，则所求概率为

$$P(B|A)=\frac{2}{6}=\frac{1}{3}.$$

1.3.2　乘法公式

设 $P(A)>0$，$P(B)>0$，则由条件概率的定义立即得到

$$P(AB)=P(B)P(A|B)$$

或

$$P(AB)=P(A)P(B|A).$$

上面两式均称为概率的**乘法公式**。

乘法公式可推广到多个事件。

若事件 $A_1,A_2,\cdots,A_n$ 满足 $P(A_1A_2\cdots A_{n-1})>0$，则有

$$P(A_1A_2\cdots A_n)=P(A_1)P(A_2|A_1)P(A_3|A_1A_2)\cdots P(A_n|A_1A_2\cdots A_{n-1}).$$

【例 1-22】 已知在 10 只晶体管中有 2 只次品，现从中取两次，每次取一只，作不放回抽样．求下列事件的概率：(1)两只都是正品；(2)两只都是次品；(3)一只是正品，一只是次品；(4)第二次取出的是次品。

解　设 $A_i=\{$第 i 次取出的是正品$\}$，$B_i=\{$第 i 次取出的是次品$\}(i=1,2)$。

(1) $P(A_1A_2)=P(A_1)P(A_2|A_1)=\dfrac{8}{10}\times\dfrac{7}{9}=\dfrac{28}{45}$；

(2) $P(B_1B_2)=P(B_1)P(B_2|B_1)=\dfrac{2}{10}\times\dfrac{1}{9}=\dfrac{1}{45}$；

(3) $P(A_1B_2\bigcup B_1A_2)=P(A_1B_2)+P(B_1A_2)=P(A_1)P(B_2|A_1)+P(B_1)P(A_2|B_1)$

$$=\frac{8}{10}\times\frac{2}{9}+\frac{2}{10}\times\frac{8}{9}=\frac{16}{45};$$

(4) $P(B_2)=P(A_1B_2\bigcup B_1B_2)=P(A_1B_2)+P(B_1B_2)$

$$=P(A_1)P(B_2|A_1)+P(B_1)P(B_2|B_1)$$

$$=\frac{8}{10}\times\frac{2}{9}+\frac{2}{10}\times\frac{1}{9}=\frac{9}{45}=\frac{1}{5}.$$

下面用乘法公式再一次验证"抽签的合理性"。

【例 1-23】（抽签问题）　某超市举办有奖销售活动，投放 n 张奖券只有 1 张可以中奖．每位顾客可随机抽取一张，求第 k 位顾客中奖的概率$(1\leqslant k\leqslant n)$。

解　令事件 $A=\{$前 $k-1$ 位顾客未中奖而第 k 位顾客中奖$\}$，$A_i=\{$第 i 位顾客未中奖$\}(i=1,2,\cdots,k-1)$，$A_k=\{$第 k 位顾客中奖$\}$，则

$$P(A)=P(A_1A_2\cdots A_{k-1}A_k)$$

$$= P(A_1)P(A_2|A_1)P(A_3|A_1A_2)\cdots P(A_k|A_1A_2\cdots A_{k-1})$$

$$= \frac{n-1}{n}\cdot\frac{n-2}{n-1}\cdot\frac{n-3}{n-2}\cdot\cdots\cdot\frac{n-k+1}{n-k+2}\cdot\frac{1}{n-k+1}$$

$$= \frac{1}{n}.$$

从例 1-22(4) 中看到, 为了计算某个复杂事件发生的概率, 往往需要把这个事件表示成某些简单事件的和或积, 然后利用概率的加法公式或乘法公式计算所求事件的概率. 更一般地, 有下面的结果.

1.3.3 全概率公式与贝叶斯公式

定义 1-7 设 Ω 为一样本空间, $A_1, A_2, \cdots, A_n$ 为 Ω 的一组事件, 若

(1) $A_1, A_2, \cdots, A_n$ 两两互不相容,

(2) $\bigcup_{i=1}^{n}A_i = \Omega$,

则称事件组 $A_1, A_2, \cdots, A_n$ 为 Ω 的一个**划分**或**完备事件组**.

特别地, 任何一个满足 $0 < P(A) < 1$ 的事件 A 与 $\overline{A}$ 组成 Ω 的一个划分. 这个划分虽然简单, 但非常有用.

定理 1-1(全概率公式) 设 $A_1, A_2, \cdots, A_n$ 为 Ω 的一个划分, 且 $P(A_i) > 0 (i=1,2,\cdots,n)$, 则对任何事件 B 有

$$P(B) = \sum_{i=1}^{n}P(A_i)P(B|A_i), \tag{1-1}$$

式 (1-1) 称为**全概率公式**.

证明 由于 $A_1, A_2, \cdots, A_n$ 为 Ω 的一个划分 (图 1-9), 所以

$$B = B\cap\Omega = B\cap\left(\bigcup_{i=1}^{n}A_i\right) = \bigcup_{i=1}^{n}(A_iB),$$

且 $A_1B, A_2B, \cdots, A_nB$ 两两互不相容, 所以由概率的可加性知,

$$P(B) = \sum_{i=1}^{n}P(A_iB) = \sum_{i=1}^{n}P(A_i)P(B|A_i).$$

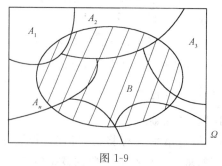

图 1-9

全概率公式是 "化整为零" 思想的体现, 当事件 B 比较复杂, $P(B)$ 不易直接求得时, 可考虑用全概率公式来求 $P(B)$.

【**例 1-24**】 在数字通信中发报机分别以 0.7 和 0.3 的概率发送信号 0 和 1. 由于系

统受到各种干扰,当发出信号 0 时,接收机不一定能收到 0,而是以 0.8 和 0.2 的概率收到 0 和 1;同样,当发报机发出信号 1 时,接收机以 0.9 和 0.1 的概率收到信号 1 和 0.试求接收机收到 0 的概率有多大.

解　设事件 $H_0=\{$发出信号 0$\}$,$H_1=\{$发出信号 1$\}$,$A=\{$收到信号 0$\}$,则由条件知 $P(A\,|\,H_0)=0.8$,$P(A\,|\,H_1)=0.1$,$P(H_0)=0.7$,$P(H_1)=0.3$,故由全概率公式可得

$$P(A)=P(AH_0\bigcup AH_1)=P(H_0)P(A\,|\,H_0)+P(H_1)P(A\,|\,H_1)$$
$$=0.7\times0.8+0.3\times0.1=0.59.$$

【例 1-25】　设某一工厂有 A,B,C 三个车间,它们生产同一种螺钉,每个车间的产量分别占该厂生产螺钉总量的 25%,35%,40%,每个车间成品中次品的螺钉占该车间生产总量的百分比分别为 5%,4%,2%.现从全厂总产品中抽取一件产品.(1)求抽中次品的概率;(2)若已知取到一件次品,求该次品是由 A 车间加工的概率.

解　令 $A=\{$产品由 A 车间生产$\}$,$B=\{$产品由 B 车间生产$\}$,$C=\{$产品由 C 车间生产$\}$,$D=\{$取到的是次品$\}$,则

(1)由全概率公式

$$P(D)=P(AD\bigcup BD\bigcup CD)$$
$$=P(A)P(D\,|\,A)+P(B)P(D\,|\,B)+P(C)P(D\,|\,C)$$
$$=0.25\times0.05+0.35\times0.04+0.40\times0.02$$
$$=0.0125+0.014+0.008$$
$$=0.0345.$$

(2)由条件概率

$$P(A\,|\,D)=\frac{P(AD)}{P(D)}=\frac{0.0125}{0.0345}\approx0.36.$$

在第(2)问中,求得的 $P(A\,|\,D)$ 与 $P(A)$ 是不同的,概率 $P(A)=0.25$ 是由以往数据得到的,叫做**先验概率**.而 $P(A\,|\,D)=0.36$ 是在抽取的螺钉是次品之后,再重新加以修正的概率,叫做**后验概率**.这种计算后验概率的方法经常与全概率公式结合起来使用.

一般地,有如下结果.

定理 1-2(贝叶斯公式)　设 $A_1,A_2,\cdots,A_n$ 为 Ω 的一个划分,B 为 Ω 的一个事件,且 $P(A_i)>0$,$P(B)>0$,由条件概率的定义和全概率公式有

$$P(A_i\,|\,B)=\frac{P(A_iB)}{P(B)}=\frac{P(A_i)P(B\,|\,A_i)}{\sum\limits_{j=1}^{n}P(A_j)P(B\,|\,A_j)}\quad(i=1,2,\cdots,n),\qquad(1\text{-}2)$$

式(1-2)称为贝叶斯公式.

【例 1-26】　根据以往临床记录,某种诊断癌症的试验具有如下效果:设 $A=\{$试验反应为阳性$\}$,$C=\{$被诊断者患有癌症$\}$,则 $P(A\,|\,C)=0.95$,$P(\overline{A}\,|\,\overline{C})=0.95$,现对自然人群进行普查,得到 $P(C)=0.005$,试求 $P(C\,|\,A)$.

解

$$P(C\,|\,A)=\frac{P(AC)}{P(A)}=\frac{P(C)P(A\,|\,C)}{P(C)P(A\,|\,C)+P(\overline{C})P(A\,|\,\overline{C})}$$

$$= \frac{0.005 \times 0.95}{0.005 \times 0.95 + (1-0.005)(1-0.95)}$$

$$\approx 0.087.$$

这一结果表明,尽管"癌症患者反应呈阳性"的概率为 $P(A|C)=0.95$,但由于先验概率 $P(C)=0.005$ 非常小,即使使用此法检验结果呈阳性,患者确实患有癌症的概率仅为 0.087. 也就是说,平均 1000 个具有阳性反应的人中,确实患癌症者大约为 87 人,概率很小.

1.4 独立性与贝努利试验

1.4.1 独立性

在上一节介绍的乘法公式中,若 $P(A)>0$,则 $P(AB)=P(A)P(B|A)$,这说明 $P(AB)=P(A)P(B)$ 在一般情况下并不成立. 也就是说,$P(B|A)$ 与 $P(B)$ 不一定相等,即事件 A 对事件 B 发生的概率是有影响的. 只有这种影响不存在时,才会有 $P(B|A)=P(B)$. 此时,我们称事件 A 与 B 是相互独立的. 例如,一袋中装有 4 个白球,2 个黑球,从中有放回取两次,每次取一个. 令事件 $A=\{$第一次取到白球$\}$,$B=\{$第二次取到白球$\}$. 显然事件 A 的发生对事件 B 的发生没有影响,则有 $P(B|A)=P(B)=\frac{2}{3}$. 即事件 A 与 B 是相互独立的. 但是,若采用不放回抽样的方式,事件 A 的发生就会影响事件 B 的发生,则有 $P(B|A)=\frac{3}{5}$,$P(B)=\frac{2}{3}$,即 $P(B|A)\neq P(B)$.

定义 1-8 设 A 与 B 为两个事件,如果等式 $P(AB)=P(A)P(B)$ 成立,则称 A 与 B 相互独立.

性质 1-4 $P(A)>0$,$P(B)>0$,且事件 A 与 B 相互独立,则 $AB\neq\varnothing$.

这是因为 A 与 B 相互独立,且 $P(A)>0$,$P(B)>0$,所以 $P(AB)=P(A)P(B)>0$,故 $AB\neq\varnothing$.

这个命题的逆命题也是成立的. 这两个命题说明,若 $P(A)>0$,$P(B)>0$,则 A 与 B 相互独立与 A,B 互不相容不能同时发生.

性质 1-5 在 (A,B),$(\overline{A},B)$,$(A,\overline{B})$,$(\overline{A},\overline{B})$ 这 4 对事件中,如果有一对相互独立,则另外三对也相互独立.

证明 下面只证明当 A 与 B 相互独立时,可推出 $\overline{A}$ 与 B 相互独立.

由 A 与 B 相互独立,知

$$P(AB)=P(A)P(B),$$

所以

$$P(\overline{A}B)=P(B)-P(AB)=P(B)-P(A)P(B)$$
$$=P(B)[1-P(A)]=P(\overline{A})P(B),$$

即 $\overline{A}$ 与 B 相互独立.

其余证明留给读者练习.

【例 1-27】 玩打兔子电子游戏时,甲、乙两人独立地射击一次,若甲射中的概率为 0.9,乙射中的概率为 0.8,求兔子被射中的概率.

解　令 $A=\{甲射中兔子\},B=\{乙射中兔子\},C=\{兔子被射中\}$,显然有
$$C=A\cup B,$$
则
$$P(C)=P(A\cup B)=P(A)+P(B)-P(AB)$$
$$=0.9+0.8-0.9\times 0.8=0.98.$$

我们还可以将两个事件独立性的定义推广至任意 n 个事件 $A_1,A_2,\cdots,A_n$.

定义 1-9　设 $A_1,A_2,\cdots,A_n$ 为 n 个事件,从中任取的 $k(2\leqslant k\leqslant n)$ 个事件 A_{i_1},A_{i_2}, $\cdots,A_{i_k}$ 都满足
$$P(A_{i_1}A_{i_2}\cdots A_{i_k})=P(A_{i_1})P(A_{i_2})\cdots P(A_{i_k}),$$
则称事件 $A_1,A_2,\cdots,A_n$ 相互独立.

如果 $A_1,A_2,\cdots,A_n$ 中任何两个事件都相互独立,即
$$P(A_iA_j)=P(A_i)P(A_j)\quad(i,j=1,2,\cdots,n;i\neq j),$$
则称 $A_1,A_2,\cdots,A_n$ 两两相互独立.

例如,当 $n=3$ 时,A_1,A_2,A_3 相互独立当且仅当以下四个等式同时成立:
$$P(A_1A_2)=P(A_1)P(A_2),P(A_1A_3)=P(A_1)P(A_3),$$
$$P(A_2A_3)=P(A_2)P(A_3),P(A_1A_2A_3)=P(A_1)P(A_2)P(A_3).$$

【例 1-28】 袋中有 1 个红球、1 个白球、1 个黑球和 1 个染有红白黑三色的球.现从袋中任取 1 个球,记
$$A=\{取出的球染有红色\},$$
$$B=\{取出的球染有白色\},$$
$$C=\{取出的球染有黑色\},$$
由于染有同一色的球有两个,故 $P(A)=P(B)=P(C)=\dfrac{1}{2}$,而同时染有两种色的球只有一个,故 $P(AB)=P(BC)=P(AC)=\dfrac{1}{4}$,所以有
$$P(AB)=P(A)P(B),$$
$$P(BC)=P(B)P(C),$$
$$P(AC)=P(A)P(C),$$
即 A,B,C 两两独立.但同时染有三色的球只有一个,即 $P(ABC)=\dfrac{1}{4}$,显然,
$$P(ABC)\neq P(A)P(B)P(C).$$
这说明 A,B,C 虽然两两独立,但却不是相互独立的.

需要指出的是,由定义判断事件的独立性一般是很困难的.在实际应用中,事件的独立性通常可以根据实际情况直观地作出判断.

【例 1-29】 加工某一零件共需要三道工序,设第一、二、三道工序的次品率分别为 $2\%,3\%,5\%$.假定各道工序互不影响,问加工出来的零件为次品的概率是多少?

解法1 令 $A=\{$加工出的零件是次品$\}$，$A_i=\{$第 i 道工序出次品$\}$($i=1,2,3$)，于是 $A=A_1\bigcup A_2\bigcup A_3$，由 A_1，A_2，A_3 的相互独立性得到

$$P(A)=P(A_1\bigcup A_2\bigcup A_3)$$
$$=P(A_1)+P(A_2)+P(A_3)-P(A_1A_2)-P(A_1A_3)-P(A_2A_3)+P(A_1A_2A_3)$$
$$=0.02+0.03+0.05-0.02\times0.03-0.02\times0.05-$$
$$0.03\times0.05+0.02\times0.03\times0.05$$
$$=0.09693.$$

解法2 令 $\overline{A}=\{$加工出的零件是合格品$\}$，$A_i=\{$第 i 道工序出次品$\}$($i=1,2,3$)，则 $\overline{A}=\overline{A}_1\,\overline{A}_2\,\overline{A}_3$，且 $\overline{A}_1$，$\overline{A}_2$，$\overline{A}_3$ 相互独立，故

$$P(\overline{A})=P(\overline{A}_1\,\overline{A}_2\,\overline{A}_3)=P(\overline{A}_1)P(\overline{A}_2)P(\overline{A}_3)$$
$$=0.98\times0.97\times0.95=0.90307,$$

从而

$$P(A)=1-P(\overline{A})=1-0.90307=0.09693.$$

1.4.2 贝努利试验

随机现象的统计规律性只有在大量重复试验中才能呈现出来，为了了解某些随机现象的全过程，常常需要在相同条件下观察一连串试验，如连续射击某一目标，将一枚硬币连续抛掷 n 次，等等. 下面我们用独立性来研究这一类使用非常广泛的试验模型——贝努利试验.

定义1-10 如果试验 E 只有两个可能的结果：A 及 $\overline{A}$，已知 $P(A)=p$，则 $P(\overline{A})=1-p$（其中 $0<p<1$），将试验 E 独立地重复进行 n 次，称其为 **n 重贝努利试验**.

对于贝努利试验，我们关心的是在 n 次试验中，事件 A 出现 k 次的概率. 下面看一个具体的例子.

【例1-30】 一名射手向目标连续射击5次，已知每次命中的概率均为 p($0<p<1$)，且每次命中与否相互独立，求恰好命中3次的概率.

解 令事件 $A_i=\{$第 i 次命中$\}$($i=1,2,3,4,5$). 由题意知，A_1，A_2，A_3，A_4，A_5 相互独立. 又令事件 $B=\{$恰好命中3次$\}$，则事件 B 发生的充要条件是 A_1，A_2，A_3，A_4，A_5 中恰好有3个发生而另2个不发生，共有 $C_5^3=10$ 种不同的情况. 利用 A_1，A_2，A_3，A_4，A_5 的独立性，可得每种情况发生的概率均为 $p^3(1-p)^2$，所以

$$P(B)=C_5^3p^3(1-p)^2.$$

该结果可以推广如下：

在 n 重贝努利试验中，如果事件 A 在每次试验中发生的概率均为 p，那么事件 A 在这 n 次试验中恰好发生 k 次的概率为

$$C_n^kp^k(1-p)^{n-k} \quad (k=0,1,\cdots,n).$$

【例1-31】 从次品率为 $p=0.2$ 的一批产品中，有放回抽取5次，每次取一件，分别求抽到的5件中恰好有3件次品以及至多有3件次品这两个事件的概率.

解 令事件 $A_k=\{$恰好有 k 件次品$\}$($k=0,1,\cdots,5$)，$A=\{$恰好有3件次品$\}$，$B=\{$至

多有 3 件次品},则

$$A = A_3, \quad B = \bigcup_{k=0}^{3} A_k.$$

故

$$P(A) = P(A_3) = C_5^3 \times 0.2^3 \times 0.8^2 = 0.0512,$$

$$P(B) = 1 - P(\bar{B}) = 1 - P(A_4) - P(A_5)$$

$$= 1 - C_5^4 \times 0.2^4 \times 0.8 - 0.2^5$$

$$= 0.99328.$$

【例 1-32】 某同学平时不努力学习,期末参加考试,回答单项选择题时,只好胡乱猜.若考题数量为 5 道,每题从 4 个选项中选择一项.求该生能及格的概率是多少?如果考题数量分别为 10 道与 20 道,该生能及格的概率又是多少?

解 由题意知,该生做一道选择题相当于做一次试验,做 5 道题可看作 5 重贝努利试验.如果做 5 道题,那么该生至少要猜对 3 道才能及格,其概率为

$$C_5^3 \cdot \left(\frac{1}{4}\right)^3 \cdot \left(\frac{3}{4}\right)^2 + C_5^4 \cdot \left(\frac{1}{4}\right)^4 \cdot \left(\frac{3}{4}\right)^1 + C_5^5 \cdot \left(\frac{1}{4}\right)^5 \cdot \left(\frac{3}{4}\right)^0 = \frac{106}{1024} \approx 0.1035.$$

当题目数量为 10 道时,其概率为

$$\sum_{i=6}^{10} C_{10}^i \cdot \left(\frac{1}{4}\right)^i \cdot \left(\frac{3}{4}\right)^{10-i} \approx 0.01.$$

当题目数量为 20 道时,其概率为

$$\sum_{i=12}^{20} C_{20}^i \cdot \left(\frac{1}{4}\right)^i \cdot \left(\frac{3}{4}\right)^{20-i} \approx 0.0009.$$

在长期实践中,人们总结出"实际推断原理",即概率很小的事件在一次试验中几乎是不发生的.在本例中,该同学随意猜测,试图在 10 道题中猜对 6 道以上,或从 20 道题中猜对 12 道以上,概率很小,几乎不会发生.

1.5　应用实例阅读

【实例 1-1】　利用概率计算圆周率 π

圆周率 π 是个无理数,其数位是无限延伸的.两千多年来很多数学家对圆周率 π 进行过研究,其中计算 π 的最为稀奇的方法之一,要数 18 世纪法国的博物学家蒲丰(Buffon)和他的投针试验.

问题的提法:在平面上画一些平行线,并使它们之间的距离都是 a.然后向此平面随意投一长度为 $l(l<a)$ 的针,求此针与任一平行线相交的概率.

具体作法:以 x 表示针的中点到最近一条平行线的距离,以 φ 表示针与平行线的交角,针与平行线的位置关系如图 1-10 所示.显然,该试验属于几何概型,其样本空间为

$$\Omega = \left\{ (\varphi, x) \,\middle|\, 0 \leqslant \varphi \leqslant \pi, 0 \leqslant x \leqslant \frac{a}{2} \right\}.$$

样本空间对应的平面图形为长、宽分别为 $\frac{a}{2}$ 和 π 的长方形,记为 G.针与平行线相交

当且仅当 $x \leqslant \dfrac{l}{2}\sin\varphi$，其对应的图形即图 1-11 中阴影部分，记为 g. 则由几何概型可知，该针与任一平行线相交的概率为

$$P = \frac{g\text{ 的面积}}{G\text{ 的面积}} = \frac{\displaystyle\int_0^\pi \frac{l}{2}\sin\varphi\,\mathrm{d}\varphi}{\pi\cdot\dfrac{a}{2}} = \frac{2l}{a\pi}.$$

由此得

$$\pi = \frac{2l}{aP}.$$

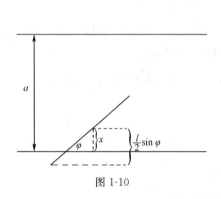

图 1-10

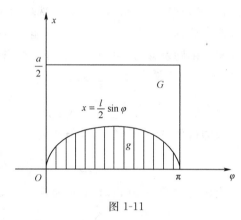

图 1-11

利用这个公式，将这一试验重复进行多次，并记下成功的次数，从而用频率得到 P 的一个经验值，进而利用公式计算出 π 的近似值. 在一次试验中，蒲丰选 $l = \dfrac{a}{2}$，然后投针 2212 次，其中针与平行线相交 704 次，这样求得圆周率 π 的近似值为 $2212/704 = 3.142$.

用蒲丰投针试验方法求出的 π 值，未必比用其他方法求出的 π 值更精确，然而它是第一个用几何形式表达概率，用随机试验方法处理确定性数学问题的成功实例. 该试验设计巧妙，令人惊叹！

【实例 1-2】 分赌本问题

历史上，分赌本问题是个极其著名的应用实例，它对概率论的形成和发展曾起过非常重要的作用. 1645 年，法国有个叫 De Mere 的赌徒曾向法国的天才数学家帕斯卡（Blaise Pascal，1623—1662）提出了如下分赌本问题：甲、乙两个赌徒下了赌注后，就按某种方式赌了起来. 规定甲、乙谁赢一局就得一分，且谁先得到某个确定的分数谁就赢得所有赌注. 但在谁也没有得到确定的分数之前，赌博因故中止了. 如果甲需要再得 n 分才能赢得所有赌注，乙需要再得 m 分才能赢得所有赌注，那么，如何分这些赌注呢？

为了合理分配赌本，帕斯卡提出了一个重要思想：赌徒分得赌注的比例，应该等于从赌博中止后继续赌下去甲、乙两人获胜的概率.

甲、乙两人获胜的概率又应如何求呢？（实际上只需求其中一人获胜的概率）.

首先，作必要的假设：(1) 甲胜一局的概率为常数 p，乙胜一局的概率为 $q = 1 - p$；(2) 各局赌博均互不影响. 由此，可把分赌本问题归纳成如下的一般问题：

进行某种独立重复试验,设每次试验成功的概率为 p,失败的概率为 $1-p$.问在 m 次失败前取得 n 次成功的概率(即甲获胜的概率)是多少?

为了使 n 次成功发生在 m 次失败之前,必须且只需要在前 $n+m-1$ 次试验中至少成功 n 次.因为如果在 $n+m-1$ 次试验中至少成功 n 次,也就是至多失败 $m-1$ 次,于是 n 次成功发生在 m 次失败之前.另一方面,如果在前 $n+m-1$ 次试验中成功次数少于 n,则失败次数至少为 m,这样 m 次失败之前就得不到 n 次成功.

由此可得,在前 $n+m-1$ 次试验中至少成功 n 次的概率(记为 $P(n,m)$)为

$$P(n,m) = \sum_{k=n}^{n+m-1} C_{n+m-1}^k p^k (1-p)^{n+m-1-k}.$$

历史上,Mere 和他的朋友每人出 30 个金币作赌注,规定谁先赢满 3 局就赢得全部赌注.Mere 先赢了 2 局,他的朋友赢了 1 局,这时,Mere 由于急事必须离开,游戏中止.在这种情况下,应如何分配赌本呢?在上面的公式中,令 $n=1,m=2$,则 $P(n,m)=P(1,2)=$ $C_2^1 \cdot \left(\frac{1}{2}\right)^1 \cdot \left(\frac{1}{2}\right)^1 + C_2^2 \cdot \left(\frac{1}{2}\right)^2 \cdot \left(\frac{1}{2}\right)^0 = \frac{3}{4}$.即 Mere 先赢满 3 局的概率为 $\frac{3}{4}$,他的朋友先赢满 3 局的概率为 $\frac{1}{4}$,故 Mere 应赢得 $60 \times \frac{3}{4} = 45$ 个金币,他的朋友赢得 15 个金币比较合理.

由分赌本问题得到的结论,在实际生活中还可以加以推广和应用.比如,甲、乙二人进行某种比赛,已知每局甲胜的概率为 0.6,乙胜的概率为 0.4.可采用三局两胜制或五局三胜制进行比赛,问那一种赛制对甲有利?

这一问题实际上是问,采用哪一种赛制甲胜的概率较大,因而只需要分别计算在三局两胜制和五局三胜制下甲获胜的概率即可.而这两个概率就是分赌本问题的特殊情况,即 $P(2,2)$ 和 $P(3,3)$,此时,$p=0.6,1-p=0.4$,算得

$$P(2,2)=0.648, \quad P(3,3)=0.68256.$$

从而知,采用五局三胜制对甲有利.这还表明:如果每局甲获胜概率大,则多比赛几局对甲是有利的.

【实例 1-3】　人寿保险问题

设有 2500 个同一年龄段同一社会阶层的人,参加某保险公司的人寿保险.根据以往的统计资料,在 1 年里每个人死亡的概率为 0.0001.每个参加保险的人 1 年付给保险公司 120 元保险费,而在死亡时,其家属从保险公司领取 20000 元.在不计利息的情况下,求保险公司亏本和保险公司一年获利不少于十万元的概率.

这是一个 n 重贝努利试验问题.假设投保 1 年内这 2500 个人中有 k 个人死亡,则保险公司亏本当且仅当 $20000k>2500\times120$,即 $k>15$,而 1 年内有 k 个人死亡的概率为

$$C_{2500}^k \cdot (0.0001)^k \cdot (0.9999)^{2500-k}, k=0,1,2,\cdots,2500.$$

所以,保险公司赔本的概率为

$$\sum_{k=16}^{2500} C_{2500}^k \cdot (0.0001)^k \cdot (0.9999)^{2500-k} \approx 0.000001,$$

由此可见保险公司亏本几乎是不可能的.

而保险公司 1 年获利不少于十万元等价于

$$2500 \times 120 - 20000k \geqslant 10^5,$$

即

$$k \leqslant 10,$$

所以保险公司 1 年获利不少于十万元的概率为

$$\sum_{k=0}^{10} C_{2500}^k \cdot (0.0001)^k \cdot (0.9999)^{2500-k} \approx 0.999993662,$$

由此可见保险公司 1 年获利十万元几乎是必然的.

对保险公司来说,保险费收太少,获利将减少;保险费收太多,参保人数将减少,获利也将减少.因此,当死亡率不变和参保对象已知的前提下,为了保证保险公司的利益,收多少保险费就显得很重要了,从而提出如下的问题:

对 2500 个参保对象(每人死亡率为 0.0001),每人每年至少收多少保险费,才能使公司每年以不小于 0.99 的概率获利不少于 10 万元?(赔偿费不变)

设 x 为每人每年所交保险费,则公司获利不少于 10 万元可表示为 $2500x - 20000k \geqslant 10^5$,即 $x \geqslant 8k+40$,这是一个不定方程.又因为 $\sum_{k=0}^{2} C_{2500}^k \cdot (0.0001)^k \cdot (0.9999)^{2500-k} = 0.99784 > 0.99$,即当 2500 个人中死亡人数不超过 $k=2$ 人时,公司获利 10 万元的概率不小于 0.99,故 $x \geqslant 8 \times 2 + 40 = 56$,即 2500 个人每人每年交给公司 56 元保险费,保险公司将以不小于 0.99 的概率获利不少于 10 万元.

由于保险公司之间竞争激烈,为了吸引参保者,保险费还可以再降低,比如 20 元,只要不亏本就行.因此保险公司会考虑如下的问题:

在死亡率与赔偿费不变的情况下,每人每年交给保险公司 20 元保险费,保险公司至少需要吸引多少个参保者才能以不小于 0.99 的概率不亏本?

设 y 为参保人数,k 仍为参保者的死亡人数,类似地有 $20y - 20000k \geqslant 0$,即 $y \geqslant 1000k$,其仍为一个不定方程.

当 $k=1$ 时,$y \geqslant 1000$,$C_{1000}^1 \cdot (0.0001)^1 \cdot (0.9999)^{1000-1} = 0.09049$,又因 $(0.9999)^{1000} = 0.90483$,从而 $\sum_{k=0}^{1} C_{1000}^k \cdot (0.0001)^k \cdot (0.9999)^{1000-k} = 0.99532$,所以保险公司只需要吸引 1000 个人参保就能以不小于 0.99 的概率不亏本.

习题 1

1. 写出下列试验的样本空间:
(1) 抛一枚硬币两次,观察正反面出现的情况;
(2) 同时掷两颗骰子,记录两颗骰子出现的点数;
(3) 在单位圆内任意取一点,记录该点坐标;
(4) 记录某电话一分钟内接到呼叫的次数;
(5) 从一批灯泡中随机抽取一只,测试其寿命.

2. 设 A,B,C 为三个事件,用 A,B,C 的运算关系表示下列各事件:
(1) B 发生,A,C 都不发生;

(2)A,B,C 都发生;

(3)A,B,C 至少有一个发生;

(4)A,B,C 都不发生;

(5)A,B,C 中不多于一个发生;

(6)A,B,C 中不多于两个发生;

(7)A,B,C 中至少有两个发生.

3. 在区间 $[0,1]$ 上任取一数,记 $A=\left\{x\left|\frac{1}{4}<x\leqslant\frac{1}{2}\right.\right\}$,$B=\left\{x\left|\frac{1}{3}\leqslant x<1\right.\right\}$,求下列事件的表达式:
(1)$A\cup B$;(2)AB;(3)$\bar{A}B$;(4)$A\cup\bar{B}$.

4. 某射手向一目标射击三次,令 $A_i=\{$第 i 次射击命中目标$\}(i=1,2,3)$,$B=\{$三次射击中至少命中 1 次$\}$,$C_j=\{$三次射击中恰好命中 j 次$\}(j=0,1,2,3)$.用 A_1,A_2,A_3 表示 B 和 C_j.

5. 某城市的电话号码由 8 位数组成,除首位数非 0 外,其余位数可以是 $0,1,2,\cdots,9$ 中的任一个数,求电话号码是由完全不同的数字组成的概率.

6. 某油漆公司发出 17 桶油漆,其中白漆 10 桶、黑漆 4 桶、红漆 3 桶,在搬运中所有标签脱落,交货人随意将这些油漆发给顾客,问一个订货为 4 桶白漆、3 桶黑漆和 2 桶红漆的顾客,能按所有颜色如数得到订货的概率是多少?

7. 将 10 本书任意放到书架上,求其中仅有的 3 本外文书恰好放在一起的概率.

8. 将甲、乙、丙 3 人等可能地分配到 3 个房间去,求每个房间恰好有 1 人的概率.

9. 在时间间隔 $[0,T]$ 内的任何瞬间,两个不相关的信号均等可能地进入车站调度显示器,如果这两个信号进入显示器的时间间隔不大于 t,显示器就会受干扰,求显示器受干扰的概率.

10. 将长度为 a 的木棒分成三段,求这三段可以构成一个三角形的概率.

11. 甲、乙两艘轮船驶向一个不能同时停泊两艘轮船的码头,它们在一昼夜内到达的时间是等可能的,如果甲船停泊的时间是 1 小时,乙船停泊的时间是 2 小时,求它们中任何一艘都不需要等候码头空出的概率.

12. 设随机事件 A 与 B 及其和事件 $A\cup B$ 的概率分别是 $0.4,0.3$ 和 0.6,求 $P(AB)$,$P(A\bar{B})$.

13. 已知 $A\subset B$,$P(A)=0.2$,$P(B)=0.5$,求 $P(\bar{A})$,$P(\bar{B})$,$P(A\cup B)$,$P(AB)$,$P(\bar{B}A)$,$P(\bar{A}\bar{B})$,$P(\bar{A}B)$.

14. 设 A,B 是两个事件,已知 $P(A)=0.3$,$P(B)=0.7$,$P(A\cup B)=0.9$,求 $P(A-B)$,$P(B-A)$.

15. 一学生寝室有 6 名学生,试求下列事件的概率:
(1) 至少有 1 人的生日是星期天;
(2) 6 个人的生日不都在星期天;
(3) 至少有 2 人的生日是星期天.

16. 从 $0,1,2,\cdots,9$ 十个数字中任选出三个数字,求下列事件发生的概率:(1)三个数字中不含 0 和 5;(2)三个数字中不含 0 或 5;(3)三个数字中含 0,但不含 5.

17. 已知 $P(A)=0.4$,$P(B)=0.6$,$P(B|A)=0.7$,求 $P(AB)$,$P(\bar{A}\bar{B})$.

18. 已知 $P(A)=0.7$,$P(\bar{B})=0.6$,$P(A\bar{B})=0.5$,求 $P(B|A\cup\bar{B})$.

19. 一口袋中有 6 个红球及 4 个白球,从袋中任取一球观察颜色后放回袋中,再从袋中任取一球,设每次取球时袋中每个球被取中的可能性相同,求:
(1)两次都取到红球的概率;
(2)一次取到红球,一次取到白球的概率;
(3)第二次取到红球的概率.

20. 一批灯泡共 100 只,次品率为 10%,不放回地抽取 3 次,每次 1 只,求第三次才取到合格品的概率.

21. 有三台车床,加工零件的数量之比为 2∶2∶1.第一台车床的次品率为 0.02,第二台车床的次品率为 0.03,第三台车床的次品率为 0.05,将三台车床加工好的零件混合在一起,从中随机抽取一只,求:

(1) 所取零件为次品的概率;

(2) 已知取出的是次品,求它是第三台车床加工的概率.

22. 已知男子有 5% 是色盲患者,女子有 0.25% 是色盲患者.今从男女人数相等的人群中随机地挑选一人,恰好是色盲患者,问此人是男性的概率是多少?

23. 盒子里有 10 只乒乓球,其中 8 只是新的.第一次比赛从中任选 2 只,赛后放回;第二次比赛任取 3 只.(1)求第二次取出的都是新球的概率;(2)若第二次取出的都是新球,求第一次取出的都是新球的概率.

24. 设事件 A,B 相互独立,且 $P(A\bar{B})=\dfrac{1}{3}$,$P(\bar{A}B)=\dfrac{1}{6}$,求 $P(AB)$.

25. 加工一零件需要经过三道工序,设第一、二、三道工序的次品率分别为 2%,1%,4%,假设各道工序是互不影响的,求加工出的零件是次品的概率.

26. 甲、乙两人独立地对同一目标射击 1 次,命中率分别为 0.6 和 0.5,现已知目标被射中,求它是乙射中的概率.

27. 某型号高射炮每发射一枚炮弹击中敌机的概率为 0.6,现有若干门同型号的高射炮同时各发射一发炮弹,今欲以 99% 以上的把握击中来犯的一架敌机,问至少需要配置几门高射炮?

第 2 章　随机变量及其分布

　　上一章讨论的随机事件中,有些可直接用数量描述其结果,如掷骰子的点数、动物的寿命;而有些随机事件并不直接用数量来标识,如掷硬币,检测产品是否合格,用的是"正面"、"反面"、"合格品"、"次品"定性的描述.为了更深入研究各种与随机现象有关的理论和应用问题,有必要采用定量的方法,将样本空间的元素与实数对应起来,即引入新的工具——随机变量.随机变量是随机事件的自然延伸,我们将会看到,用随机事件解决的问题将更为深入,更为复杂.

　　随机变量是概率论最重要的概念之一,引入随机变量可将微积分中的理论和方法应用到概率论中.随机变量可以说是古典概率与现代概率的分水岭.

　　本章首先给出随机变量的概念,然后介绍两类最重要的随机变量:离散型随机变量与连续型随机变量,包括离散型随机变量的概念及其分布律,随机变量的分布函数,连续型随机变量的概念及其概率密度函数.最后介绍随机变量函数的分布.

2.1　随机变量的定义

先看几个简单的例子.

　　【例 2-1】　从一批产品中抽出 100 个作质量检验.在此试验中,我们主要关心废品数,它是随机的.如果用 X 表示废品数,那么 X 的可能取值依赖于试验结果(样本点),不是唯一的,其可能取值为 $0,1,2,\cdots,100$.

　　【例 2-2】　从一批灯泡中任取一个作寿命试验,假设灯泡寿命最高不超过一万小时.此时的样本空间 $\Omega=\{\omega\,|\,0\leqslant\omega\leqslant10000\}$,即区间 $[0,10000]$ 上的每个点都是一个样本点.如果用 X 表示寿命,那么 X 的取值是不确定的,它的所有可能取值组成区间 $[0,10000]$.

　　【例 2-3】　掷一枚均匀硬币一次,样本空间为 $\Omega=\{$正面,反面$\}$.如果引入变量 X,令 $X=\begin{cases}0,\text{出现反面}\\1,\text{出现正面}\end{cases}$,即将出现反面与整数"0"对应,出现正面与整数"1"对应.这样就把掷硬币一次的试验结果量化.显然 X 的取值具有随机性.

　　我们可以看到,以上几个例子中的 X 都符合下面的定义:

定义 2-1 设 Ω 为一个样本空间,如果对于每一个样本点 $\omega \in \Omega$,都有一个实数 $X(\omega)$ 与之对应,我们就称 $X(\omega)$ 为一个**随机变量**,并简记为 X. 一般地,随机变量用大写字母 $X,Y,Z,\cdots$ 表示.

对于随机变量也可以用映射的观点来理解,但应当注意,它与微积分中的函数有所不同. 微积分中的函数是实数域到实数域的映射,而随机变量是样本空间到实数域的映射,它的"自变量"是样本空间的样本点,随机变量是"样本点的函数".

引入随机变量后,可用随机变量表示随机事件. 在例 2-1 中,$\{X=0\}$ 表示"没有废品";$\{X \geqslant 2\}$ 表示"至少有 2 个废品";$\{X \leqslant 10\}$ 表示"不多于 10 个废品".

随机变量按其取值的情况,主要有两种不同的类型:一种是离散型随机变量,其特点是 X 的所有可能取值是有限个或可列无穷个,如例 2-1、例 2-3;另一种是连续型随机变量,其特点是 X 的所有可能取值可以充满某个区间,如例 2-2.

2.2 离散型随机变量

2.2.1 离散型随机变量的定义

定义 2-2 如果随机变量 X 的所有可能取值为一列离散的点(可以编号):$x_1,x_2,\cdots,$ $x_i,\cdots$,则称 X 为一个**离散型随机变量**,并称概率 $P(X=x_i)=p_i(i=1,2,\cdots)$ 为 X 的**分布律**(或**分布列**). 分布律通常可以表示成下列表格的形式:

X	x_1	x_2	$\cdots$	x_i	$\cdots$
P	p_1	p_2	$\cdots$	p_i	$\cdots$

从分布律中,可以清晰地看出离散型随机变量的取值规律.

易知,离散型随机变量的分布律必满足下述性质:

(1) 非负性 $p_i \geqslant 0 (i=1,2,\cdots)$;

(2) 归一性 $\sum\limits_{i=1}^{\infty} p_i = 1.$

【例 2-4】 设在五件产品中有两件次品. 从其中任意取出两件,以 X 表示取出的两件产品中的次品数,求 X 的分布律.

解 X 的可能取值为 $0,1,2$.

$$P(X=0)=\frac{C_3^2}{C_5^2}=\frac{3}{10},$$

$$P(X=1)=\frac{C_3^1 \cdot C_2^1}{C_5^2}=\frac{6}{10}=\frac{3}{5},$$

$$P(X=2)=\frac{C_2^2}{C_5^2}=\frac{1}{10}.$$

因此,所求的分布律为

X	0	1	2
P	$\frac{3}{10}$	$\frac{3}{5}$	$\frac{1}{10}$

2.2.2 常见的离散型随机变量

分布律对研究离散型随机变量来说是至关重要的,因为一旦知道一个离散型随机变量的分布律,就相当于完全掌握了该离散型随机变量.下面介绍三种重要的离散型随机变量.

1.(0-1)分布(或两点分布)

定义 2-3 设 X 为一个离散型随机变量,如果 X 的分布律为
$$P(X=0)=q, \quad P(X=1)=p,$$
也可以写成下表形式

X	0	1
P	q	p

其中,$0<p<1,q=1-p$,则称 X 服从参数为 p 的**(0-1)分布**.

一般来说,如果一个随机试验的样本空间只包含两个元素,例如,人的生与死、电闸的开与关,以及前面多次出现过的掷硬币出现正反面等问题都可以用(0-1)分布的随机变量加以描述.另外,也可以用(0-1)分布来构造一些比较复杂且难以处理的随机变量.

2.二项分布

定义 2-4 设 X 为一个离散型随机变量,若 X 的分布律为
$$P(X=k)=\mathrm{C}_n^k p^k q^{n-k} \quad (k=0,1,\cdots,n),$$
其中,$0<p<1,q=1-p$,则称 X 服从参数为 n 与 p 的**二项分布**,记为 $X\sim B(n,p)$.

参阅第 1 章的贝努利试验可知,这里二项分布 $B(n,p)$ 中的 X 正是表示在 n 重贝努利试验中事件 A 发生的次数,p 为事件 A 在每次试验中发生的概率.

特别地,当 $n=1$ 时,二项分布化为 $P(X=k)=p^k q^{1-k}(k=0,1)$.这就是(0-1)分布.

【例 2-5】 设一个盒子中有 50 个编号分别为 $1,2,\cdots,50$ 的乒乓球,5 名同学依次有放回地从盒中任取一个乒乓球.如果取到的乒乓球的编号可以被 5 整除,这名同学就中奖.以 X 表示 5 名同学中中奖的人数,求:

(1)X 的分布律;

(2)恰有两名同学中奖的概率;

(3)中奖人数不超过一名的概率;

(4)至少有两名同学中奖的概率.

解 (1)5 名同学有放回地取乒乓球相当于做了 5 次相互独立试验,每次试验中,同学抽到中奖号码的概率都是 $\frac{10}{50}=0.2$,所以
$$X\sim B(5,0.2),$$

即
$$P(X=k)=C_5^k \cdot 0.2^k \cdot 0.8^{5-k} \quad (k=0,1,\cdots,5).$$

(2) $P(X=2)=C_5^2 \cdot 0.2^2 \cdot 0.8^3=0.2048.$

(3) $P(X\leqslant 1)=P(X=0)+P(X=1)$
$$=0.8^5+C_5^1 \cdot 0.2 \cdot 0.8^4$$
$$=0.73728.$$

(4) $P(X\geqslant 2)=1-P(X=0)-P(X=1)$
$$=1-0.73728$$
$$=0.26272.$$

【例 2-6】 某大学的校乒乓球队与数学系乒乓球队举行对抗赛.校队的实力较系队强.当一个校队运动员与一个系队运动员比赛时,校队运动员获胜的概率为 0.6.现在校、系双方商量对抗赛的方式,提了 3 种方案:

(1)双方各出 3 人;

(2)双方各出 5 人;

(3)双方各出 7 人.

3 种方案中均以比赛中得胜人数多的一方为胜利.问:对系队来说,哪一种方案有利?

解 设系队得胜人数为 X,则在上述 3 种方案中,系队胜利的概率依次为

(1) $P(X\geqslant 2)=\sum_{k=2}^{3} C_3^k \cdot 0.4^k \cdot 0.6^{3-k}=0.352;$

(2) $P(X\geqslant 3)=\sum_{k=3}^{5} C_5^k \cdot 0.4^k \cdot 0.6^{5-k}=0.31744;$

(3) $P(X\geqslant 4)=\sum_{k=4}^{7} C_7^k \cdot 0.4^k \cdot 0.6^{7-k}=0.289792.$

因此第一种方案对系队最为有利.这在直觉上是容易理解的,因为参赛人数越少,系队侥幸获胜的可能性也就越大.

【例 2-7】 某人进行射击,设每次射击的命中率为 0.02,独立射击 400 次,试求至少命中 1 次的概率.

解 将 1 次射击看成是 1 次试验,设击中的次数为 X,则 $X\sim B(400,0.02)$. X 的分布律为
$$P(X=k)=C_{400}^k \cdot 0.02^k \cdot 0.98^{400-k} \quad (k=0,1,\cdots,400).$$
于是,所求概率为
$$P(X\geqslant 1)=1-P(X=0)$$
$$=1-0.98^{400}$$
$$\approx 0.99969.$$

可见,虽然每次射击的命中率很小(为 0.02),但如果射击 400 次,则击中目标是几乎可以肯定的.这一事实说明,一个事件尽管在 1 次试验中发生的概率很小,但只要试验次数很多,而且试验是独立地进行的,那么这一事件的发生几乎是肯定的.这也告诉人们绝不能轻视小概率事件;另一方面,如果射手在 400 次射击中,一次都未击中,由于 $P(X=0)$

≈0.00031 很小,根据实际推断原理,我们将怀疑"每次射击的命中率为 0.02"这一假设,即认为该射手的命中率达不到 0.02.

3. 泊松(Possion)分布

定义 2-5　设 X 为一个离散型随机变量,若 X 的分布律为

$$P(X=k)=\frac{\lambda^k}{k!}\mathrm{e}^{-\lambda} \quad (k=0,1,\cdots),$$

其中,$\lambda>0$,则称 X 服从参数为 λ 的**泊松分布**,记为 $X\sim P(\lambda)$.

泊松分布常见于稠密性问题中,许多实际问题均可用泊松分布来描述.例如,某一时间段内电话交换台接到的呼唤次数,某一地区某一时间内计算机用户登录互联网的人数,某放射性物质放射的粒子数,某地区每年发生的洪水次数及遭受的台风次数,某商店每天8:00~10:00 到达的顾客人数以及各种稀有事件发生的次数等.

【例 2-8】　已知某地区每年发生特大洪水的次数是一个随机变量 X,且每年发生特大洪水与否相互独立.假设 X 服从参数为 0.01 的泊松分布,求在 10 年中至少发生一次特大洪水的概率 p.

解　先求 10 年中一次特大洪水都不发生的概率 q.

一年中不发生特大洪水的概率为 $P(X=0)=\dfrac{0.01^0}{0!}\mathrm{e}^{-0.01}=\mathrm{e}^{-0.01}$,那么 10 年中一次特大洪水都不发生的概率为

$$q=[P(X=0)]^{10}=\mathrm{e}^{-0.1}\approx 0.9048,$$

于是 10 年中至少发生一次特大洪水的概率为

$$p=1-q\approx 1-0.9048=0.0952.$$

结果表明,这个概率不算太大,如果把 10 年换成 400 年,则在 400 年中至少发生一次特大洪水的概率为 $1-(\mathrm{e}^{-0.01})^{400}\approx 0.9817$,这个概率接近 1.这一事实再次说明,一个事件尽管在 1 次试验中发生的概率很小(每年发生特大洪水的概率约为 0.0099),但只要试验次数很多,而且试验是独立地进行的,那么这一事件的发生几乎是肯定的.

泊松分布与二项分布具有密切的联系.

定理 2-1(泊松逼近定理)　设 $X_n\sim B(n,p_n)$,常数 $\lambda>0$,如果 $\lim\limits_{n\to\infty}np_n=\lambda$,则有

$$\lim_{n\to\infty}\mathrm{C}_n^k p_n^k(1-p_n)^{n-k}=\frac{\lambda^k}{k!}\mathrm{e}^{-\lambda} \quad (k=0,1,\cdots).$$

证明
$$\lim_{n\to\infty}\mathrm{C}_n^k p_n^k(1-p_n)^{n-k}=\lim_{n\to\infty}\mathrm{C}_n^k\left(\frac{\lambda}{n}\right)^k\left(1-\frac{\lambda}{n}\right)^{n-k}$$
$$=\lim_{n\to\infty}\frac{\lambda^k}{k!}\cdot\frac{n(n-1)\cdots(n-k+1)}{n^k}\cdot\left(1-\frac{\lambda}{n}\right)^n\cdot\left(1-\frac{\lambda}{n}\right)^{-k}$$
$$=\frac{\lambda^k\mathrm{e}^{-\lambda}}{k!}.$$

这里用到了微积分的内容:

$$\lim_{n\to\infty}\frac{n(n-1)\cdots(n-k+1)}{n^k}=\lim_{n\to\infty}\left(1-\frac{1}{n}\right)\left(1-\frac{2}{n}\right)\cdots\left(1-\frac{n-k+1}{n}\right)=1,$$

$$\lim_{n\to\infty}\left(1-\frac{\lambda}{n}\right)^n=\lim_{n\to\infty}\left[1+\left(-\frac{\lambda}{n}\right)\right]^{-\frac{n}{\lambda}\cdot(-\lambda)}=\mathrm{e}^{-\lambda},$$

$$\lim_{n \to \infty}\left(1-\frac{\lambda}{n}\right)^{-k}=1.$$

定理 2-1 说明,当 n 很大时,二项分布 $B(n,p)$ 与泊松分布 $P(\lambda)(\lambda=np)$ 几乎一样.它不仅说明了泊松分布与二项分布之间的联系,同时对二项分布的概率计算提供了很大的帮助.

【例 2-9】 设某工厂产品的次品率为 0.02,从该厂生产的一大批产品中随机抽取 100 件进行检测,求:

(1)恰有 2 件次品的概率;

(2)次品数不超过 2 件的概率.

解 由于产品非常多,无论是有放回抽样还是不放回抽样,都可以作为有放回抽样来处理.若以 X 表示 100 件产品中的次品数,那么 X 服从二项分布 $B(100,0.02)$.故得

(1) $P(X=2)=C_{100}^2 \cdot 0.02^2 \cdot 0.98^{98} \approx \dfrac{2^2}{2!}e^{-2} \approx 0.2707,$

(2) $P(X \leqslant 2)=0.98^{100}+C_{100}^1 \cdot 0.02 \cdot 0.98^{99}+C_{100}^2 \cdot 0.02^2 \cdot 0.98^{98}$

$$\approx e^{-2}+\frac{2^1}{1!}e^{-2}+\frac{2^2}{2!}e^{-2}=5e^{-2} \approx 0.6767.$$

2.3 分布函数

在处理随机变量问题中,我们虽然需要了解随机变量的可能取值,但在许多情况下,更为关心的是随机变量落在某区间内的概率,即求 $P(x_1<X \leqslant x_2)$.由概率的性质可知 $P(x_1<X \leqslant x_2)=P(X \leqslant x_2)-P(X \leqslant x_1)$.因此要研究 $P(x_1<X \leqslant x_2)$,就归为研究形如 $P(X \leqslant x)$ 的概率.显然,概率 $P(X \leqslant x)$ 的取值与 x 有关,对每一确定的 x,$P(X \leqslant x)$ 都有唯一确定的值与之对应,可见 $P(X \leqslant x)$ 是 x 的函数.

定义 2-6 设 X 为一个随机变量,x 为任意实数,称函数

$$F(x)=P(X \leqslant x)$$

为随机变量 X 的**分布函数**.

如果将随机变量 X 视为实轴 $\mathbf{R}$ 上的一个随机点,那么分布函数 $F(x)$ 在 x 处的函数值,表示随机点 X 落在点 x 左方(含 x 点),即区间 $(-\infty,x]$ 上的概率.

对照函数的定义可知,虽然随机变量的分布函数与随机变量有关,但它仍是一个普通函数,具有函数的两个要素,即有定义域 $(-\infty,+\infty)$,有对应法则 $F(x)=P(X \leqslant x)$.因此,非常便于用微积分的理论与方法进行研究、分析与计算.分布函数具有如下基本性质:

性质 2-1 $P(x_1<X \leqslant x_2)=F(x_2)-F(x_1)$;

性质 2-2 $F(x)$ 为 x 的右连续函数,即对任何 $x \in \mathbf{R}$,$\lim\limits_{h \to 0^+}F(x+h)=F(x)$;

性质 2-3 $F(x)$ 为 x 的单调不减函数;

性质 2-4 $0 \leqslant F(x) \leqslant 1$,且

$$\lim_{x \to -\infty}F(x)=\lim_{x \to -\infty}P(X \leqslant x)=P(X \leqslant -\infty)=0, 常记作 F(-\infty)=0;$$

$$\lim_{x \to +\infty}F(x)=\lim_{x \to +\infty}P(X \leqslant x)=P(X \leqslant +\infty)=1, 常记作 F(+\infty)=1.$$

证明　下面给出性质 2-1 和性质 2-3 的证明,性质 2-2 的证明超出本书的范围.

$P(x_1<X\leqslant x_2)=P(X\leqslant x_2)-P(X\leqslant x_1)=F(x_2)-F(x_1)$,即性质 2-1 成立.

对于性质 2-3,若 $x_1<x_2$,则

$$F(x_2)-F(x_1)=P(X\leqslant x_2)-P(X\leqslant x_1)=P(x_1<X\leqslant x_2)\geqslant 0.$$

这表明函数 $F(x)$ 单调不减.

性质 2-4 的直观意义十分明显.当区间端点 x 沿数轴无限向左方移动($x\to -\infty$)时,则"X 落在点 x 左方"这一事件趋于不可能事件,故其概率 $P(X\leqslant x)=F(x)$ 趋于 0;又若 x 无限向右方移动($x\to +\infty$)时,事件"X 落在点 x 左方"趋于必然事件,从而概率 $P(X\leqslant x)=F(x)$ 趋于 1.

【例 2-10】　掷一枚均匀硬币三次,以 X 表示出现正面的次数,求 X 的分布律与分布函数.

解　掷一枚均匀硬币三次,相当于做了 3 次相互独立试验,每次试验中,出现正面的概率都是 $\frac{1}{2}$,所以 $X\sim B(3,\frac{1}{2})$.

$$P(X=0)=C_3^0\left(\frac{1}{2}\right)^0\left(\frac{1}{2}\right)^3=\frac{1}{8},\quad P(X=1)=C_3^1\left(\frac{1}{2}\right)^1\left(\frac{1}{2}\right)^2=\frac{3}{8},$$

$$P(X=2)=C_3^2\left(\frac{1}{2}\right)^2\left(\frac{1}{2}\right)^1=\frac{3}{8},\quad P(X=3)=C_3^3\left(\frac{1}{2}\right)^3\left(\frac{1}{2}\right)^0=\frac{1}{8}.$$

由此得 X 的分布律为

X	0	1	2	3
P	$\frac{1}{8}$	$\frac{3}{8}$	$\frac{3}{8}$	$\frac{1}{8}$

下面求 X 的分布函数 $F(x)$.

当 $x<0$ 时,

$$F(x)=P(X\leqslant x)=P(\varnothing)=0,$$

当 $0\leqslant x<1$ 时,

$$F(x)=P(X\leqslant x)=P(X=0)=\frac{1}{8},$$

当 $1\leqslant x<2$ 时,

$$F(x)=P(X\leqslant x)=P(X=0)+P(X=1)$$
$$=\frac{1}{8}+\frac{3}{8}=\frac{1}{2},$$

当 $2\leqslant x<3$ 时,

$$F(x)=P(X\leqslant x)=P(X=0)+P(X=1)+P(X=2)$$
$$=\frac{1}{8}+\frac{3}{8}+\frac{3}{8}=\frac{7}{8},$$

显然,当 $x\geqslant 3$ 时,

$$F(x)=P(X\leqslant x)=1.$$

所以 X 的分布函数为

$$F(x)=\begin{cases}0, & x<0\\[4pt]\dfrac{1}{8}, & 0\leqslant x<1\\[6pt]\dfrac{1}{2}, & 1\leqslant x<2.\\[6pt]\dfrac{7}{8}, & 2\leqslant x<3\\[6pt]1, & x\geqslant 3\end{cases}$$

由例 2-10 可以知道,如果知道了离散型随机变量的分布律,就可以求得其分布函数;反之,如果知道了离散型随机变量的分布函数,是否可以得到随机变量的分布律?

设 X 的分布函数为例 2-10 中所求,则

$$P(X=0)=P(X\leqslant 0)=F(0)=\frac{1}{8};$$

$$P(X=1)=P(0<X\leqslant 1)=F(1)-F(0)=\frac{1}{2}-\frac{1}{8}=\frac{3}{8};$$

$$P(X=2)=P(1<X\leqslant 2)=F(2)-F(1)=\frac{7}{8}-\frac{1}{2}=\frac{3}{8};$$

$$P(X=3)=P(2<X\leqslant 3)=F(3)-F(2)=1-\frac{7}{8}=\frac{1}{8}.$$

因此 X 的分布律为

X	0	1	2	3
P	$\dfrac{1}{8}$	$\dfrac{3}{8}$	$\dfrac{3}{8}$	$\dfrac{1}{8}$

从上面的分析中可以看出,一个离散型随机变量的分布函数与其分布律等价,但研究分布律远比研究分布函数简单.

【例 2-11】 设随机变量 X 在区间 $[0,2]$ 内取值,且对于每个 $a\in[0,2]$, X 落入 $[0,a]$ 内的概率与 a^2 成正比,求 X 的分布函数.

解 由题知, X 的取值范围为区间 $[0,2]$.

当 $x<0$ 时, $F(x)=0$;当 $x\geqslant 2$ 时, $F(x)=1$.

当 $0\leqslant x<2$ 时, $F(x)=P(X\leqslant x)=P(0\leqslant X\leqslant x)=kx^2$.

特别地, $P(0\leqslant X\leqslant 2)=4k$,而 $P(0\leqslant X\leqslant 2)=1$,所以 $k=\dfrac{1}{4}$.

因此 X 的分布函数为

$$F(x)=\begin{cases}0, & x<0\\[4pt]\dfrac{1}{4}x^2, & 0\leqslant x<2.\\[6pt]1, & x\geqslant 2\end{cases}$$

例 2-10 与例 2-11 的分布函数都是分段函数.其实大部分随机变量的分布函数也都是分段函数.前面讨论的离散型随机变量,其特点是它的可能取值及其相应的概率可以逐个列出,而本例中的随机变量 X 的可能取值充满了区间 $[0,2]$,不可能一一列出.具有这

种特点的随机变量还很多,例如在射击问题中测量弹着点距靶心的距离,测量一个工件与标准件的误差等.

我们看到例 2-10 中,离散型随机变量 X 的分布函数是一个阶梯函数,而例 2-11 中随机变量 X 的分布函数却是一个连续函数.另外容易看出例 2-11 中的分布函数 $F(x)$ 还可以写成如下形式:

$$F(x) = \int_{-\infty}^{x} f(t)\mathrm{d}t \quad (x \in \mathbf{R}),$$

其中,

$$f(t) = \begin{cases} \dfrac{1}{2}t, & 0 < t < 2 \\ 0, & \text{其他} \end{cases}.$$

而例 2-10 中的分布函数却无法写成上述形式,因为这是两类完全不同类型的随机变量对应的分布函数.与离散型随机变量相对的,例 2-11 中的随机变量 X 为连续型随机变量.

2.4　连续型随机变量

2.4.1　连续型随机变量的定义

定义 2-7　设 X 为一个随机变量,如果存在一个非负函数 $f(x)$,使得 X 的分布函数 $F(x)$ 满足

$$F(x) = \int_{-\infty}^{x} f(t)\mathrm{d}t \quad (x \in \mathbf{R}),$$

则称 X 为一个**连续型随机变量**,并称 $f(x)$ 为 X 的**概率密度函数**,简称**密度函数**(或概率密度).

容易看出,密度函数 $f(x)$ 具有以下性质:

(1) 非负性　$f(x) \geqslant 0$;

(2) 归一性　$\int_{-\infty}^{+\infty} f(x)\mathrm{d}x = 1$;

由归一性知,介于曲线 $y = f(x)$ 与 x 轴之间的图形的面积为 1.

(3) 在密度函数 $f(x)$ 的连续点 x_0 处有 $F'(x_0) = f(x_0)$,即密度函数为分布函数的导数;

(4) 如果 X 为连续型随机变量,那么

$$P(a < X \leqslant b) = \int_{a}^{b} f(x)\mathrm{d}x. \tag{2-1}$$

证明　$P(a < X \leqslant b) = P(X \leqslant b) - P(X \leqslant a) = F(b) - F(a)$

$$= \int_{-\infty}^{b} f(x)\mathrm{d}x - \int_{-\infty}^{a} f(x)\mathrm{d}x = \int_{a}^{b} f(x)\mathrm{d}x.$$

式(2-1)虽然简单,但非常重要,因为从理论上来讲,所有连续型随机变量求概率都要使用它.由式(2-1)知,X 落在区间 $(a,b]$ 的概率 $P(a < X \leqslant b)$ 等于区间 $(a,b]$ 上曲线 $y =$

$f(x)$之下的曲边梯形的面积(图2-1).

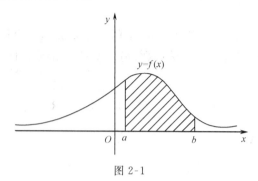

图 2-1

下面换个角度来理解概率密度的意义.假设区间$[a,b]$是一有"质量"的线段,它的线密度为$f(x)$,则区间$[a,b]$的总质量为

$$\int_a^b f(x)\mathrm{d}x. \tag{2-2}$$

比较式(2-1)与式(2-2)的共同点,我们完全可以把密度函数类比为质量密度,把求概率类比为求质量.

另外,由式(2-1)知,对任何常数c,有

$$P(X=c)=0.$$

事实上,设X的分布函数为$F(x)$,$\Delta x>0$,则由

$$0\leqslant P(X=c)\leqslant P(c<X\leqslant c+\Delta x)=\int_c^{c+\Delta x}f(x)\mathrm{d}x=f(\xi)\cdot\Delta x,c<\xi<c+\Delta x,$$

令$\Delta x\to 0$,可得$P(X=c)=0$.

这说明,连续型随机变量一般讨论X落在某区间内的概率,并且计算随机变量落在该区间概率时,无需分该区间是开区间还是闭区间,或半开半闭区间,即

$$P(a<X<b)=P(a<X\leqslant b)=P(a\leqslant X\leqslant b)=P(a\leqslant X<b)=\int_a^b f(x)\mathrm{d}x.$$

还需要指出,虽然$P(X=c)=0$,但并不意味着$\{X=c\}$一定是不可能事件.也就是说,若A是不可能事件,则有$P(A)=0$;若$P(A)=0$,并不能推出A是不可能事件.连续型随机变量取个别值的概率为0,这是它与离散型随机变量完全不同的一个重要区别.因而用分布律不能描述连续型随机变量的分布.

密度函数对连续型随机变量的作用,相当于分布律对离散型随机变量的作用.连续型随机变量是由密度函数唯一确定的,知道了密度函数,就可以完全掌握其对应的连续型随机变量.

【例 2-12】 设连续型随机变量X的分布函数为

$$F(x)=\begin{cases}A+Be^{-x}, & x>0 \\ 0, & x\leqslant 0\end{cases},$$

求:(1)常数A,B的值;(2)密度函数$f(x)$的表达式.

解 (1)由分布函数的性质$\lim\limits_{x\to+\infty}F(x)=1$,立刻得到$A=1$.

又由$\lim\limits_{x\to 0^+}F(x)=F(0)$,可得$A+B=0$,进而有$B=-1$.

（2）由于 X 的分布函数为

$$F(x)=\begin{cases}1-e^{-x}, & x>0 \\ 0, & x\leqslant 0\end{cases},$$

因此 X 的密度函数为

$$f(x)=F'(x)=\begin{cases}e^{-x}, & x>0 \\ 0, & x\leqslant 0\end{cases}.$$

需要注意，此处的区间$(0,+\infty)$对于连续型随机变量的运算很重要．关于连续型随机变量 X 的一切概率运算（例如积分）都必须限制在该区间之内．另外，该区间可以写成开区间，也可以写成闭区间，或半开半闭区间．不同的写法对题目的计算结果没有影响．

【例 2-13】　设某药品的有效期间 X 以天计，其概率密度为

$$f(x)=\begin{cases}\dfrac{k}{(x+100)^3}, & x>0 \\ 0, & 其他\end{cases},$$

求：（1）常数 k；（2）X 的分布函数 $F(x)$；（3）药品至少有 200 天有效期的概率．

解　（1）由密度函数 $f(x)$ 的性质，

$$\int_{-\infty}^{+\infty}f(x)\mathrm{d}x=\int_{0}^{+\infty}\frac{k}{(x+100)^3}\mathrm{d}x=-\frac{k}{2}(x+100)^{-2}\Big|_0^{+\infty}=\frac{k}{20000}=1,$$

得

$$k=20000.$$

（2）当 $x<0$ 时，

$$F(x)=0.$$

当 $x\geqslant 0$ 时，

$$F(x)=\int_{-\infty}^{x}f(t)\mathrm{d}t=\int_{0}^{x}\frac{20000}{(t+100)^3}\mathrm{d}t=1-\frac{10000}{(x+100)^2}.$$

所以

$$F(x)=\begin{cases}0, & x<0 \\ 1-\dfrac{10000}{(x+100)^2}, & x\geqslant 0\end{cases},$$

（3）

$$P(X\geqslant 200)=1-F(200)=\frac{1}{9},$$

或者

$$P(X\geqslant 200)=\int_{200}^{+\infty}f(x)\mathrm{d}x=\int_{200}^{+\infty}\frac{20000}{(x+100)^3}\mathrm{d}x=\frac{1}{9}.$$

由例 2-12 和例 2-13 可以知道，对于连续型随机变量，如果知道了分布函数，就可以求得其概率密度函数；反之，如果知道了概率密度函数，也可以得到分布函数．可见，一个连续型随机变量的分布函数与其概率密度函数等价，但研究概率密度函数比研究分布函数要简单．

2.4.2　常见的连续型随机变量

我们知道，连续型随机变量的密度函数决定了随机变量的所有特征，下面用密度函数

定义几种常见的连续型随机变量分布.

1. 均匀分布

若一个随机变量等可能地取值于区间 (a,b) 上的每一个值,而不可能取到其他实数值,则称 X 在区间 (a,b) 上服从均匀分布.

定义 2-8 若随机变量 X 的密度函数为

$$f(x) = \begin{cases} \dfrac{1}{b-a}, & a < x < b \\ 0, & \text{其他} \end{cases},$$

则称 X 在区间 (a,b) 上服从**均匀分布**,记为 $X \sim U(a,b)$.

易知,$f(x) \geqslant 0$,且 $\int_{-\infty}^{+\infty} f(x)\mathrm{d}x = 1$.

又对于 $[a,b]$ 的任一长度为 l 的子区间 $(c,c+l)$,

$$P(c < X \leqslant c+l) = \int_c^{c+l} f(x)\mathrm{d}x = \int_c^{c+l} \frac{1}{b-a}\mathrm{d}x = \frac{l}{b-a}.$$

这表明,服从均匀分布的随机变量 X 落在 (a,b) 内任何等长度的子区间内的可能性都是相同的,而与子区间的位置无关.

均匀分布的情形在实际问题中经常可以见到,例如在数值计算中,由"四舍五入"最后一位数字引起的随机误差;在刻度器上把零头数化为整分度时发生的随机误差;在每隔一段时间有一辆公共汽车通过的汽车停车站上,乘客候车的时间等.

容易得到其分布函数为

$$F(x) = \begin{cases} 0, & x < a \\ \dfrac{x-a}{b-a}, & a \leqslant x < b. \\ 1, & x \geqslant b \end{cases}$$

均匀分布随机变量的密度函数 $f(x)$ 和分布函数 $F(x)$ 的图像如图 2-2 所示.

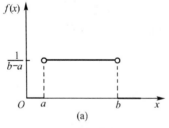 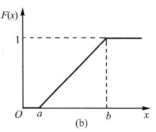

图 2-2

【例 2-14】 随机地向区间 $(-1,1)$ 上投掷一点,X 为其坐标值,现有方程 $t^2 - 3Xt + 1 = 0$,求方程有实根的概率.

解 据题意知 X 在区间 $(-1,1)$ 上服从均匀分布,其密度函数为

$$f(x) = \begin{cases} \dfrac{1}{2}, & -1 < x < 1 \\ 0, & \text{其他} \end{cases}.$$

令判别式 $9X^2 - 4 \geqslant 0$,得 $|X| \geqslant \dfrac{2}{3}$,即当 $X \leqslant -\dfrac{2}{3}$ 或 $X \geqslant \dfrac{2}{3}$ 时,方程 $t^2 - 3Xt + 1 = 0$

有实根,于是

$$P\left(|X| \geqslant \frac{2}{3}\right) = P\left(X \leqslant -\frac{2}{3}\right) + P\left(X \geqslant \frac{2}{3}\right) = \int_{-1}^{-\frac{2}{3}} \frac{1}{2} \mathrm{d}x + \int_{\frac{2}{3}}^{1} \frac{1}{2} \mathrm{d}x = \frac{1}{3}.$$

2. 指数分布

指数分布是较常见的一种连续型分布,在系统工程和可靠性理论中应用较广,通常用它描述电子元件的寿命及等待时间等指标.

定义 2-9　若随机变量 X 的密度函数为

$$f(x) = \begin{cases} \lambda \mathrm{e}^{-\lambda x}, & x > 0 \\ 0, & x \leqslant 0 \end{cases},$$

其中,参数 $\lambda > 0$,则称 X 服从参数为 λ 的**指数分布**,记为 $X \sim e(\lambda)$.

易得到 X 的分布函数为

$$F(x) = \begin{cases} 1 - \mathrm{e}^{-\lambda x}, & x > 0 \\ 0, & x \leqslant 0 \end{cases}.$$

密度函数和分布函数的图像如图 2-3 所示.

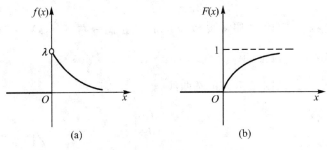

图 2-3

【**例 2-15**】　假设一种电池的寿命 X(单位:小时)服从参数 $\lambda = \frac{1}{200}$ 的指数分布.(1)任取一个这种电池,求其能正常使用 100 小时以上的概率;

(2)若一只电池已经使用了 80 小时,求它至少还能使用 100 小时的概率.

解　(1) $P(X > 100) = \int_{100}^{+\infty} \frac{1}{200} \mathrm{e}^{-\frac{1}{200}x} \mathrm{d}x = \left(-\mathrm{e}^{-\frac{1}{200}x}\right)\big|_{100}^{+\infty} = \mathrm{e}^{-\frac{1}{2}}.$

(2)由条件概率计算公式,所求概率为

$$P(X > 180 \mid X > 80) = \frac{P(X > 180, X > 80)}{P(X > 80)} = \frac{P(X > 180)}{P(X > 80)}$$

$$= \frac{\mathrm{e}^{-\frac{180}{200}}}{\mathrm{e}^{-\frac{80}{200}}} = \mathrm{e}^{-\frac{1}{2}}.$$

注意到 $P(X > 100) = \mathrm{e}^{-\frac{1}{2}}$,即

$$P(X > 180 \mid X > 80) = P(X > 100).$$

这个等式揭示了指数分布的一个重要性质——"无记忆性",即若 $X \sim e(\lambda)$,则对任一 $t, s > 0$ 有

$$P(X > t + s \mid X > s) = P(X > t).$$

【例 2-16】 设顾客在某银行的窗口等待服务的时间 X(单位:分钟)服从参数 $\lambda = \dfrac{1}{5}$ 的指数分布.某顾客在窗口等待服务,若超过 10 分钟他就离开.他一个月要去银行 5 次,以 Y 表示一个月内他未等到服务而离开窗口的次数.求概率 $P(Y \geqslant 1)$.

解 顾客未等到服务而离开窗口的概率为

$$p = P(X > 10) = e^{-\frac{10}{5}} = e^{-2},$$

所以

$$Y \sim B(5, e^{-2}),$$

$$P(Y \geqslant 1) = 1 - P(Y = 0) = 1 - (1 - e^{-2})^5.$$

3. 正态分布

正态分布是概率论和数理统计中最常见、也是最重要的分布之一.我们生活中的很多指标,如身高、体重、学生成绩等都可以用它来描述.

定义 2-10 若连续型随机变量 X 的密度函数为

$$f(x) = \frac{1}{\sqrt{2\pi}\,\sigma} e^{-\frac{(x-\mu)^2}{2\sigma^2}} \quad (x \in \mathbf{R}),$$

其中,参数 $\mu \in \mathbf{R}, \sigma > 0$,则称 X 服从参数为 μ, σ^2 的**正态分布**,记为 $X \sim N(\mu, \sigma^2)$.

显然 $f(x) \geqslant 0$,还可以证明 $\displaystyle\int_{-\infty}^{+\infty} f(x)\,\mathrm{d}x = 1$.

密度函数 $y = f(x)$ 的图像称为正态曲线,如图 2-4 所示.

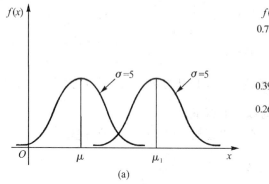
(a)

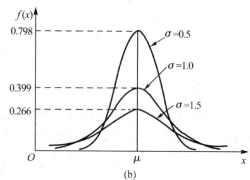
(b)

图 2-4

正态曲线 $y = \dfrac{1}{\sqrt{2\pi}\,\sigma} e^{-\frac{(x-\mu)^2}{2\sigma^2}}$ 随着 μ 和 σ 的取值不同而变化. μ 决定了图像的左右位置,正态曲线以 $x = \mu$ 为对称轴.当 σ 减小时,则 $f(x)$ 的最大值 $f(\mu) = \dfrac{1}{\sqrt{2\pi}\,\sigma}$ 增大,此时图像变得尖挺,两侧尾部趋于 0 速度加快.反之,当 σ 增大时,图像趋于扁平,两侧尾部趋于 0 速度变慢,因此, σ 称为形状参数.

正态分布的分布函数为

$$F(x) = \frac{1}{\sqrt{2\pi}\,\sigma} \int_{-\infty}^{x} e^{-\frac{(t-\mu)^2}{2\sigma^2}}\,\mathrm{d}t.$$

因为 $F(x)$ 不是初等函数, 所以只能以积分的形式表示, 这样就给计算分布函数值或事件概率带来困难. 不过所有的正态分布 $N(\mu, \sigma^2)$ 都可以经过一个简单的变换, 就可变成所谓的标准正态分布(参见定理 2-2). 于是, 从理论上来讲, 研究正态分布只需研究标准正态分布即可.

我们将 $\mu = 0, \sigma^2 = 1$ 时的正态分布 $N(0,1)$ 称为**标准正态分布**. 记它的密度函数为

$$\varphi(x) = \frac{1}{\sqrt{2\pi}} e^{-\frac{x^2}{2}} \quad (x \in \mathbf{R}).$$

此时, 它的分布函数为

$$\Phi(x) = \frac{1}{\sqrt{2\pi}} \int_{-\infty}^{x} e^{-\frac{t^2}{2}} \mathrm{d}t.$$

标准正态分布的密度函数和分布函数的图像如图 2-5 所示.

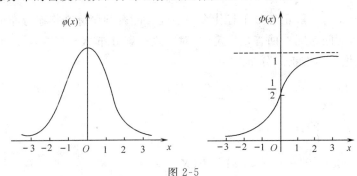

图 2-5

显然, 标准正态分布的密度函数的图像关于 y 轴对称, 且

$$\Phi(0) = \frac{1}{2},$$

$$\Phi(-x) = 1 - \Phi(x).$$

在本书的附录 4 中, 列有标准正态分布 $\Phi(x)$ 的函数表, 常用数据可以从表中直接查到. 例如 $\Phi(1.96) = 0.975$. 由此可推算出 $\Phi(-1.96) = 1 - \Phi(1.96) = 0.025$.

借助于分布函数值, 就可以通过公式

$$P(a < X \leqslant b) = \Phi(b) - \Phi(a)$$

方便地计算服从标准正态分布的随机变量落入区间 (a, b) 的概率.

【例 2-17】 假设随机变量 $X \sim N(0,1)$, 试求:

(1)$P(X \leqslant 1.5)$; (2)$P(X > 2.36)$; (3)$P(X \leqslant -2.1)$; (4)$P(-0.5 < X \leqslant 0.8)$.

解 (1)$P(X \leqslant 1.5) = \Phi(1.5) = 0.9332$.

(2)$P(X > 2.36) = 1 - \Phi(2.36) = 1 - 0.9909 = 0.0091$.

(3)$P(X \leqslant -2.1) = \Phi(-2.1) = 1 - \Phi(2.1) = 1 - 0.9821 = 0.0179$.

(4)$P(-0.5 < X \leqslant 0.8) = \Phi(0.8) - \Phi(-0.5)$

$= \Phi(0.8) - [1 - \Phi(0.5)]$

$= 0.7881 - 1 + 0.6915$

$= 0.4796$.

【例 2-18】 假设随机变量 $X \sim N(0,1)$, 试求 a 与 b 的值.

応用概率统计

(1)使 $P(X>a)=0.05$；

(2)使 $P(X\leqslant b)=0.025$.

解 (1)由 $P(X>a)=1-\Phi(a)=0.05$ 知

$$\Phi(a)=0.95,$$

查表知

$$a=1.65.$$

(2)因为正态分布表中的函数值均不小于 0.5，因而欲求 b，使 $P(X\leqslant b)=\Phi(b)=0.025$，可转为求 $\Phi(-b)=1-\Phi(b)=0.975$. 查表知

$$-b=1.96,$$

所以

$$b=-1.96.$$

标准正态分布与一般正态分布有什么关系呢？能否利用标准正态分布的一些性质解决一般正态分布的问题呢？回答是肯定的. 对一般正态分布 $X\sim N(\mu,\sigma^2)$，可以通过一个线性变换，将之化为标准正态分布.

定理 2-2 若 $X\sim N(\mu,\sigma^2)$，令 $Z=\dfrac{X-\mu}{\sigma}$，则 $Z\sim N(0,1)$.

证明 $Z=\dfrac{X-\mu}{\sigma}$ 的分布函数为

$$P(Z\leqslant z)=P\left(\frac{X-\mu}{\sigma}\leqslant z\right)=P(X\leqslant\sigma z+\mu)=\frac{1}{\sqrt{2\pi}\,\sigma}\int_{-\infty}^{\sigma z+\mu}e^{-\frac{(x-\mu)^2}{2\sigma^2}}dx.$$

令 $\dfrac{x-\mu}{\sigma}=t$，得

$$P(Z\leqslant z)=\frac{1}{\sqrt{2\pi}}\int_{-\infty}^{z}e^{-\frac{t^2}{2}}dt=\Phi(z),$$

可知

$$\frac{X-\mu}{\sigma}\sim N(0,1).$$

这样就可以通过查标准正态分布表来进行计算. 若 $X\sim N(\mu,\sigma^2)$，则

$$F(x)=P(X\leqslant x)=P\left(\frac{X-\mu}{\sigma}\leqslant\frac{x-\mu}{\sigma}\right)=\Phi\left(\frac{x-\mu}{\sigma}\right),$$

$$P(a<X\leqslant b)=\Phi\left(\frac{b-\mu}{\sigma}\right)-\Phi\left(\frac{a-\mu}{\sigma}\right).$$

【例 2-19】 假设随机变量 $X\sim N(1,4)$，试求：

(1)$P(X\leqslant 2.5)$；(2)$P(0.5<X\leqslant 2.4)$；(3)$P(X>1)$.

解 (1)$P(X\leqslant 2.5)=\Phi\left(\dfrac{2.5-1}{2}\right)=\Phi(0.75)=0.7734.$

(2)$P(0.5<X\leqslant 2.4)=\Phi\left(\dfrac{2.4-1}{2}\right)-\Phi\left(\dfrac{0.5-1}{2}\right)$

$$=\Phi(0.7)-\Phi(-0.25)$$

$$=\Phi(0.7)-[1-\Phi(0.25)]$$

$$=0.7580-1+0.5987$$
$$=0.3567.$$

$(3)\,P(X>1)=1-P(X\leqslant 1)=1-\Phi\left(\dfrac{1-1}{2}\right)=1-\dfrac{1}{2}=\dfrac{1}{2}.$

按照上面的方法，我们还可以得到下面的结论：

$$P(\,|X-\mu|<\sigma)=2\Phi(1)-1=0.6826,$$
$$P(\,|X-\mu|<2\sigma)=2\Phi(2)-1=0.9544,$$
$$P(\,|X-\mu|<3\sigma)=2\Phi(3)-1=0.9974.$$

这组数值说明，服从正态分布的随机变量的取值范围虽然很广，是整个实数域，但又比较集中，落在以 μ 为中心，3σ 为半径的区间以外的概率不足 0.3%，几乎可以以零计，这就是著名的"3σ 原则"（图 2-6）.

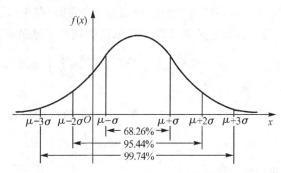

图 2-6

"3σ 原则"解释了很多看似不合理的假设，例如，我们通常将身高、体重、成绩等设成正态分布，这条原则给出了它的合理解释.

【例 2-20】　某单位招聘 155 人，按考试成绩录用，共有 526 人报名. 假设报名者的考试成绩 $X\sim N(\mu,\sigma^2)$，已知 90 分以上的 12 人，60 分以下的 83 人. 若从高分到低分依次录用，某人成绩为 78 分，问此人能否被录用？

解　需先根据题设，求出参数 μ 和 σ. 由题设知

$$P(X>90)=\dfrac{12}{526}=0.0228,$$
$$P(X<60)=\dfrac{83}{526}=0.1578.$$

于是

$$\Phi\left(\dfrac{90-\mu}{\sigma}\right)=1-0.0228=0.9772=\Phi(2),$$
$$\Phi\left(\dfrac{60-\mu}{\sigma}\right)=0.1578=\Phi(-1).$$

解方程组 $\begin{cases}\dfrac{90-\mu}{\sigma}=2\\[2mm]\dfrac{60-\mu}{\sigma}=-1\end{cases}$，得

$$\mu=70,\sigma=10,$$

即 $$X\sim N(70,10^2).$$

设录用分数线为 a,那么 $P(X\geqslant a)=\dfrac{155}{526}=0.2947$,所以

$$\Phi\left(\frac{a-70}{10}\right)=1-0.2947=0.7053=\Phi(0.54).$$

解方程 $\dfrac{a-70}{10}=0.54$,得 $a=75.4$.由于 $78>75.4$,所以这个人能被录用.

2.5 随机变量函数的分布

对于很多问题需要考虑所谓随机变量函数的分布.例如,在一些试验中,所关心的随机变量往往不能直接测量到,而它是某个能直接测量的随机变量的函数.

(1)在交流电中,相角 θ 是一个随机变量,$\theta\sim U\left(-\dfrac{\pi}{2},\dfrac{\pi}{2}\right)$,求电压 $V=A\sin\theta$ 的分布,其中 A 是一个已知的正常数.

(2)通过 $(0,1)$ 点的任意直线与 x 轴的夹角 θ 是一个随机变量,$\theta\sim U(0,\pi)$,直线在 x 轴的截距 X 是关于 θ 的函数,$X=-\dfrac{1}{\tan\theta}=-\cot\theta$,求 X 的分布.

现在我们把这类问题统一描述一下.

设 X 为一个随机变量,分布已知,$g(x)$ 为一个一元函数,令 $Y=g(X)$.由于 X 是随机变量,因此 Y 也是一个随机变量.一般来讲,若 X 为离散型随机变量,Y 也是离散型随机变量;若 X 为连续型随机变量,且 $g(x)$ 为连续函数,则 Y 也是连续型随机变量.现在的问题是,如何由已知随机变量 X 的分布,去求它的函数 $Y=g(X)$ 的概率分布.下面就 X 是离散型随机变量和连续型随机变量两种情况分别加以讨论.

2.5.1 离散型随机变量函数的分布

若 X 是离散型随机变量,其分布律为

X	x_1	x_2	$\cdots$	x_i	$\cdots$
P	p_1	p_2	$\cdots$	p_i	$\cdots$

$Y=g(X)$,显然 Y 也是离散型随机变量,则 Y 的分布律为

Y	$g(x_1)$	$g(x_2)$	$\cdots$	$g(x_i)$	$\cdots$
P	p_1	p_2	$\cdots$	p_i	$\cdots$

这里需要注意的是,若 $g(x_i)$ 的值中有相等的,则应把那些相等的值分别合并,同时把对应的概率 p_i 相加.

【例 2-21】 已知 X 的分布律为

X	-1	0	1	2
P	0.1	0.2	0.3	0.4

求:(1)$Y=2X+1$,(2)$Y=X^2$ 的分布律.

解 由 X 的分布律可列出下表:

X	-1	0	1	2
$Y=2X+1$	-1	1	3	5
$Y=X^2$	1	0	1	4
P	0.1	0.2	0.3	0.4

于是

(1)

Y	-1	1	3	5
P	0.1	0.2	0.3	0.4

(2)

Y	0	1	4
P	0.2	0.4	0.4

2.5.2 连续型随机变量函数的分布

若 X 为连续型随机变量,已知 X 的密度函数为 $f(x)$,$Y=g(X)$,若 Y 也为连续型随机变量,则求 Y 的密度函数的一般步骤如下:

(1) 由 X 的取值范围,根据 $Y=g(X)$,确定 Y 的取值范围 D.

(2) 在 D 内求 Y 的分布函数 $F_Y(y)$,此分布函数是一个积分函数的形式.

(3) 对 Y 的分布函数 $F_Y(y)$ 求导,即得 Y 的密度函数.

【**例 2-22**】 设连续型随机变量 X 的密度函数为

$$f(x)=\begin{cases}2x, & 0<x<1 \\ 0, & 其他\end{cases},$$

求随机变量 $Y=X^2+1$ 的密度函数.

解 Y 的取值范围是 $[1,2]$,所以当 $y<1$ 时,

$$F_Y(y)=0;$$

当 $y\geqslant 2$ 时,

$$F_Y(y)=1;$$

当 $1\leqslant y<2$ 时,

$$F_Y(y)=P(Y\leqslant y)=P(X^2+1\leqslant y)$$

$$= P(-\sqrt{y-1} \leqslant X \leqslant \sqrt{y-1})$$
$$= \int_0^{\sqrt{y-1}} 2x \mathrm{d}x$$
$$= y-1.$$

将 $F_Y(y)$ 对 y 求导，得 Y 的密度函数为

$$f_Y(y) = \begin{cases} 1, & 1 < y < 2 \\ 0, & 其他 \end{cases}.$$

如果 $y = g(x)$ 是一个单调且有一阶连续导数的函数，则随机变量的函数 $Y = g(X)$ 的密度函数有如下结论：

定理 2-3　设连续型随机变量 X 的密度函数为 $f_X(x)$，$y = g(x)$ 是一单调函数，具有一阶连续导数，$x = h(y)$ 是 $y = g(x)$ 的反函数，则 $Y = g(X)$ 的密度函数为

$$f_Y(y) = f_X(h(y)) |h'(y)|.$$

证明　当 $g(x)$ 为单调递增函数时，可得 $h'(y) > 0$，且

$$F_Y(y) = P(Y \leqslant y) = P(g(X) \leqslant y)$$
$$= P(X \leqslant h(y))$$
$$= \int_{-\infty}^{h(y)} f_X(x) \mathrm{d}x.$$

对 y 求导，得 Y 的密度函数为 $f_Y(y) = f_X(h(y)) h'(y)$.

当 $g(x)$ 为单调递减函数时，可得 $h'(y) < 0$，且

$$F_Y(y) = P(Y \leqslant y) = P(g(X) \leqslant y)$$
$$= P(X \geqslant h(y))$$
$$= \int_{h(y)}^{+\infty} f_X(x) \mathrm{d}x.$$

对 y 求导，得 Y 的密度函数为 $f_Y(y) = f_X(h(y)) (-h'(y))$.

综上，$f_Y(y) = f_X(h(y)) |h'(y)|$.

【例 2-23】　设随机变量 $X \sim N(\mu, \sigma^2)$，$Y = aX + b (a \neq 0)$. 证明：
$$Y \sim N(a\mu + b, (a\sigma)^2).$$

证明　$y = ax + b$ 为一个单调函数，且具有一阶连续导数，解得

$$x = h(y) = \frac{y-b}{a}, h'(y) = \frac{1}{a}.$$

由定理 2-3 得

$$f_Y(y) = f_X(h(y)) |h'(y)| = \frac{1}{\sqrt{2\pi}\sigma} \mathrm{e}^{-\frac{\left(\frac{y-b}{a} - \mu\right)^2}{2\sigma^2}} \left| \frac{1}{a} \right|$$

$$= \frac{1}{\sqrt{2\pi}|a|\sigma} \mathrm{e}^{-\frac{[y-(a\mu+b)]^2}{2(a\sigma)^2}} \quad (-\infty < y < +\infty).$$

因此 $Y \sim N(a\mu + b, (a\sigma)^2)$.

本例表明，服从正态分布的随机变量的线性函数也服从正态分布.

2.6　应用实例阅读

【实例 2-1】　药效试验

设某种家禽在正常情况下感染某种传染病的概率为 20％,现发明一种疫苗,将其给 25 只健康的家禽注射后仅有 1 只受到感染.问应如何评价这种疫苗的作用?

解　注射疫苗后,每只家禽要么受感染,要么不受感染.如果疫苗无效,则健康家禽注射此疫苗后受感染的概率仍为 0.2.令 X 表示 25 只家禽被注射疫苗后受感染的只数,则 $X \sim B(25, 0.2)$,那么 25 只家禽中至多有 1 只受感染的概率为

$$P(X \leqslant 1) = P(X=0) + P(X=1)$$
$$= 0.8^{25} + C_{25}^1 \times 0.2 \times 0.8^{24}$$
$$\approx 0.0274.$$

因为概率 0.0274 很小,小概率事件不太容易发生,现在居然发生了,这就产生了矛盾.这一矛盾的产生是由于我们假定了疫苗完全无效.所以有理由否定这一假设,因此初步可以认定疫苗是有效的.这就是我们将要在第 7 章中介绍的假设检验的基本思想.

【实例 2-2】　几何分布

有 n 把外表相似的钥匙,其中只有一把能打开门上的锁,用它们去试开此锁.若每把钥匙试开后放回,X 表示打开锁时的试开次数,求 X 的分布律.

解　若每次试开后放回,则每次试开所取得钥匙相互独立.这是一个 n 重贝努利试验问题.每次试开成功的概率为 $\dfrac{1}{n}$,其分布律为

$$P(X=k) = \frac{1}{n}\left(1 - \frac{1}{n}\right)^{k-1} \quad (k=1,2,\cdots).$$

设 X 是离散型随机变量,若 X 的分布律为

$$P(X=k) = p(1-p)^{k-1} \quad (k=1,2,\cdots),$$

其中,$0<p<1$,则称 X 服从**几何分布**.

在贝努利试验中,每次试验中事件 A 发生的概率为 p,直到事件 A 发生才停止试验,那么所进行的试验次数 X 服从几何分布.

【实例 2-3】　超几何分布

一批产品共 N 个,其中废品有 M 个.现从中随机取出 n 个,设 X 为 n 个产品里面所含的废品数.其分布律为

$$P(X=m) = \frac{C_M^m \cdot C_{N-M}^{n-m}}{C_N^n}. \tag{2-3}$$

称式(2-3)为**超几何分布**.

若 X 服从超几何分布(2-3),则当 n 固定时,$M/N=p$ 固定;$N \to \infty$ 时,X 近似地服从二项分布 $B(n,p)$.

超几何分布的用途较广,例如,在工业质量控制中,可以从式(2-3)出发,对一批 N 个产品中的次品数 M 作出估计.另外,也可以从式(2-3)出发,通过抽样检查,对所研究的总

体的未知容量作出估计,下面就是这样一个颇有趣味的例子.

问题:假设从一个湖里捕捉出 1000 条鱼,作上标记后放回,隔一段时间后,重新又捕出 1000 条鱼,发现其中 100 条有标记,试据此对湖中鱼的总数作出估计.

假定两次捕鱼都是随机的,并且是从湖中所有鱼组成的总体中捕出的,还假设在两次捕鱼之间,湖中鱼的总数不变.以上假设显然是合理的.

现在令:

$N=$湖中鱼的总数(未知);

$M=$第一次捕出的鱼数(有标记的鱼数);

$n=$第二次捕出的鱼数;

$k=$第二次捕出的鱼中有标记的鱼数;

$p_k(N)=$第二次捕出的鱼中恰有 k 条有标记的概率.

这里 $p_k(N)$ 由式(2-3)给出.实际上,M,n,k 是已知的,而 N 是未知的,但我们确实知道曾有 $M+n-k$ 条不同的鱼被捕捉过,因而可以断定 $N \geqslant M+n-k$.在本例中 $M=n=1000,k=100$,故 $N \geqslant 1900$,如果我们估计 N 等于它的最小可能值,则由式(2-3)知其概率为

$$\frac{C_{1000}^{100} \cdot C_{900}^{900}}{C_{1900}^{1000}} = \frac{(1000!)^2}{100! \ 1900!}.$$

由此计算出来的数值小得惊人,故应认为假定 $N=1900$ 不合理,而加以否定.同样,若假定 N 很大,譬如说 $N=1000000$,则由式(2-3)算出的概率也很小,因而假定同样被否定.究竟假定 N 等于多少才合适呢?我们自然想到,取使 $p_k(N)$ 达到最大值(即概率最大)的那个 N,作为总体大小的估计值.为此考虑比值

$$\frac{p_k(N)}{p_k(N-1)} = \frac{(N-M)(N-n)}{(N-M-n+k)N} = \frac{N^2-N(M+n)+Mn}{N^2-N(M+n)+Nk},$$

当 $Mn \geqslant Nk$ 时,此比值 $\geqslant 1$,否则此比值 <1.这就是说,当 N 增大时,序列 $p_k(N)$ 先是上升,然后下降,当 N 为不超过 $\frac{Mn}{k}$ 的最大整数值时,$p_k(N)$ 达到最大值.因此,可令 $N=\left[\frac{Mn}{k}\right]$(即 $\frac{Mn}{k}$ 的整数部分).在这个特例中,可算出湖中鱼的总数的估计为 $\hat{N}=10000$.

【实例 2-4】 昆虫繁殖问题

设某昆虫产 k 个卵的概率为 $p_k=\frac{\lambda^k e^{-\lambda}}{k!}(k=0,1,2,\cdots)$.又设一个虫卵能孵化为昆虫的概率等于 p.若卵的孵化是相互独立的,问此昆虫的下一代有 l 条的概率是多少?

解 设用 Y 表示一条昆虫的产卵数,用 X 表示该昆虫下一代的数目,则

$$P(Y=k)=p_k=\frac{\lambda^k e^{-\lambda}}{k!}, \quad k=0,1,2,\cdots.$$

将一个虫卵孵化为昆虫视为一次试验,由于卵的孵化是相互独立的,因此这是一个贝努利试验概型,故由二项分布得 k 个卵孵化成 l 条昆虫的概率为

$$P(X=l \mid Y=k)=C_k^l p^l (1-p)^{k-l}, \quad k=l,l+1,\cdots.$$

令 $\qquad\qquad A_k=\{Y=k\}, \quad k=l,l+1,\cdots,$

$$A=\{X=l\},$$
则
$$A=A(\bigcup_k A_k)=\bigcup_k (AA_k),$$

由于 $A_k(k=l,l+1,\cdots)$ 互不相容,因此 $AA_k(k=l,l+1,\cdots)$ 也是互不相容的,故根据概率的完全可加性和乘法公式推知,对 $l=0,1,2,\cdots$ 有

$$
\begin{aligned}
P(X=l) &= P\big[\bigcup_k (AA_k)\big] = \sum_k P(AA_k)\\
&= \sum_{k=l}^{\infty} P(AA_k) = \sum_{k=l}^{\infty} P(A_k)P(A\,|\,A_k)\\
&= \sum_{k=l}^{\infty} P(Y=k)P(X=l\,|\,Y=k)\\
&= \sum_{k=l}^{\infty} \frac{\lambda^k e^{-\lambda}}{k!} C_k^l p^l (1-p)^{k-l}\\
&= \frac{(\lambda p)^l e^{-\lambda}}{l!} \sum_{k=l}^{\infty} \frac{1}{(k-l)!}\big[(1-p)\lambda\big]^{k-l}\\
&= \frac{(\lambda p)^l e^{-\lambda p}}{l!},
\end{aligned}
$$

即该昆虫的下一代条数服从参数为 λp 的泊松分布.

习题 2

1. 设在 10 个同类型的零件中有 2 个是次品,在其中取 3 次,每次任取 1 个,以 X 表示次品的个数,分别在有放回与不放回两种情形下求 X 的分布律.

2. 甲、乙两人独立地轮流投篮,直至有一人投中为止,甲先投.已知甲、乙的命中率分别为 0.4,0.5.以 X,Y 表示甲、乙的投篮次数,求 X,Y 的分布律.

3. 将一骰子抛掷两次,以 X 表示两次中得到的较小点数,求随机变量 X 的分布律与分布函数.

4. 一袋中装有 5 只球,编号为 1,2,3,4,5.在袋中同时取出 3 只球,以 X 表示取出的 3 只球中的最大号码,求随机变量 X 的分布律与分布函数.

5. 设离散型随机变量 X 的分布律为 $P(X=k)=\dfrac{a}{2k+1}(k=0,1,2,3)$,求:(1)常数 a;(2)$P(X<2)$.

6. 已知随机变量 X 的分布函数为
$$
F(x)=\begin{cases}
0, & x<-1\\
\dfrac{1}{6}, & -1\leqslant x<2\\
\dfrac{2}{3}, & 2\leqslant x<3\\
1, & x\geqslant 3
\end{cases},
$$
求 X 的分布律.

7. 在相同条件下独立地进行 5 次射击,每次射击时击中目标的概率为 0.6,以 X 表示击中目标的次数.求:(1)X 的分布律;(2)恰有两次击中的概率;(3)至少击中两次的概率.

8. 从学校乘汽车到火车站的途中有 3 个交通岗,假设在各个交通岗遇到红灯的事件是相互独立的,并且概率都为 $\dfrac{1}{4}$,设 X 为途中遇到红灯的次数,求:(1)X 的分布律;(2)至多遇到一次红灯的概率.

9. 设随机变量 $X \sim B(2, p)$，随机变量 $Y \sim B(3, p)$. 已知 $P(X \geqslant 1) = \dfrac{5}{9}$，求 $P(Y \geqslant 1)$.

10. 一电话交换台每分钟收到呼唤的次数服从参数为 4 的泊松分布. 求：(1)某一分钟恰有 8 次呼唤的概率；(2)某一分钟的呼唤次数大于 3 的概率.

11. 设每分钟通过某交叉路口的汽车流量 X 服从泊松分布，且已知在一分钟内无车辆通过与恰有一辆车通过的概率相同，求在一分钟内至少有两辆车通过的概率.

12. 在曲线 $y = 2x - x^2$ 与 x 轴所围区域 G 中等可能地投点，以 X 表示该点到 y 轴的距离. 试求 X 的分布函数.

13. 设随机变量 X 的分布函数为

$$F(x) = A + B \arctan x, \quad -\infty < x < +\infty,$$

求常数 A, B.

14. 已知随机变量 X 的分布函数为

$$F(x) = \begin{cases} 0, & x < 1 \\ \ln x, & 1 \leqslant x < e. \\ 1, & x \geqslant e \end{cases}$$

(1)求 $P(X \leqslant 2)$，$P(0 < X \leqslant 3)$，$P(X > \sqrt{e})$；

(2)求密度函数 $f(x)$.

15. 设随机变量 X 的密度函数为

$$f(x) = \begin{cases} kx^2 - x - 1, & 0 < x < 1 \\ 0, & \text{其他} \end{cases}.$$

(1)求常数 k；(2)求随机变量 X 的分布函数.

16. 设随机变量 X 的密度函数为

$$f(x) = \frac{1}{2} e^{-|x|} \quad (-\infty < x < +\infty),$$

求随机变量 X 的分布函数.

17. 设某地区每天的用电量 X(单位：100 万千瓦)是一个连续型随机变量，其密度函数为

$$f(x) = \begin{cases} 12x(1-x)^2, & 0 < x < 1 \\ 0, & \text{其他} \end{cases}.$$

假设该地区每天的供电量仅有 80 万千瓦，求该地区每天供电量不足的概率.

18. 某仪器的寿命 X(单位：h)是一个连续型随机变量，密度函数为

$$f(x) = \begin{cases} \dfrac{1000}{x^2}, & x > 1000 \\ 0, & \text{其他} \end{cases}.$$

任取 5 台此类仪器，问其中至少有 2 台寿命大于 1500 h 的概率是多少？

19. 设随机变量 $Y \sim U(a, 5)$，且方程 $x^2 + Yx + \dfrac{3Y}{4} + 1 = 0$ 没有实根的概率为 0.25，试求常数 a.

20. 某种电脑显示器的使用寿命 X(单位：1000 h)服从参数为 $\lambda = 0.02$ 的指数分布. 生产厂家承诺：购买者使用一年内显示器损坏将免费予以更换.

(1)假设用户一般每年使用电脑 2000 h，求厂家免费更换显示器的概率；

(2)显示器至少可以使用 10000 h 的概率是多少？

(3)已知某台显示器已经使用了 10000 h，求其至少还能使用 10000 h 的概率.

21. 设 $X \sim N(0, 1)$，查表求下列概率：$P(X < 2.2)$；$P(X > 1.76)$；$P(X < -1.79)$；$P(|X| < 1.55)$.

22. 设 $X \sim N(3, 2^2)$，查表求下列概率：$P(X > 3)$；$P(-1 < X < 7)$；$P(|X| > 2)$.

23. 若 $X \sim N(2, \sigma^2)$，且 $P(2 < X < 4) = 0.3$，求 $P(X < 0)$.

24. 假设随机变量 $X \sim N(108, 9)$，试求：

(1) 常数 a，使 $P(X \leqslant a) = 0.9$；

(2) 常数 b，使 $P(|X - b| > b) = 0.1$.

25. 设成年男子的身高服从正态分布 $N(170, 10^2)$（单位：cm）.

(1) 求成年男子身高大于 160 cm 的概率；

(2) 公共汽车的车门应设计多高，才能使成年男子上车时碰头的概率不大于 5%？

26. 设随机变量 X 的分布律为

X	-2	-0.5	0	2	4
P	$\frac{1}{8}$	$\frac{1}{4}$	$\frac{1}{8}$	$\frac{1}{6}$	$\frac{1}{3}$

求：(1) $Y = X + 2$；(2) $Y = -X + 1$；(3) $Y = X^2$ 的分布律.

27. 设随机变量 X 的分布律为

X	-2	-1	0	1	3
P	$\frac{1}{5}$	$\frac{1}{6}$	$\frac{1}{5}$	$\frac{1}{15}$	a

(1) 试确定常数 a；(2) 求 $Y = X^2 + 2$ 的分布律；(3) 求 $Y = X^2 + 2$ 的分布函数.

28. 已知随机变量 X 的分布律为

X	1	2	3	$\cdots$	n	$\cdots$
P	$\frac{1}{2}$	$\left(\frac{1}{2}\right)^2$	$\left(\frac{1}{2}\right)^3$	$\cdots$	$\left(\frac{1}{2}\right)^n$	$\cdots$

求 $Y = \sin \frac{\pi}{2} X$ 的分布律.

29. 设随机变量 X 服从参数 $\lambda = 1$ 的泊松分布，记随机变量

$$Y = \begin{cases} 0, & X \leqslant 1 \\ 1, & X > 1 \end{cases},$$

试求随机变量 Y 的分布律.

30. 设随机变量 X 的密度函数为

$$f(x) = \begin{cases} 3x^2, & 0 < x < 1 \\ 0, & \text{其他} \end{cases},$$

求以下随机变量的密度函数：(1) $2X$；(2) $-X + 1$；(3) X^2.

31. 设随机变量 X 服从区间 $(0, 1)$ 上的均匀分布.

(1) 求随机变量 $Y = e^{2X}$ 的密度函数；

(2) 求随机变量 $Y = -\ln X$ 的密度函数.

32. 设随机变量 $X \sim N(0, 1)$，求随机变量 $Y = |X|$ 的密度函数.

33. 设随机变量 X 服从参数为 $\lambda = 2$ 的指数分布，证明：$Y = 1 - e^{-2X}$ 服从区间 $(0, 1)$ 上的均匀分布.

第3章 二维随机变量及其分布

在实际问题中,除了讨论一个随机变量的情形,许多试验经常需要同时用两个或者更多个随机变量来描述,这就是多维随机变量问题.多维随机变量的性质不仅与每一个随机变量有关,而且还与它们之间的相互联系有关.研究多维随机变量不仅要研究各个随机变量的性质,而且还要研究它们之间的联系.为了简明起见,本章只介绍二维随机变量.二维随机变量是一维随机变量的延伸,与一维随机变量相比,情况要复杂得多.

本章首先介绍二维随机变量的概念,以及二维随机变量的联合分布函数.类似于第2章的内容,本章中只涉及两类最重要的二维随机变量:二维离散型随机变量和二维连续型随机变量.

在二维离散型随机变量中,主要介绍二维随机变量的联合分布律.在二维连续型随机变量中,重点介绍二维随机变量的联合密度函数.最后介绍二维随机变量的函数的分布.把一维随机变量推广到二维随机变量会产生一些新问题,把二维随机变量推广到三维以至于 n 维随机变量,很多研究可以类推,结果可以自然推广.

3.1 二维随机变量的联合分布

3.1.1 二维随机变量的分布函数及其性质

设 X 和 Y 为两个随机变量,则称有序数组 (X,Y) 为**二维随机变量**.二维随机变量的研究与一维随机变量非常类似,重点仍然是研究它的分布函数.

定义 3-1 设二维随机变量 (X,Y),对任意实数 x,y,称二元函数

$$F(x,y)=P(X\leqslant x,Y\leqslant y)$$

为 (X,Y) 的**联合分布函数**,简称分布函数.其中 $(X\leqslant x,Y\leqslant y)$ 为事件 $\{X\leqslant x\}\bigcap\{Y\leqslant y\}$ 的简写.

从几何上看,(X,Y) 表示平面直角坐标系中随机点的坐标,设 (x,y) 表示坐标系中的

任一点,那么分布函数 $F(x,y)$ 在 (x,y) 处的函数值表示随机点落在以 (x,y) 为顶点的左下方无穷矩形域上的概率(图 3-1).

由分布函数的几何意义可以得出,对任何 $x_1 \leqslant x_2, y_1 \leqslant y_2$,有

$$P(x_1 < X \leqslant x_2, y_1 < Y \leqslant y_2) = F(x_2, y_2) - F(x_1, y_2) - F(x_2, y_1) + F(x_1, y_1)$$

它表示随机点落在区域 D 内的概率(图 3-2).

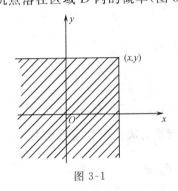

图 3-1

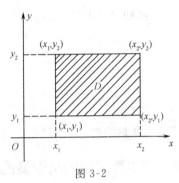

图 3-2

注意:$F(x,y)$ 是一个普通的二元函数,其定义域为 $\mathbf{R}^2$.

可以证明分布函数具有以下的性质:

(1)$F(x,y)$ 对 x 或 y 都是不减函数,即对任意 y,若 $x_1 \leqslant x_2$,则 $F(x_1, y) \leqslant F(x_2, y)$;对任意 x,若 $y_1 \leqslant y_2$,则 $F(x, y_1) \leqslant F(x, y_2)$.

(2)对任意的 x,y,

$$F(-\infty, y) = 0, F(x, -\infty) = 0, F(-\infty, -\infty) = 0, F(+\infty, +\infty) = 1.$$

(3)$F(x,y)$ 分别关于 x,y 右连续,即有

$$F(x+0, y) = F(x, y), \quad F(x, y+0) = F(x, y).$$

(4)(矩形法则) 对任何 $x_1 \leqslant x_2, y_1 \leqslant y_2$,有

$$F(x_2, y_2) - F(x_1, y_2) - F(x_2, y_1) + F(x_1, y_1) \geqslant 0.$$

【例 3-1】 已知 $F(x,y) = A(B + \arctan x)(C + \arctan y)(x, y \in \mathbf{R})$ 为二维随机变量 (X, Y) 的联合分布函数.求常数 A, B, C.

解 由联合分布函数的性质 $F(x, -\infty) = 0, F(-\infty, y) = 0, F(+\infty, +\infty) = 1$,得

$$F(x, -\infty) = \lim_{y \to -\infty} F(x, y) = \lim_{y \to -\infty} A(B + \arctan x)(C + \arctan y)$$

$$= A(B + \arctan x)\left(C - \frac{\pi}{2}\right) = 0;$$

$$F(-\infty, y) = \lim_{x \to -\infty} F(x, y) = \lim_{x \to -\infty} A(B + \arctan x)(C + \arctan y)$$

$$= A\left(B - \frac{\pi}{2}\right)(C + \arctan y) = 0;$$

$$F(+\infty, +\infty) = \lim_{\substack{x \to +\infty \\ y \to +\infty}} F(x, y) = \lim_{\substack{x \to +\infty \\ y \to +\infty}} A(B + \arctan x)(C + \arctan y)$$

$$= A\left(B + \frac{\pi}{2}\right)\left(C + \frac{\pi}{2}\right) = 1.$$

由此得到联立方程组

$$\begin{cases} A(B+\arctan x)\left(C-\dfrac{\pi}{2}\right)=0 & (1) \\[2mm] A\left(B-\dfrac{\pi}{2}\right)(C+\arctan y)=0, & (2) \\[2mm] A\left(B+\dfrac{\pi}{2}\right)\left(C+\dfrac{\pi}{2}\right)=1 & (3) \end{cases}$$

由方程(3)可知 $A\neq0$,解之,得

$$A=\frac{1}{\pi^2}, \quad B=\frac{\pi}{2}, \quad C=\frac{\pi}{2},$$

所以

$$F(x,y)=\frac{1}{\pi^2}\left(\frac{\pi}{2}+\arctan x\right)\left(\frac{\pi}{2}+\arctan y\right).$$

与一维随机变量类似,经常讨论的二维随机变量有离散和连续型两种.

3.1.2 二维离散型随机变量的联合分布律

定义 3-2 设 (X,Y) 为二维离散型随机变量,其所有可能的取值为 $(x_i,y_j)(i,j=1,2,\cdots)$,称 $P(X=x_i,Y=y_j)=p_{ij}(i,j=1,2,\cdots)$ 为二维离散型随机变量 (X,Y) 的**联合分布律**.

根据概率的性质,p_{ij} 具有以下性质:

(1)非负性 $p_{ij}\geqslant0(i,j=1,2,\cdots)$;

(2)归一性 $\displaystyle\sum_i\sum_j p_{ij}=1$.

二维离散型随机变量的联合分布律可以用表格的方式来表示:

X \ Y	y_1	y_2	$\cdots$	y_j	$\cdots$
x_1	p_{11}	p_{12}	$\cdots$	p_{1j}	$\cdots$
x_2	p_{21}	p_{22}	$\cdots$	p_{2j}	$\cdots$
$\vdots$	$\vdots$	$\vdots$		$\vdots$	
x_i	p_{i1}	p_{i2}	$\cdots$	p_{ij}	$\cdots$
$\vdots$	$\vdots$	$\vdots$		$\vdots$	

【**例 3-2**】 一口袋中有三个球,它们依次标有数字 $1,2,2$.从袋中任取一球后,不再放回袋中,再从袋中任取一球.设每次取球时,袋中各个球被取到的可能性相同.以 X,Y 分别记第一次、第二次取得的球上标有的数字.求:

(1)(X,Y) 的联合分布律;

(2)$P(X\geqslant Y)$;

(3)$P(X+Y\leqslant3)$;

(4)$P(X=2)$.

解 (1)(X,Y) 可能取的数组为 $(1,2)$,$(2,1)$ 和 $(2,2)$.下面先算出随机变量取每组值的概率.

第一次取得 1 的概率为 $\frac{1}{3}$,在第一次已经取得 1 后,第二次取得 2 的概率为 1,因此,根据乘法公式,可得

$$P(X=1,Y=2)=\frac{1}{3}\times 1=\frac{1}{3}.$$

第一次取得 2 的概率为 $\frac{2}{3}$,在第一次已经取得 2 后,第二次取得 1 或 2 的概率都为 $\frac{1}{2}$,因而可得

$$P(X=2,Y=1)=\frac{2}{3}\times\frac{1}{2}=\frac{1}{3},$$

$$P(X=2,Y=2)=\frac{2}{3}\times\frac{1}{2}=\frac{1}{3}.$$

于是,(X,Y) 的联合分布律可以列成表格:

X＼Y	1	2
1	0	$\frac{1}{3}$
2	$\frac{1}{3}$	$\frac{1}{3}$

(2)由于事件 $\{X\geqslant Y\}=\{X=1,Y=1\}\bigcup\{X=2,Y=1\}\bigcup\{X=2,Y=2\}$,且三个事件互不相容,因此

$$P(X\geqslant Y)=P(X=1,Y=1)+P(X=2,Y=1)+P(X=2,Y=2)$$
$$=0+\frac{1}{3}+\frac{1}{3}=\frac{2}{3}.$$

(3)由于事件 $\{X+Y\leqslant 3\}=\{X=1,Y=1\}\bigcup\{X=2,Y=1\}\bigcup\{X=1,Y=2\}$,且三个事件互不相容,则

$$P(X+Y\leqslant 3)=P(X=1,Y=1)+P(X=2,Y=1)+P(X=1,Y=2)$$
$$=0+\frac{1}{3}+\frac{1}{3}=\frac{2}{3}.$$

(4)由于事件 $\{X=2\}=\{X=2,Y=1\}\bigcup\{X=2,Y=2\}$,则

$$P(X=2)=P(X=2,Y=1)+P(X=2,Y=2)=\frac{1}{3}+\frac{1}{3}=\frac{2}{3}.$$

【例 3-3】 设随机变量 U 服从区间 $[-3,3]$ 上的均匀分布,令

$$X=\begin{cases}-1, & U\leqslant -1\\ 1, & U>-1\end{cases}, \quad Y=\begin{cases}-1, & U\leqslant 1\\ 1, & U>1\end{cases}.$$

求 (X,Y) 的联合分布律及 $P(X+Y=0)$.

解 由于注意到事件 $\{U\leqslant -1,U\leqslant 1\}$ 即为事件 $\{U\leqslant -1\}$,又 U 服从区间 $[-3,3]$ 上的均匀分布,故

$$P(U\leqslant -1)=\frac{-1-(-3)}{3-(-3)}=\frac{1}{3},$$

所以 $\qquad P(X=-1,Y=-1)=P(U\leqslant-1,U\leqslant1)=P(U\leqslant-1)=\dfrac{1}{3}.$

又 $\{U\leqslant-1,U>1\}$ 为不可能事件，故 $P\{U\leqslant-1,U>1\}=0$，所以
$$P(X=-1,Y=1)=P(U\leqslant-1,U>1)=0.$$
根据类似的理由，可求得
$$P(X=1,Y=-1)=P(U>-1,U\leqslant1)=P(-1<U\leqslant1)=\dfrac{1}{3},$$

$$P(X=1,Y=1)=1-P(X=-1,Y=-1)-P(X=-1,Y=1)-P(X=1,Y=-1)=\dfrac{1}{3}.$$

因此 (X,Y) 的联合分布律为

X \ Y	-1	1
-1	$\dfrac{1}{3}$	0
1	$\dfrac{1}{3}$	$\dfrac{1}{3}$

从而
$$P(X+Y=0)=P(X=1,Y=-1)+P(X=-1,Y=1)=\dfrac{1}{3}+0=\dfrac{1}{3}.$$

3.1.3 二维连续型随机变量的联合密度函数

定义 3-3 设 $F(x,y)$ 为二维随机变量 (X,Y) 的联合分布函数，若存在非负函数 $f(x,y)$，使得对于任意的 $x,y\in\mathbf{R}$，有
$$F(x,y)=\int_{-\infty}^{x}\int_{-\infty}^{y}f(u,v)\mathrm{d}v\mathrm{d}u,$$
则称 (X,Y) 为**二维连续型随机变量**，并称 $f(x,y)$ 为 (X,Y) 的**联合密度函数**，简称**联合密度**（或**概率密度**）.

联合密度 $f(x,y)$ 具有以下性质：

（1）非负性 $\quad f(x,y)\geqslant0\quad(x,y\in\mathbf{R})$；

（2）归一性 $\quad\displaystyle\int_{-\infty}^{+\infty}\int_{-\infty}^{+\infty}f(x,y)\mathrm{d}x\mathrm{d}y=1.$

由联合密度函数的定义还可以得到如下性质：

（1）$F(x,y)$ 是二元连续函数；

（2）在 $f(x,y)$ 的连续点 (x,y) 处有
$$\dfrac{\partial^2 F(x,y)}{\partial x\partial y}=f(x,y);$$

（3）若 D 是 xOy 平面上的闭区域，则随机点落入 D 内的概率为
$$P((X,Y)\in D)=\iint\limits_{D}f(x,y)\mathrm{d}\sigma.$$

【例 3-4】 设二维随机变量 (X,Y) 的联合密度函数为

$$f(x,y)=\begin{cases}c\mathrm{e}^{-(2x+4y)}, & x>0,y>0,\\ 0, & \text{其他}\end{cases},$$

求：(1)常数 c；(2)$P(X\geqslant Y)$.

解　(1)由性质 $\int_{-\infty}^{+\infty}\int_{-\infty}^{+\infty}f(x,y)\mathrm{d}x\mathrm{d}y=1$，得

$$\int_0^{+\infty}\int_0^{+\infty}c\mathrm{e}^{-(2x+4y)}\mathrm{d}x\mathrm{d}y=1,$$

即

$$\int_0^{+\infty}\int_0^{+\infty}c\mathrm{e}^{-(2x+4y)}\mathrm{d}x\mathrm{d}y=c\int_0^{+\infty}\mathrm{e}^{-2x}\mathrm{d}x\cdot\int_0^{+\infty}\mathrm{e}^{-4y}\mathrm{d}y$$

$$=c\left[\left(-\frac{1}{2}\mathrm{e}^{-2x}\right)\Big|_0^{+\infty}\right]\left[\left(-\frac{1}{4}\mathrm{e}^{-4y}\right)\Big|_0^{+\infty}\right]$$

$$=c\cdot\frac{1}{2}\cdot\frac{1}{4}=\frac{1}{8}c=1,$$

解得

$$c=8.$$

(2)$\{X\geqslant Y\}$ 对应的区域为 $D=\{(x,y)\,|\,y\leqslant x\}$，如图 3-3 所示，其中 $f(x,y)$ 取非零值的区域为 $D_1=\{(x,y)\,|\,0\leqslant y\leqslant x\}$，如图 3-4 所示.

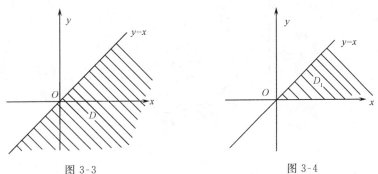

图 3-3　　　　　　　　　　图 3-4

则

$$P(X\geqslant Y)=\iint_D f(x,y)\mathrm{d}x\mathrm{d}y=\iint_{D_1}8\mathrm{e}^{-(2x+4y)}\mathrm{d}x\mathrm{d}y$$

$$=\int_0^{+\infty}\mathrm{d}x\int_0^x 8\mathrm{e}^{-(2x+4y)}\mathrm{d}y$$

$$=\int_0^{+\infty}8\mathrm{e}^{-2x}\mathrm{d}x\int_0^x\mathrm{e}^{-4y}\mathrm{d}y$$

$$=\int_0^{+\infty}2\mathrm{e}^{-2x}(-\mathrm{e}^{-4y})\Big|_0^x\mathrm{d}x$$

$$=\int_0^{+\infty}2\mathrm{e}^{-2x}(1-\mathrm{e}^{-4x})\mathrm{d}x$$

$$=\int_0^{+\infty}(2\mathrm{e}^{-2x}-2\mathrm{e}^{-6x})\mathrm{d}x$$

$$=\left(-\mathrm{e}^{-2x}+\frac{1}{3}\mathrm{e}^{-6x}\right)\Big|_0^{+\infty}=\frac{2}{3}.$$

下面介绍两个常用的分布.

1. 二维均匀分布

设 D 为平面有界闭区域,其面积为 S_D,若密度函数为

$$f(x,y) = \begin{cases} \dfrac{1}{S_D}, & (x,y) \in D, \\ 0, & (x,y) \notin D \end{cases}$$

则称二维随机变量 (X,Y) 服从 D 上的**均匀分布**.

若 G 为 D 的子区域,面积为 S_G,则由二维随机变量求概率的公式得

$$P((X,Y) \in G) = \iint\limits_G f(x,y)\mathrm{d}\sigma = \frac{1}{S_D}\iint\limits_G \mathrm{d}\sigma = \frac{S_G}{S_D}.$$

这表明服从二维均匀分布的随机变量 (X,Y) 落入 D 的任意子区域 G 内的概率,只与 G 的面积有关,与 G 的形状及位置没有关系,这就是"均匀"一词的体现,与第 1 章介绍的几何概型是一致的.

【**例 3-5**】 设平面区域 D 是由曲线 $y = \dfrac{1}{x}$ 及直线 $y=0, x=1, x=\mathrm{e}^2$ 所围成,二维随机变量 (X,Y) 在 D 上服从均匀分布.求:(1)(X,Y) 的密度函数;(2)$P(X \leqslant 3)$.

解 平面区域 D 如图 3-5 所示.

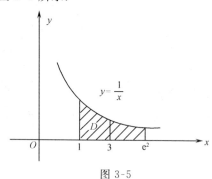

图 3-5

(1)首先计算出区域 D 的面积.

$$S_D = \int_1^{\mathrm{e}^2} \frac{1}{x}\mathrm{d}x = (\ln x)\Big|_1^{\mathrm{e}^2} = 2.$$

则随机变量 (X,Y) 的密度函数为

$$f(x,y) = \begin{cases} \dfrac{1}{2}, & (x,y) \in D \\ 0, & (x,y) \notin D \end{cases}.$$

(2) $P(X \leqslant 3) = \dfrac{S_G}{S_D} = \dfrac{\int_1^3 \dfrac{1}{x}\mathrm{d}x}{2} = \dfrac{\ln 3}{2}.$

2. 二维正态分布

若随机变量 (X,Y) 的联合密度函数为

$$f(x,y) = \frac{1}{2\pi\sigma_1\sigma_2\sqrt{1-\rho^2}}\exp\Bigg\{-\frac{1}{2(1-\rho^2)}\cdot$$

$$\left[\frac{(x-\mu_1)^2}{\sigma_1^2} - \frac{2\rho(x-\mu_1)(y-\mu_2)}{\sigma_1\sigma_2} + \frac{(y-\mu_2)^2}{\sigma_2^2}\right]\Bigg\} \qquad (x,y \in \mathbf{R}),$$

则称 (X,Y) 服从参数为 $\mu_1,\mu_2,\sigma_1,\sigma_2,\rho$ 的**二维正态分布**(其中 $\mu_1,\mu_2,\sigma_1,\sigma_2,\rho$ 为常数,且有 $\sigma_1>0,\sigma_2>0,|\rho|<1$). 记为

$$(X,Y)\sim N(\mu_1,\mu_2,\sigma_1^2,\sigma_2^2,\rho).$$

特殊地,当 $\mu_1=\mu_2=0,\sigma_1=\sigma_2=1$ 时

$$f(x,y)=\frac{1}{2\pi\sqrt{1-\rho^2}}\exp\left[-\frac{1}{2(1-\rho^2)}(x^2-2\rho xy+y^2)\right];$$

更特殊地,当 $\rho=0$ 时,则有

$$f(x,y)=\frac{1}{2\pi}\exp\left[-\frac{1}{2}(x^2+y^2)\right].$$

正态分布是最常见、也是最有用的分布,在后续课程中有重要的应用.

3.2　二维随机变量的边缘分布

3.2.1　边缘分布函数

二维随机变量 (X,Y) 作为一个整体,它有分布函数 $F(x,y)$. 而 X 和 Y 也都是随机变量,它们各自也有分布函数. 有时需要从已知的 (X,Y) 的联合分布函数出发,分别去了解 X,Y 各自的分布,这就产生了边缘分布.

定义 3-4　设 $F(x,y)=P(X\leqslant x,Y\leqslant y)$ 为二维随机变量 (X,Y) 的联合分布函数,则称

$$P(X\leqslant x)=P(X\leqslant x,Y<+\infty)\quad(-\infty<x<+\infty)$$

为 (X,Y) **关于 X 的边缘分布函数**,记为 $F_X(x)$. 同理称

$$P(Y\leqslant y)=P(X<+\infty,Y\leqslant y)\quad(-\infty<y<+\infty)$$

为 (X,Y) **关于 Y 的边缘分布函数**,记为 $F_Y(y)$.

根据边缘分布函数的定义,可以得到

$$F_X(x)=\lim_{y\to+\infty}P(X\leqslant x,Y\leqslant y)=\lim_{y\to+\infty}F(x,y)=F(x,+\infty);$$

同理　　　　　$$F_Y(y)=\lim_{x\to+\infty}P(X\leqslant x,Y\leqslant y)=\lim_{x\to+\infty}F(x,y)=F(+\infty,y).$$

这里 $F_X(x),F_Y(y)$ 正是随机变量 X,Y 各自的分布函数.

$F_X(x)=P(X\leqslant x)$ 的几何意义是随机点落在图 3-6(a)中阴影区域的概率.

$F_Y(y)=P(Y\leqslant y)$ 的几何意义是随机点落在图 3-6(b)中阴影区域的概率.

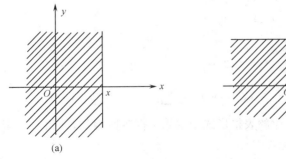
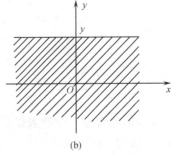

(a)　　　　　　　　　　　　　　　(b)

图 3-6

【例 3-6】 在例 3-1 中二维随机变量 (X,Y) 的分布函数为

$$F(x,y)=\frac{1}{\pi^2}\left(\frac{\pi}{2}+\arctan x\right)\left(\frac{\pi}{2}+\arctan y\right) \quad (x,y\in\mathbf{R}),$$

求 $F_X(x)$ 和 $F_Y(y)$.

解 $F_X(x)=\lim_{y\to+\infty}F(x,y)=\lim_{y\to+\infty}\frac{1}{\pi^2}\left(\frac{\pi}{2}+\arctan x\right)\left(\frac{\pi}{2}+\arctan y\right)$

$$=\frac{1}{\pi^2}\left(\frac{\pi}{2}+\arctan x\right)\left(\frac{\pi}{2}+\frac{\pi}{2}\right)=\frac{1}{\pi}\left(\frac{\pi}{2}+\arctan x\right),\ -\infty<x<+\infty,$$

$F_Y(y)=\lim_{x\to+\infty}F(x,y)=\lim_{x\to+\infty}\frac{1}{\pi^2}\left(\frac{\pi}{2}+\arctan x\right)\left(\frac{\pi}{2}+\arctan y\right)$

$$=\frac{1}{\pi^2}\left(\frac{\pi}{2}+\frac{\pi}{2}\right)\left(\frac{\pi}{2}+\arctan y\right)=\frac{1}{\pi}\left(\frac{\pi}{2}+\arctan y\right),\ -\infty<y<+\infty.$$

下面分别讨论二维离散型随机变量和连续型随机变量的边缘分布.

3.2.2 离散型随机变量的边缘分布

定义 3-5 设 (X,Y) 为二维离散型随机变量,其联合分布律为

$$P(X=x_i,Y=y_j)=p_{ij} \quad (i,j=1,2,\cdots),$$

则称 $P(X=x_i)=P(X=x_i,Y<+\infty)(i=1,2,\cdots)$ 为 (X,Y)**关于 X 的边缘分布律**,记作 $p_i.$,或用表格表示:

X	x_1	x_2	$\cdots$	x_i	$\cdots$
$p_i.$	$p_1.$	$p_2.$	$\cdots$	$p_i.$	$\cdots$

同理,称 $P(Y=y_j)=P(X<+\infty,Y=y_j)(j=1,2,\cdots)$ 为 (X,Y)**关于 Y 的边缘分布律**,记作 $p._j$,或用表格表示:

Y	y_1	y_2	$\cdots$	y_j	$\cdots$
$p._j$	$p._1$	$p._2$	$\cdots$	$p._j$	$\cdots$

根据边缘分布律的定义,可以得到

$$p_i. = P(X=x_i) = P(X=x_i,Y<+\infty)$$
$$= P(X=x_i,Y=y_1) + P(X=x_i,Y=y_2) + \cdots +$$
$$P(X=x_i,Y=y_j) + \cdots$$
$$= p_{i1} + p_{i2} + \cdots + p_{ij} + \cdots$$
$$= \sum_j p_{ij} \quad (i=1,2,\cdots),$$

同理 $\qquad p._j = P(X<+\infty,Y=y_j) = \sum_i p_{ij} \quad (j=1,2,\cdots).$

可见将 (X,Y) 的联合分布律的表格形式中的第 i 行各数相加,即得 $p_i.$,将第 j 列各数相加,即得 $p._j$,如下表所示:

Y\X	y_1	y_2	$\cdots$	y_j	$\cdots$	$p_i.$
x_1	p_{11}	p_{12}	$\cdots$	p_{1j}	$\cdots$	$p_1.$
x_2	p_{21}	p_{22}	$\cdots$	p_{2j}	$\cdots$	$p_2.$
$\vdots$	$\vdots$	$\vdots$		$\vdots$		$\vdots$
x_i	p_{i1}	p_{i2}	$\cdots$	p_{ij}	$\cdots$	$p_i.$
$\vdots$	$\vdots$	$\vdots$		$\vdots$		$\vdots$
$p._j$	$p._1$	$p._2$	$\cdots$	$p._j$	$\cdots$	1

【例 3-7】　一批产品共有 5 件,其中 3 件正品,2 件次品,从中任取一件后,再从中任取一件.设每次抽取时,每件产品被取到的概率相同,分别以 X 与 Y 表示两次取到的正品个数.试分别在有放回和不放回两种情况下,求(X,Y)的联合分布律和边缘分布律.

解　(X,Y)可能取的值为数组$(0,0),(0,1),(1,0)$和$(1,1)$.

由乘法公式知,在有放回抽取的情况下,

$$P(X=0,Y=0)=\frac{2}{5}\times\frac{2}{5}=\frac{4}{25}=0.16,$$

$$P(X=0,Y=1)=\frac{2}{5}\times\frac{3}{5}=\frac{6}{25}=0.24,$$

$$P(X=1,Y=0)=\frac{3}{5}\times\frac{2}{5}=\frac{6}{25}=0.24,$$

$$P(X=1,Y=1)=\frac{3}{5}\times\frac{3}{5}=\frac{9}{25}=0.36.$$

在不放回抽取的情况下,

$$P(X=0,Y=0)=\frac{2}{5}\times\frac{1}{4}=\frac{1}{10}=0.1,$$

$$P(X=0,Y=1)=\frac{2}{5}\times\frac{3}{4}=\frac{3}{10}=0.3,$$

$$P(X=1,Y=0)=\frac{3}{5}\times\frac{2}{4}=\frac{3}{10}=0.3,$$

$$P(X=1,Y=1)=\frac{3}{5}\times\frac{2}{4}=\frac{3}{10}=0.3.$$

于是得到在有放回抽取时,(X,Y)的联合分布律为

Y\X	0	1	$p_i.$
0	0.16	0.24	0.4
1	0.24	0.36	0.6
$p._j$	0.4	0.6	1

(X,Y)的边缘分布律分别为

X	0	1	Y	0	1
$p_i.$	0.4	0.6	$p._j$	0.4	0.6

在不放回抽取时,(X,Y)的联合分布律为

X ＼ Y	0	1	$p_i.$
0	0.1	0.3	0.4
1	0.3	0.3	0.6
$p._j$	0.4	0.6	1

(X,Y)的边缘分布律分别为

X	0	1	Y	0	1
$p_i.$	0.4	0.6	$p._j$	0.4	0.6

这个例子显示,"有放回"和"不放回"时,(X,Y)虽然具有不同的联合分布律,但它们相应的边缘分布律却是一样的.这一事实表明,虽然二维随机变量的联合分布律可决定两个边缘分布律,但反过来边缘分布律却不能决定(X,Y)的联合分布律.

另外,这个例子又再一次证明了抽签的公平性,即无论是"有放回"还是"不放回",每次抽中的概率都是一样的.

3.2.3 连续型随机变量的边缘分布

已知连续型随机变量(X,Y)的联合分布函数 $F(x,y)$ 和联合密度函数 $f(x,y)$,则有

$$F(x,y) = \int_{-\infty}^{x} \int_{-\infty}^{y} f(u,v)\mathrm{d}v\mathrm{d}u,$$

所以边缘分布函数为

$$F_X(x) = F(x,+\infty) = \int_{-\infty}^{x} \left[\int_{-\infty}^{+\infty} f(u,v)\mathrm{d}v\right]\mathrm{d}u,$$

$$F_Y(y) = F(+\infty,y) = \int_{-\infty}^{y} \left[\int_{-\infty}^{+\infty} f(u,v)\mathrm{d}u\right]\mathrm{d}v.$$

(X,Y)关于 X,Y 的边缘密度函数分别为

$$f_X(x) = \int_{-\infty}^{+\infty} f(x,y)\mathrm{d}y, \qquad f_Y(y) = \int_{-\infty}^{+\infty} f(x,y)\mathrm{d}x.$$

因此,边缘分布函数 $F_X(x),F_Y(y)$ 和边缘密度函数 $f_X(x),f_Y(y)$ 之间的关系为

$$F_X(x) = \int_{-\infty}^{x} f_X(x)\mathrm{d}x, \qquad F_Y(y) = \int_{-\infty}^{y} f_Y(y)\mathrm{d}y.$$

【例 3-8】 已知随机变量(X,Y)概率密度函数为

$$f(x,y) = \begin{cases} 2\mathrm{e}^{-2x-y}, & x>0, y>0 \\ 0, & 其他 \end{cases}.$$

求边缘密度函数 $f_X(x), f_Y(y)$.

解 当 $x>0$ 时,

$$f_X(x) = \int_{-\infty}^{+\infty} f(x,y)\mathrm{d}y = \int_0^{+\infty} 2\mathrm{e}^{-2x-y}\mathrm{d}y = 2\mathrm{e}^{-2x}.$$

当 $x\leqslant 0$ 时,

$$f_X(x)=0.$$

于是关于 X 的边缘密度函数为

$$f_X(x) = \begin{cases} 2\mathrm{e}^{-2x}, & x>0 \\ 0, & x\leqslant 0 \end{cases}.$$

同理可以求得关于 Y 的边缘密度函数为

$$f_Y(y) = \int_{-\infty}^{+\infty} f(x,y)\mathrm{d}x = \begin{cases} \int_0^{+\infty} 2\mathrm{e}^{-2x-y}\mathrm{d}x, & y>0 \\ 0, & y\leqslant 0 \end{cases} = \begin{cases} \mathrm{e}^{-y}, & y>0 \\ 0, & y\leqslant 0 \end{cases}.$$

【例 3-9】 求二维正态分布的边缘分布.

解 设随机变量 (X,Y) 服从二维正态分布,即 $(X,Y)\sim N(\mu_1,\mu_2,\sigma_1^2,\sigma_2^2,\rho)$,密度函数为

$$f(x,y) = \frac{1}{2\pi\sigma_1\sigma_2\sqrt{1-\rho^2}}\exp\left\{-\frac{1}{2(1-\rho^2)}\cdot\right.$$
$$\left.\left[\frac{(x-\mu_1)^2}{\sigma_1^2} - \frac{2\rho(x-\mu_1)(y-\mu_2)}{\sigma_1\sigma_2} + \frac{(y-\mu_2)^2}{\sigma_2^2}\right]\right\} \quad (x,y\in\mathbf{R}).$$

利用变量替换 $t=\frac{y-\mu_2}{\sigma_2}$,得

$$f_X(x) = \int_{-\infty}^{+\infty} f(x,y)\mathrm{d}y$$
$$= \int_{-\infty}^{+\infty} \frac{1}{2\pi\sigma_1\sqrt{1-\rho^2}}\exp\left\{-\frac{1}{2(1-\rho^2)}\cdot\left[\frac{(x-\mu_1)^2}{\sigma_1^2} - \frac{2\rho(x-\mu_1)t}{\sigma_1} + t^2\right]\right\}\mathrm{d}t$$
$$= \int_{-\infty}^{+\infty} \frac{1}{2\pi\sigma_1\sqrt{1-\rho^2}}\exp\left\{-\frac{1}{2(1-\rho^2)}\cdot\right.$$
$$\left.\left[(1-\rho^2+\rho^2)\frac{(x-\mu_1)^2}{\sigma_1^2} - \frac{2\rho(x-\mu_1)t}{\sigma_1} + t^2\right]\right\}\mathrm{d}t$$
$$= \frac{1}{\sqrt{2\pi}\sigma_1}\mathrm{e}^{-\frac{(x-\mu_1)^2}{2\sigma_1^2}}\int_{-\infty}^{+\infty}\frac{1}{\sqrt{2\pi}\cdot\sqrt{1-\rho^2}}\cdot$$
$$\exp\left\{-\frac{1}{2(1-\rho^2)}\left[t-\frac{\rho(x-\mu_1)}{\sigma_1}\right]^2\right\}\mathrm{d}t$$
$$= \frac{1}{\sqrt{2\pi}\sigma_1}\mathrm{e}^{-\frac{(x-\mu_1)^2}{2\sigma_1^2}} \quad (x\in\mathbf{R}).$$

类似地,

$$f_Y(y) = \frac{1}{\sqrt{2\pi}\sigma_2}\mathrm{e}^{-\frac{(y-\mu_2)^2}{2\sigma_2^2}} \quad (y\in\mathbf{R}).$$

这表明 $X\sim N(\mu_1,\sigma_1^2), Y\sim N(\mu_2,\sigma_2^2)$,即二维正态分布的两个边缘分布都是一维正态

分布. 此外还注意到, 两个边缘密度都不含参数 ρ, 这意味着具有相同参数 $\mu_1, \mu_2, \sigma_1, \sigma_2$, 但是 ρ 值不同的二维正态分布具有相同的边缘分布函数. 这一事实说明, 对二维连续型随机变量而言, 仅有 X 和 Y 的边缘分布函数一般不能决定 X 和 Y 的联合分布函数.

3.3 随机变量的独立性

在前面的学习中, 我们已看到, 随机事件的独立性有着重要的意义和广泛应用. 下面利用随机事件相互独立的概念, 引入随机变量的独立性, 它在概率论和数理统计的研究中占有十分重要的地位.

定义 3-6 设 $F(x,y)$ 及 $F_X(x), F_Y(y)$ 分别是二维随机变量 (X,Y) 的分布函数和边缘分布函数, 若对于所有的 x, y 有

$$P(X \leqslant x, Y \leqslant y) = P(X \leqslant x) \cdot P(Y \leqslant y),$$

即

$$F(x,y) = F_X(x) \cdot F_Y(y),$$

则称随机变量 X 和 Y **相互独立**.

对于随机变量 X 和 Y 的独立性, 有下面的重要结论:

对于二维离散型随机变量 (X,Y), 设 p_{ij} 是联合分布律, $p_i., p_{\cdot j}$ 是边缘分布律, 则 X 和 Y 相互独立的充分必要条件是对所有的 i, j, 有

$$p_{ij} = p_i. \cdot p_{\cdot j} \quad (i, j = 1, 2, \cdots),$$

即

$$P(X = x_i, Y = y_j) = P(X = x_i) \cdot P(Y = y_j).$$

对于二维连续型随机变量 (X,Y), 设 $f(x,y)$ 为联合密度函数, $f_X(x), f_Y(y)$ 是边缘密度函数, 则 X 和 Y 相互独立的充分必要条件是

$$f(x,y) = f_X(x) \cdot f_Y(y).$$

可见, 在相互独立的条件下, (X,Y) 的联合分布与边缘分布可以相互确定.

【例 3-10】 设随机变量 X, Y 的分布函数为

$$F(x,y) = \frac{1}{\pi^2} \left(\frac{\pi}{2} + \arctan x \right) \left(\frac{\pi}{2} + \arctan y \right) \quad (x, y \in \mathbf{R}),$$

证明: X 与 Y 相互独立.

证明 由

$$F_X(x) = \lim_{y \to +\infty} F(x,y) = \frac{1}{\pi} \left(\frac{\pi}{2} + \arctan x \right),$$

$$F_Y(y) = \lim_{x \to +\infty} F(x,y) = \frac{1}{\pi} \left(\frac{\pi}{2} + \arctan y \right),$$

则 $F(x,y) = F_X(x) \cdot F_Y(y)$, 所以 X 与 Y 相互独立.

【例 3-11】 设随机变量 (X,Y) 的联合分布律为

Y X	1	2	3
1	0.1	0.05	0.1
2	0.1	0.05	0.1
3	0.2	0.1	0.2

证明:X 与 Y 相互独立.

证明　X,Y 的边缘分布律分别为

X	1	2	3
$p_{i\cdot}$	0.25	0.25	0.5

Y	1	2	3
$p_{\cdot j}$	0.4	0.2	0.4

其中,$p_{11}=0.1,p_{1\cdot}=0.25,p_{\cdot 1}=0.4$,则有 $p_{11}=p_{1\cdot}\cdot p_{\cdot 1}$.类似逐个验证可知 $p_{ij}=p_{i\cdot}\cdot p_{\cdot j}(i,j=1,2,3)$,所以 X 与 Y 相互独立.

【例 3-12】　设 $f(x,y)=\begin{cases}1, & 0<x<1,|y|<x\\0, & \text{其他}\end{cases}$,讨论 X,Y 是否相互独立.

解　这是连续型随机变量问题,X 的边缘密度函数为

$$f_X(x)=\int_{-\infty}^{+\infty}f(x,y)\mathrm{d}y=\begin{cases}\int_{-x}^{x}1\mathrm{d}y, & 0<x<1\\0, & \text{其他}\end{cases}=\begin{cases}2x, & 0<x<1\\0, & \text{其他}\end{cases}.$$

Y 的边缘密度函数为

$$f_Y(y)=\int_{-\infty}^{+\infty}f(x,y)\mathrm{d}x=\begin{cases}\int_{-y}^{1}1\mathrm{d}x, & -1<y\leqslant 0\\\int_{y}^{1}1\mathrm{d}x, & 0<y<1\\0, & \text{其他}\end{cases}$$

$$=\begin{cases}1+y, & -1<y\leqslant 0\\1-y, & 0<y<1\\0, & \text{其他}\end{cases}=\begin{cases}1-|y|, & |y|<1\\0, & \text{其他}\end{cases}.$$

而　　　　　　$f(x,y)=\begin{cases}1, & 0<x<1,|y|<x\\0, & \text{其他}\end{cases}.$

在 $f(x,y),f_X(x),f_Y(y)$ 的连续点 $x=\dfrac{1}{2},y=\dfrac{1}{4}$ 处,容易验证

$$f\left(\frac{1}{2},\frac{1}{4}\right)\neq f_X\left(\frac{1}{2}\right)\cdot f_Y\left(\frac{1}{4}\right),$$

因此 X 与 Y 不相互独立.

【例 3-13】　设 X 和 Y 是两个相互独立的随机变量,X 在 $(0,1)$ 上服从均匀分布,Y 的概率密度为

$$f_Y(y) = \begin{cases} \dfrac{1}{2}\mathrm{e}^{-\frac{y}{2}}, & y>0 \\ 0, & y\leqslant 0 \end{cases},$$

（1）求 X 与 Y 的联合密度函数；

（2）设 $a^2+2Xa+Y=0$ 是关于 a 的二次方程，求方程有实根的概率.

解 （1）由题意可知 $f_X(x) = \begin{cases} 1, & 0<x<1 \\ 0, & \text{其他} \end{cases}$，又 X 与 Y 相互独立，故 X 与 Y 的联合密度函数为

$$f(x,y) = f_X(x) \cdot f_Y(y) = \begin{cases} \dfrac{1}{2}\mathrm{e}^{-\frac{y}{2}}, & 0<x<1, y>0 \\ 0, & \text{其他} \end{cases}.$$

（2）因 $\{$方程有实根$\} = \{$判别式 $\Delta=4X^2-4Y\geqslant 0\} = \{X^2\geqslant Y\}$，故所求概率为随机点落入图 3-7 所示阴影部分的概率.则

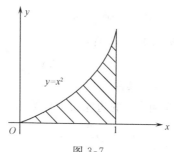

图 3-7

$$P(\text{方程有实根}) = P(Y\leqslant X^2)$$
$$= \iint\limits_{y\leqslant x^2} f(x,y)\mathrm{d}x\mathrm{d}y = \int_0^1 \mathrm{d}x\int_0^{x^2}\frac{1}{2}\mathrm{e}^{-\frac{y}{2}}\mathrm{d}y$$
$$= \int_0^1 (-\mathrm{e}^{-\frac{y}{2}})\mid_0^{x^2}\mathrm{d}x = \int_0^1(1-\mathrm{e}^{-\frac{x^2}{2}})\mathrm{d}x$$
$$= 1-\int_0^1 \mathrm{e}^{-\frac{x^2}{2}}\mathrm{d}x = 1-\sqrt{2\pi}\big[\Phi(1)-\Phi(0)\big]$$
$$= 1-\sqrt{2\pi}(0.8413-0.5)\approx 0.1445.$$

3.4 二维随机变量函数的分布

设 (X,Y) 为二维随机变量，$g(x,y)$ 为一个二元函数，由此可得到二维随机变量的函数 $Z=g(X,Y)$，这是一个一维随机变量.下面分离散型和连续型两种类型分别讨论二维随机变量函数的分布问题，即已知 (X,Y) 的联合分布，求其函数 $Z=g(X,Y)$ 的分布的问题.

3.4.1 二维离散型随机变量函数的分布

设 (X,Y) 为二维离散型随机变量，则函数 $Z=g(X,Y)$ 仍然是离散型随机变量.如果

(X,Y) 的分布律为

$$P(X=x_i,Y=y_j)=p_{ij} \quad (i,j=1,2,\cdots),$$

则随机变量 Z 的分布律为

$$P(Z=g(x_i,y_j))=p_{ij} \quad (i,j=1,2,\cdots).$$

需要注意的是,取相同 $g(x_i,y_j)$ 值所对应的概率要合并相加.

【例 3-14】 设 (X,Y) 的联合分布律为

Y \ X	-1	1	2
-1	0.1	0.2	0.3
1	0.1	0.1	0.2

求:(1) $X+Y$ 的分布律;

(2) XY 的分布律;

(3) $\max\{X,Y\}$ 的分布律.

解 (X,Y) 的所有可能取值为 $(-1,-1),(-1,1),(-1,2),(1,-1),(1,1),(1,2)$,通过表格计算 Z 的取值.

(X,Y)	$(-1,-1)$	$(-1,1)$	$(-1,2)$	$(1,-1)$	$(1,1)$	$(1,2)$
$X+Y$	-2	0	1	0	2	3
XY	1	-1	-2	-1	1	2
$\max\{X,Y\}$	-1	1	2	1	1	2
P	0.1	0.2	0.3	0.1	0.1	0.2

从而得到 $X+Y,XY,\max\{X,Y\}$ 的分布律分别为

$X+Y$	-2	0	1	2	3
P	0.1	0.3	0.3	0.1	0.2

XY	-2	-1	1	2
P	0.3	0.3	0.2	0.2

$\max\{X,Y\}$	-1	1	2
P	0.1	0.4	0.5

【例 3-15】 已知 X 与 Y 相互独立,且分别服从参数为 λ_1 和 λ_2 的泊松分布,即 $X\sim P(\lambda_1),Y\sim P(\lambda_2)$. 证明: $X+Y$ 服从参数为 $\lambda_1+\lambda_2$ 的泊松分布,即 $Z=X+Y\sim P(\lambda_1+\lambda_2)$.

证明 $Z=X+Y$ 的可能取值为 $0,1,2,\cdots$. 对任何非负整数 k,有

$$P(Z=k)=P(X+Y=k)$$

$$= \sum_{i=0}^{k} P(X=i,Y=k-i) = \sum_{i=0}^{k} \frac{\lambda_1^i}{i!} e^{-\lambda_1} \frac{\lambda_2^{k-i}}{(k-i)!} e^{-\lambda_2}$$

$$= \frac{e^{-(\lambda_1+\lambda_2)}}{k!} \sum_{i=0}^{k} \frac{k!}{i!(k-i)!} \lambda_1^i \lambda_2^{k-i} = \frac{(\lambda_1+\lambda_2)^k}{k!} e^{-(\lambda_1+\lambda_2)},$$

即

$$Z=X+Y \sim P(\lambda_1+\lambda_2).$$

3.4.2 二维连续型随机变量函数的分布

设 (X,Y) 为二维连续型随机变量,其联合密度函数为 $f(x,y)$,$g(x,y)$ 是一个已知的连续函数,由此得到的二维随机变量的函数 $Z=g(X,Y)$ 仍是连续型随机变量.为求其密度函数 $f_Z(z)$,可先求 Z 的分布函数 $F_Z(z)$,对 $F_Z(z)$ 求导,则得到随机变量 Z 的密度函数 $f_Z(z)=F_Z'(z)$.

由分布函数的定义知,

$$F_Z(z) = P(Z\leqslant z) = P(g(X,Y)\leqslant z) = P((X,Y)\in D_z) = \iint\limits_{D_z} f(x,y)\mathrm{d}x\mathrm{d}y,$$

其中,区域 $D_z=\{(x,y)\,|\,g(x,y)\leqslant z\}$.

随机变量 Z 的密度函数 $f_Z(z)=F_Z'(z)$.

从上面的推导过程中可以看到:理论上虽然可以计算任意的 $Z=g(X,Y)$ 的密度函数,但是在具体的实施过程中会遇到计算上的麻烦.因此这里仅举比较简单的例子加以讨论.

【例 3-16】 设二维随机变量 (X,Y) 服从区域 D 上的均匀分布,其中

$$D=\{(x,y)\,|\,0<x<2,0<y<2\},$$

求 $Z=X-Y$ 的分布函数及密度函数.

解 (X,Y) 的联合密度函数为

$$f(x,y)=\begin{cases} \dfrac{1}{4}, & 0<x<2,0<y<2 \\ 0, & \text{其他} \end{cases}.$$

因为 $Z=X-Y$,故有

$$F_Z(z) = P(Z\leqslant z) = P(X-Y\leqslant z) = \iint\limits_{D_z} f(x,y)\mathrm{d}x\mathrm{d}y,$$

其中

$$D_z=\{(x,y)\,|\,x-y\leqslant z\}.$$

当 $z<-2$ 时,积分区域如图 3-8(a) 所示,$F_Z(z) = \iint\limits_{D_z} 0\mathrm{d}x\mathrm{d}y = 0$;

当 $-2\leqslant z<0$ 时,积分区域如图 3-8(b) 所示,

$$F_Z(z) = \iint\limits_{D_z} \frac{1}{4}\mathrm{d}x\mathrm{d}y = \frac{1}{4}S_{D_z} = \frac{1}{4}\times\frac{1}{2}(2+z)^2 = \frac{1}{8}(2+z)^2;$$

当 $0\leqslant z<2$ 时,积分区域如图 3-8(c) 所示,

$$F_Z(z) = \iint\limits_{D_z} \frac{1}{4}\mathrm{d}x\mathrm{d}y = \frac{1}{4}S_{D_z} = \frac{1}{4}\left[4-\frac{1}{2}(2-z)^2\right] = 1-\frac{1}{8}(2-z)^2;$$

当 $z \geqslant 2$ 时，积分区域如图 3-8(d)所示，

$$F_Z(z) = \iint\limits_{D_{z'}} \frac{1}{4} \mathrm{d}x\mathrm{d}y = \frac{1}{4} S_{D_{z'}} = \frac{1}{4} \times 4 = 1.$$

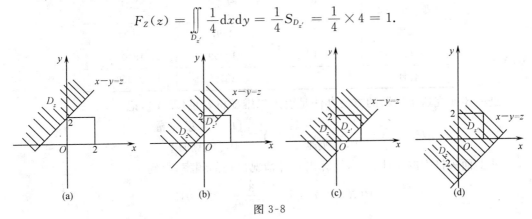

图 3-8

于是

$$F_Z(z) = \begin{cases} 0, & z < -2 \\ \dfrac{1}{8}(2+z)^2, & -2 \leqslant z < 0 \\ 1 - \dfrac{1}{8}(2-z)^2, & 0 \leqslant z < 2 \\ 1, & z \geqslant 2 \end{cases}.$$

所以

$$f_Z(z) = F_Z'(z) = \begin{cases} \dfrac{1}{4}(2+z), & -2 \leqslant z < 0 \\ \dfrac{1}{4}(2-z), & 0 \leqslant z < 2 \\ 0, & \text{其他} \end{cases}.$$

可以证明，随机变量 X 与 Y 相互独立，且 $X \sim N(\mu_1, \sigma_1^2)$，$Y \sim N(\mu_2, \sigma_2^2)$，则 $Z = X + Y$ 仍然服从正态分布，且有 $Z \sim N(\mu_1 + \mu_2, \sigma_1^2 + \sigma_2^2)$.

更一般地，有如下结论：有限个相互独立的正态随机变量的线性组合仍然服从正态分布. 这条性质在统计中经常要用到.

3.5　应用实例阅读

【实例 3-1】　研究吸烟与肺癌之间的关系

吸烟是肺癌的主要病因，但并非唯一病因. 与其相关的因素至少还有：职业致癌因子、空气污染、电离辐射、饮食因素、病毒感染、真菌毒素、内分泌失调、家族遗传等. 肺癌的发生是多因素共同作用的结果. 因此可以通过抽样调查的方式，利用二维随机变量的联合分布律来表示抽烟与是否患有肺癌之间的关系.

随机调查了 23000 个 40 岁以上的人，其结果列在下表中：

吸烟 \ 肺癌	患	未患	总计
吸烟	3	4597	4600
不吸烟	1	18399	18400
合计	4	22996	23000

进一步研究这个问题的方便办法是引入二维随机变量(X,Y),记

$$X=\begin{cases}1, & 不吸烟 \\ 0, & 吸烟\end{cases}, \quad Y=\begin{cases}1, & 未患肺癌 \\ 0, & 患肺癌\end{cases}.$$

从上面表格中的统计数据,计算出每种情况出现的频率,得到

$$P(X=0,Y=0)=\frac{3}{23000}=0.00013,$$

$$P(X=1,Y=0)=\frac{1}{23000}=0.00004,$$

$$P(X=0,Y=1)=\frac{4597}{23000}=0.19987,$$

$$P(X=1,Y=1)=\frac{18399}{23000}=0.79996.$$

于是(X,Y)的联合分布律为

X \ Y	0	1
0	0.00013	0.19987
1	0.00004	0.79996

从联合分布律表格中可以看出,吸烟患肺癌的概率是0.00013,而不吸烟患癌症的概率是0.00004.

【实例 3-2】 电子系统的联结与寿命

电子元件的联结分为串联、并联和备用三种方式.在串联电路中通过各个电器的电流都相等.如果有某一处断开,整个电路就成为断路,而不能正常工作.在并联电路中电流有一条以上的独立通路,即使有一个支路断开也不会影响整个系统的运行.在备用电路中,利用一个切换开关,设定某一分支为优先,当优先分支发生故障时,利用开关控制备用分支开始工作.不难发现,电路的不同联结方式,决定了该系统的使用寿命.

以一个电路系统L由两个子系统L_1,L_2联结而成为例,联结的方式分别为:(1)串联;(2)并联;(3)备用(开关完全可靠,子系统L_2在储备期内不失效,当L_1损坏时,L_2开始工作),如图 3-9 所示.

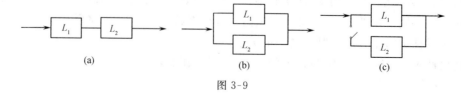

图 3-9

设 L_1,L_2 的寿命分别为 $X,Y.\ X$ 与 Y 相互独立，其概率密度函数分别为

$$f_X(x)=\begin{cases}\alpha\mathrm{e}^{-\alpha x}, & x>0 \\ 0, & x\leqslant 0\end{cases}, \quad f_Y(y)=\begin{cases}\beta\mathrm{e}^{-\beta y}, & y>0 \\ 0, & y\leqslant 0\end{cases},$$

其中，$\alpha>0,\beta>0$，且 $\alpha\neq\beta$，由此可以计算 X,Y 的分布函数分别为：

$$F_X(x)=\begin{cases}1-\mathrm{e}^{-\alpha x}, & x>0 \\ 0, & x\leqslant 0\end{cases}, \quad F_Y(y)=\begin{cases}1-\mathrm{e}^{-\beta y}, & y>0 \\ 0, & y\leqslant 0\end{cases},$$

进而按照三种不同的联结方式，得到系统 L 的寿命的密度函数.

(1) 串联时，如图 3-9(a) 所示，系统 L 的寿命 $Z=\min\{X,Y\}$，有

$$\begin{aligned}F_Z(z)&=P(Z\leqslant z)=P(\min\{X,Y\}\leqslant z)=1-P(\min\{X,Y\}>z)\\ &=1-P(X>z,Y>z)=1-P(X>z)\cdot P(Y>z)\\ &=1-[1-P(X\leqslant z)]\cdot[1-P(Y\leqslant z)]\\ &=1-[1-F_X(z)][1-F_Y(z)]\\ &=1-\mathrm{e}^{-\alpha z}\cdot\mathrm{e}^{-\beta z}=1-\mathrm{e}^{-(\alpha+\beta)z} \quad(z>0),\end{aligned}$$

则 Z 的分布函数为

$$F_Z(z)=\begin{cases}1-\mathrm{e}^{-(\alpha+\beta)z}, & z>0 \\ 0, & z\leqslant 0\end{cases},$$

概率密度函数为

$$f_Z(z)=F'_Z(z)=\begin{cases}(\alpha+\beta)\mathrm{e}^{-(\alpha+\beta)z}, & z>0 \\ 0, & z\leqslant 0\end{cases}.$$

(2) 并联时，如图 3-9(b) 所示，系统 L 的寿命 $Z=\max\{X,Y\}$，有

$$\begin{aligned}F_Z(z)&=P(Z\leqslant z)=P(\max\{X,Y\}\leqslant z)=P(X\leqslant z)\cdot P(Y\leqslant z)\\ &=F_X(z)\cdot F_Y(z)=(1-\mathrm{e}^{-\alpha z})(1-\mathrm{e}^{-\beta z}) \quad(z>0),\end{aligned}$$

则 Z 的分布函数为

$$F_Z(z)=\begin{cases}(1-\mathrm{e}^{-\alpha z})(1-\mathrm{e}^{-\beta z}), & z>0 \\ 0, & z\leqslant 0\end{cases},$$

概率密度函数为

$$f_Z(z)=F'_Z(z)=\begin{cases}\alpha\mathrm{e}^{-\alpha z}+\beta\mathrm{e}^{-\beta z}-(\alpha+\beta)\mathrm{e}^{-(\alpha+\beta)z}, & z>0 \\ 0, & z\leqslant 0\end{cases}.$$

(3) 备用时，如图 3-9(c) 所示，系统 L 的寿命 $Z=X+Y$，有

$$F_Z(z)=P(Z\leqslant z)=P(X+Y\leqslant z)=P(Y\leqslant -X+z)=\iint\limits_{D_z}f(x,y)\mathrm{d}x\mathrm{d}y,$$

其中 $f(x,y)=\begin{cases}\alpha\beta\mathrm{e}^{-(\alpha x+\beta y)}, & x>0,y>0 \\ 0, & \text{其他}\end{cases}$，$D_z=\{(x,y)\mid y\leqslant -x+z\}$，如图 3-10 所示.

则

$$\iint\limits_{D_z}f(x,y)\mathrm{d}x\mathrm{d}y=\int_0^z\mathrm{d}x\int_0^{z-x}\alpha\beta\mathrm{e}^{-(\alpha x+\beta y)}\mathrm{d}y=\int_0^z\mathrm{d}x\int_0^{z-x}\alpha\mathrm{e}^{-\alpha x}\beta\mathrm{e}^{-\beta y}\mathrm{d}y$$

$$=1-\frac{\beta}{\beta-\alpha}\mathrm{e}^{-\alpha z}+\frac{\alpha}{\beta-\alpha}\mathrm{e}^{-\beta z},$$

故 Z 的分布函数为

$$F_Z(z) = \begin{cases} 1 - \dfrac{\beta}{\beta - \alpha} e^{-\alpha z} + \dfrac{\alpha}{\beta - \alpha} e^{-\beta z}, & z > 0, \\ 0, & z \leqslant 0 \end{cases}$$

概率密度函数为

$$f_Z(z) = F_Z'(z) = \begin{cases} \dfrac{\alpha \beta}{\alpha - \beta} (e^{-\beta z} - e^{-\alpha z}), & z > 0 \\ 0, & z \leqslant 0 \end{cases}.$$

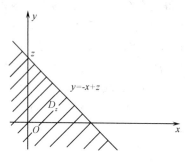

图 3-10

利用该系统 L 的寿命 Z 的密度函数,可以计算该系统在不同联结方式下的寿命的概率.

【实例 3-3】 用导弹攻击某一固定目标,由于各种因素的干扰,弹着点与目标之间存在一定的偏差,即弹着点可能出现在目标周围的某一个随机点上.但只要目标处于导弹的杀伤半径之内,目标仍可以被摧毁.目标能否被摧毁与弹着点的位置以及导弹的杀伤半径有关.以攻击目标为原点,建立直角坐标系,假设弹着点的坐标为 (X, Y),且 X, Y 相互独立并服从相同的正态分布 $N(0, 1^2)$,则 (X, Y) 的联合密度函数为 $f(x, y) = \dfrac{1}{2\pi} e^{-\frac{1}{2}(x^2 + y^2)}$.

设 Z 为导弹的杀伤半径,则 $Z = \sqrt{X^2 + Y^2}$,设 Z 的分布函数为 $F_Z(z) = P(Z \leqslant z)$.

下面计算 Z 的密度函数.

当 $z < 0$ 时,$F_Z(z) = P(\sqrt{X^2 + Y^2} \leqslant z) = 0$.

当 $z \geqslant 0$ 时,$F_Z(z) = P(\sqrt{X^2 + Y^2} \leqslant z) = \iint\limits_{D_z} f(x, y) \, d\sigma$

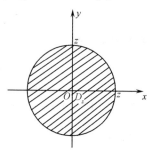

图 3-11

$= \iint\limits_{D_z} \dfrac{1}{2\pi} e^{-\frac{1}{2}(x^2 + y^2)} \, d\sigma$,其中 $D_z = \{(x, y) \mid \sqrt{x^2 + y^2} \leqslant z\}$(图 3-11).

利用极坐标计算得

$$F_Z(z) = \iint\limits_{D_z} \dfrac{1}{2\pi} e^{-\frac{1}{2}(x^2 + y^2)} \, d\sigma = \dfrac{1}{2\pi} \int_0^{2\pi} d\theta \int_0^z e^{-\frac{\rho^2}{2}} \rho \, d\rho$$

$$= \dfrac{1}{2\pi} \int_0^{2\pi} \left[-e^{-\frac{1}{2}\rho^2} \right]_0^z d\theta = \dfrac{1}{2\pi} \int_0^{2\pi} (1 - e^{-\frac{1}{2}z^2}) \, d\theta$$

$$= 1 - e^{-\frac{1}{2}z^2},$$

所以

$$F_Z(z) = \begin{cases} 0, & z < 0 \\ 1 - \mathrm{e}^{-\frac{1}{2}z^2}, & z \geqslant 0 \end{cases},$$

从而 $Z = \sqrt{X^2 + Y^2}$ 的密度函数为

$$f_Z(z) = F_Z'(z) = \begin{cases} 0, & z < 0 \\ z\mathrm{e}^{-\frac{1}{2}z^2}, & z \geqslant 0 \end{cases}.$$

习题 3

1. 箱子中有 12 件产品，其中 2 件是次品. 从中任取 2 次，每次取 1 件，定义随机变量 X, Y 如下：

$$X = \begin{cases} 1, & \text{第 1 次取出的是次品} \\ 0, & \text{第 1 次取出的是正品} \end{cases}, \qquad Y = \begin{cases} 1, & \text{第 2 次取出的是次品} \\ 0, & \text{第 2 次取出的是正品} \end{cases}.$$

试就下面两种情况：(1) 有放回抽取；(2) 无放回抽取，写出 (X, Y) 的联合分布律和边缘分布律，并判断 X, Y 是否独立？

2. 一口袋中有四个球，它们依次标有数字 1, 2, 2, 3. 从袋中任取一球后，不放回袋中，再从袋中任取一球. 设每次取球时，袋中每个球被取到的可能性相同. 以 X, Y 分别记第一、二次取得的球上面标有的数字，求 (X, Y) 的联合分布律及 $P(X = Y)$.

3. 盒中装有 3 个黑球、2 个红球、2 个白球，从中任取 4 个，以 X 表示取到的黑球数，以 Y 表示取到的白球数，求 (X, Y) 的联合分布律和边缘分布律.

4. 将一个硬币抛掷 3 次，以 X 表示 3 次中出现正面的次数，以 Y 表示出现正面次数与反面次数之差的绝对值，求 (X, Y) 的联合分布律和边缘分布律.

5. 设 (X, Y) 的联合分布律为

X ＼ Y	-1	0	1
0	0.1	0.2	α
1	β	0.1	0.2

且 $P(X + Y = 1) = 0.4$. 求：(1) α, β；(2) $P(X + Y < 1)$；(3) $P(X^2 Y^2 = 1)$.

6. 设 (X, Y) 的联合密度函数为

$$f(x, y) = \begin{cases} cxy, & 0 \leqslant x \leqslant 1, 0 \leqslant y \leqslant 2 \\ 0, & \text{其他} \end{cases}.$$

(1) 确定常数 c；

(2) 求 $P(Y \geqslant X), P(X + Y \geqslant 1)$.

7. 设 (X, Y) 的联合密度函数为 $f(x, y) = \begin{cases} k\mathrm{e}^{-2x-y}, & x > 0, y > 0 \\ 0, & \text{其他} \end{cases}$，求：

(1) 常数 k；(2) $P(Y \leqslant X)$；(3) $P(X + Y \leqslant 1)$；(4) $F(x, y)$；(5) $P(Y = X)$.

8. 设 (X, Y) 的联合密度函数为 $f(x, y) = \begin{cases} c(R - \sqrt{x^2 + y^2}), & x^2 + y^2 < R^2 \\ 0, & \text{其他} \end{cases}$，求：

(1) 常数 c；(2) (X, Y) 落在圆 $x^2 + y^2 \leqslant r^2 (0 < r < R)$ 内的概率.

9. 已知 (X, Y) 在 $D = \{(x, y) | x^2 + y^2 \leqslant 1\}$ 上服从均匀分布，求：

(1) (X, Y) 的密度函数；(2) $P(X + Y \leqslant 1)$；(3) $P\left(X \leqslant \frac{1}{2}, Y > \frac{1}{2}\right)$.

10. 设 (X,Y) 的联合密度函数为

$$f(x,y)=\begin{cases} \dfrac{6-x-y}{8}, & 0<x<2,2<y<4, \\ 0, & \text{其他} \end{cases}$$

求边缘密度函数 $f_X(x), f_Y(y)$.

11. 设 (X,Y) 服从区域 G 上的均匀分布,其中 $G=\{(x,y)|0<x<1,|y|<x\}$. 求:
(1)(X,Y)的联合密度函数;(2)边缘密度函数 $f_X(x), f_Y(y)$.

12. 已知 (X,Y) 的联合分布律为

X \ Y	0	1
0	0.4	a
1	b	0.1

若事件 $\{X=0\}$ 和 $\{X+Y=1\}$ 互相独立,求 a,b.

13. 设 X_1, X_2 相互独立,且分布律均为

X_i	−1	0	1
P	0.3	0.2	0.5

求:(1)$P(X_1=X_2)$;(2)$P(\min\{X_1,X_2\}\leqslant 0)$.

14. 设 (X,Y) 的联合分布律为

X \ Y	1	2	3
2	0.10	0.20	0.10
4	0.15	0.30	0.15

(1)求边缘分布律;

(2)问 X,Y 是否相互独立?

15. 设随机变量 X,Y 相互独立且分别具有下列的分布律:

X	−2	−1	0	0.5
P	$\dfrac{1}{4}$	$\dfrac{1}{3}$	$\dfrac{1}{12}$	$\dfrac{1}{3}$

Y	−0.5	1	3
P	$\dfrac{1}{2}$	$\dfrac{1}{4}$	$\dfrac{1}{4}$

写出 (X,Y) 的联合分布律.

16. 设随机变量 X,Y 相互独立,X 服从 $(0,0.2)$ 上的均匀分布,Y 服从参数 $\lambda=5$ 的指数分布,求 (X,Y) 的联合密度函数及 $P(X\geqslant Y)$.

17. 设 (X,Y) 的联合分布律为

X \ Y	−1	1	2
−1	0.1	0.1	0.1
2	0.2	0.3	0.2

求：(1)$X+2Y$ 的分布律；

(2)X^2Y 的分布律；

(3)$\min\{X,Y\}$ 的分布律.

18. $X \sim B\left(2,\dfrac{1}{2}\right)$，$Y \sim B\left(2,\dfrac{2}{3}\right)$，且 X 与 Y 相互独立，求 $Z=X+Y$ 的分布律.

19. 设 (X,Y) 的联合密度函数为

$$f(x,y)=\begin{cases} e^{-y}, & 0 \leqslant x \leqslant 1, y \geqslant 0 \\ 0, & \text{其他} \end{cases}.$$

(1)问 X,Y 是否独立？

(2)求 $Z=2X+Y$ 的密度函数 $f_Z(z)$；

(3)求 $P(Z>3)$.

20. 设 X 服从 $(0,1)$ 上的均匀分布，Y 服从参数 $\lambda=1$ 的指数分布，X,Y 相互独立，$Z=X+Y$，求 Z 的概率密度函数.

第4章 随机变量的数字特征

前面学习的随机变量的分布函数,是对随机变量的概率性质的完整刻画,它可以全面描述随机变量的统计规律.但在许多实际问题中,求随机变量的分布函数并不容易,而且有时也并不需要知道随机变量的分布函数,我们更关心的是它的某些特征.例如考察某个班级学生的学习成绩时,通常只需知道该班的平均成绩和其分散程度,就可对该班的学习状况作出较客观的判断.这样的特征就是随机变量的数字特征.本章将介绍随机变量常用的数字特征——数学期望、方差、协方差、相关系数等.随机变量的数字特征是概率论的核心内容之一.

4.1 随机变量的数学期望

随机变量的数学期望是从数据的平均数提炼推广而来的.设有数据集$\{10,15,30,10,$ $10,15,20,10,20,10\}$,则其平均数

$$\begin{aligned}
\mu &= \frac{10+15+30+10+10+15+20+10+20+10}{10} \\
&= \frac{10\times5+15\times2+20\times2+30\times1}{10} \\
&= 10\times\frac{5}{10}+15\times\frac{2}{10}+20\times\frac{2}{10}+30\times\frac{1}{10} \\
&= 15.
\end{aligned}$$

可将上式概括成简单的公式$\mu = \sum_i x_i f_i$,其中x_i为数据集中所有可能的不同值,上例中即为$10,15,20,30$;f_i为取值x_i的频率,在上例中即为$\frac{5}{10},\frac{2}{10},\frac{2}{10},\frac{1}{10}$.平均数$\mu$所描述的是数据集的中心位置.

将求数据平均数的方法引申到随机变量上,并注意到频率的稳定性,可知随机变量的"平均数"应是随机变量所有可能取值与其相应的概率乘积之和,这就是随机变量的数学期望.下面分离散型和连续型两种情况讨论.

4.1.1　数学期望的定义

定义 4-1　设离散型随机变量 X 的分布律为
$$P(X=x_k)=p_k, k=1,2,\cdots,$$

若级数 $\sum\limits_{k=1}^{\infty}|x_k|p_k$ 收敛,则称级数 $\sum\limits_{k=1}^{\infty}x_k p_k$ 为随机变量 X 的**数学期望**,记为 $E(X)$.即

$$E(X)=\sum_{k=1}^{\infty}x_k p_k.$$

若级数 $\sum\limits_{k=1}^{\infty}|x_k|p_k$ 不收敛,则称 X 的数学期望不存在.

【例 4-1】　某商店在年末大甩卖中进行有奖销售,摇奖时从摇箱中摇出的球的可能颜色为红、黄、蓝、白、黑五种,其对应的奖金分别为 10000 元、1000 元、100 元、10 元和 1元.假定摇箱内装有很多球,其中红、黄、蓝、白、黑的比例分别为 0.01%、0.15%、1.34%、10%、88.5%,求每次摇奖摇出的奖金额 X 的数学期望.

解　每次摇奖摇出的奖金额 X 是一个随机变量,易知它的分布律如下所示:

X	10000	1000	100	10	1
P	0.0001	0.0015	0.0134	0.1	0.885

因此
$$E(X)=10000\times0.0001+1000\times0.0015+100\times0.0134+$$
$$10\times0.1+1\times0.885=5.725.$$

可见,平均起来每次摇奖的奖金不足 6 元.这个值对商店作计划预算很重要.

【例 4-2】　设 X 服从参数为 λ 的泊松分布,求 X 的数学期望 $E(X)$.

解　X 的分布律为

$$P(X=k)=\frac{\lambda^k}{k!}\mathrm{e}^{-\lambda}, \quad k=0,1,2,\cdots.$$

X 的数学期望为

$$E(X)=\sum_{k=0}^{\infty}k\frac{\lambda^k}{k!}\mathrm{e}^{-\lambda}=\lambda\mathrm{e}^{-\lambda}\sum_{k=1}^{\infty}\frac{\lambda^{k-1}}{(k-1)!}$$
$$=\lambda\mathrm{e}^{-\lambda}\cdot\mathrm{e}^{\lambda}=\lambda.$$

由此可知,泊松分布的参数 λ 就是它的数学期望.

【例 4-3】甲、乙两赌徒赌技相同,各出赌注 50 法郎,每局中无平局.他们约定谁先赢三局,则得全部赌本 100 法郎.当甲赢了二局,乙赢了一局时,因故要中止赌博.问 100 法郎如何分才算公平?

解　这个问题涉及数学期望.如果甲、乙二人均分 100 法郎,对甲不公平;但如果按照现在的胜负结果 2∶1 来分,仔细推算也是不合理的.一个合理的分法是:如果赌局继续下去,他们各自的数学期望就是应该分得的份额.

因为最多只需再赌两局,就能决出胜负.如果乙最终获胜,需连胜两局,由乘法公式

知,乙获胜的概率为

$$P(乙获胜) = \frac{1}{2} \times \frac{1}{2} = \frac{1}{4},$$

而甲获胜的概率

$$P(甲获胜) = 1 - \frac{1}{4} = \frac{3}{4}.$$

引入 X 表示甲最终所得,Y 表示乙最终所得,则 X,Y 的分布律分别为

X	0	100
P	$\frac{1}{4}$	$\frac{3}{4}$

Y	0	100
P	$\frac{3}{4}$	$\frac{1}{4}$

依数学期望的定义,甲、乙的数学期望分别为

$$E(X) = 0 \times \frac{1}{4} + 100 \times \frac{3}{4} = 75,$$

$$E(Y) = 0 \times \frac{3}{4} + 100 \times \frac{1}{4} = 25.$$

这就是甲、乙应该分到的赌本.

现在将离散型随机变量数学期望的概念,推广至连续型随机变量,则有下面的定义.

定义 4-2 设连续型随机变量 X 的密度函数为 $f(x)$,若积分 $\int_{-\infty}^{+\infty} |x| f(x) \mathrm{d}x$ 收敛,则称积分 $\int_{-\infty}^{+\infty} x f(x) \mathrm{d}x$ 的值为随机变量 X 的**数学期望**,记为 $E(X)$. 即

$$E(X) = \int_{-\infty}^{+\infty} x f(x) \mathrm{d}x.$$

如果 $\int_{-\infty}^{+\infty} |x| f(x) \mathrm{d}x$ 不收敛,则称 X 的数学期望不存在.

【例 4-4】 设 X 服从均匀分布 $U(a,b)$,求数学期望 $E(X)$.

解 由题设可知,X 的概率密度函数为

$$f(x) = \begin{cases} \dfrac{1}{b-a}, & a < x < b \\ 0, & 其他 \end{cases},$$

于是

$$E(X) = \int_a^b \frac{1}{b-a} x \mathrm{d}x = \frac{a+b}{2}.$$

这个结果是显然的. 因为 X 在 $[a,b]$ 上服从均匀分布,它取值的平均值当然应该在区间 $[a,b]$ 的中点,也就是 $\frac{a+b}{2}$.

【例 4-5】 设 X 服从参数为 λ 的指数分布,求 X 的数学期望 $E(X)$.

解　X 的概率密度函数为

$$f(x)=\begin{cases}\lambda\mathrm{e}^{-\lambda x}, & x>0\\ 0, & 其他\end{cases},$$

故由定义有

$$E(X)=\int_0^{+\infty}x\lambda\mathrm{e}^{-\lambda x}\mathrm{d}x=-\int_0^{+\infty}x\mathrm{d}\mathrm{e}^{-\lambda x}=-\left(x\mathrm{e}^{-\lambda x}\,\Big|_0^{+\infty}+\int_0^{+\infty}\mathrm{e}^{-\lambda x}\mathrm{d}x\right)=\frac{1}{\lambda}.$$

指数分布是最有用的"寿命分布"之一. 由上述计算可知, 一个元件的寿命分布如果是参数为 λ 的指数分布, 则它的平均寿命为 $\frac{1}{\lambda}$. 如果某种元件的平均寿命是 10^k 小时, 则相应的 $\lambda=10^{-k}$, 在电子工业中, 人们就称该产品是"k 级"产品. 由此可知, k 越大, 则产品的平均寿命越长, 使用也就越可靠.

【**例 4-6**】　设随机变量 X 服从正态分布 $N(\mu,\sigma^2)$, 求 X 的数学期望 $E(X)$.

解　由定义有

$$E(X)=\int_{-\infty}^{+\infty}x\frac{1}{\sqrt{2\pi}\sigma}\mathrm{e}^{-\frac{(x-\mu)^2}{2\sigma^2}}\mathrm{d}x.$$

令 $z=\dfrac{x-\mu}{\sigma}$, 则

$$E(X)=\frac{1}{\sqrt{2\pi}}\int_{-\infty}^{+\infty}(\sigma z+\mu)\mathrm{e}^{-\frac{z^2}{2}}\mathrm{d}z$$

$$=\frac{\sigma}{\sqrt{2\pi}}\int_{-\infty}^{+\infty}z\mathrm{e}^{-\frac{z^2}{2}}\mathrm{d}z+\frac{\mu}{\sqrt{2\pi}}\int_{-\infty}^{+\infty}\mathrm{e}^{-\frac{z^2}{2}}\mathrm{d}z$$

$$=\mu.$$

由以上可知, 正态分布 $N(\mu,\sigma^2)$ 中的参数 μ 恰好是正态分布随机变量的数学期望.

4.1.2　随机变量函数的数学期望

在理论推导和现实问题研究中, 经常需要计算随机变量函数的数学期望, 例如 X^2, $|X|$, e^x 等的数学期望. 当然, 我们可以先求出它们的分布律或密度函数, 再求数学期望, 但是那样做太繁琐. 事实上, 有如下定理可简化计算.

定理 4-1　设 Y 是随机变量 X 的函数, 即 $Y=g(X)$($g(x)$ 是连续函数).

(1) 若 X 是离散型随机变量, 它的分布律为 $P(X=x_k)=p_k(k=1,2,\cdots)$, 且 $\sum_{k=1}^{\infty}|g(x_k)|p_k$ 收敛, 则随机变量 $Y=g(X)$ 的数学期望存在, 为

$$E(Y)=E(g(X))=\sum_{k=1}^{\infty}g(x_k)p_k.$$

(2) 若 X 是连续型随机变量, 它的概率密度为 $f(x)$, 且 $\int_{-\infty}^{+\infty}|g(x)|f(x)\mathrm{d}x$ 收敛, 则有

$$E(Y)=E(g(X))=\int_{-\infty}^{+\infty}g(x)f(x)\mathrm{d}x.$$

特别地,称随机变量 X 的 k 次方的数学期望 $E(X^k)$ 为 X 的 **k 阶原点矩**,称 $X-E(X)$ 的 k 次方的期望 $E\{[X-E(X)]^k\}$ 为 X 的 **k 阶中心矩**.

该定理的证明超出了本书的范围,故从略.

【例 4-7】 已知随机变量 X 的分布函数为

$$F(x)=\begin{cases}0, & x<-1\\ 0.25, & -1\leqslant x<0\\ 0.75, & 0\leqslant x<1\\ 1, & x\geqslant 1\end{cases},$$

求 $E(X),E(X^2+1)$ 和 $E\left[\left(\dfrac{X}{1+X^2}\right)^2\right]$.

解 由分布函数可知,X 为离散型随机变量,它的分布律为

X	-1	0	1
P	0.25	0.5	0.25

因此

$$E(X)=-1\times 0.25+0\times 0.5+1\times 0.25=0,$$
$$E(X^2+1)=2\times 0.25+1\times 0.5+2\times 0.25=1.5,$$
$$E\left[\left(\frac{X}{1+X^2}\right)^2\right]=\frac{1}{4}\times 0.25+0\times 0.5+\frac{1}{4}\times 0.25=0.125.$$

【例 4-8】 设 $X\sim P(5)$,求 $E(3^X)$ 与 $E\left(\dfrac{1}{X+1}\right)$.

解 因为 3^X 与 $\dfrac{1}{X+1}$ 均为 X 的函数,且 X 为离散型随机变量,所以

$$E(3^X)=\sum_{k=0}^{\infty}3^k\frac{5^k}{k!}\mathrm{e}^{-5}=\mathrm{e}^{-5}\sum_{k=0}^{\infty}\frac{15^k}{k!}=\mathrm{e}^{-5}\mathrm{e}^{15}=\mathrm{e}^{10},$$
$$E\left(\frac{1}{X+1}\right)=\sum_{k=0}^{\infty}\frac{1}{k+1}\cdot\frac{5^k}{k!}\mathrm{e}^{-5}=\frac{1}{5}\sum_{k=0}^{\infty}\frac{5^{k+1}}{(k+1)!}\mathrm{e}^{-5}$$
$$=\frac{\mathrm{e}^{-5}}{5}\sum_{k=1}^{\infty}\frac{5^k}{k!}=\frac{\mathrm{e}^{-5}}{5}(\mathrm{e}^5-1)=\frac{1}{5}(1-\mathrm{e}^{-5}).$$

【例 4-9】 对球体的直径作近似测量,设测量值均匀分布在区间 $[a,b]$ 内,求球体体积的数学期望.

解 设随机变量 X 表示球体直径,Y 表示球体体积,依题意,X 的概率密度函数为

$$f(x)=\begin{cases}\dfrac{1}{b-a}, & a<x<b\\ 0, & 其他\end{cases}.$$

球体体积为 $Y=\dfrac{1}{6}\pi X^3$,则有

$$E(Y)=E\left(\frac{1}{6}\pi X^3\right)=\int_a^b\frac{1}{6}\pi x^3\frac{1}{b-a}\mathrm{d}x$$

$$= \frac{\pi}{6(b-a)} \int_a^b x^3 \mathrm{d}x = \frac{\pi}{24}(a+b)(a^2+b^2).$$

下面讨论二维随机变量(X,Y)的函数的数学期望.

设 $Z=g(X,Y)$(g 为连续函数)是随机变量 X,Y 的函数,那么 Z 是一维随机变量.

(1)设(X,Y)为二维离散型随机变量,其分布律为 $P(X=x_i,Y=y_j)=p_{ij}(i,j=1,$

$2,\cdots)$,若 $\sum\limits_{i=1}^{\infty}\sum\limits_{j=1}^{\infty}|g(x_i,y_j)|p_{ij}$ 收敛,则随机变量 $Z=g(X,Y)$ 的数学期望存在,且

$$E(Z)=E[g(X,Y)]=\sum_{i=1}^{\infty}\sum_{j=1}^{\infty}g(x_i,y_j)p_{ij}.$$

(2)设(X,Y)为二维连续型随机变量,联合密度函数为 $f(x,y)$,若 $\int_{-\infty}^{+\infty}\int_{-\infty}^{+\infty}|g(x,y)|f(x,y)\mathrm{d}x\mathrm{d}y$ 收敛,则随机变量 $Z=g(X,Y)$ 的数学期望存在,且

$$E(Z)=E(g(X,Y))=\int_{-\infty}^{+\infty}\int_{-\infty}^{+\infty}g(x,y)f(x,y)\mathrm{d}x\mathrm{d}y.$$

【例 4-10】 设二维随机变量(X,Y)的联合分布律为

X \ Y	0	1	2	$p_{i\cdot}$
-1	$\frac{1}{9}$	$\frac{2}{9}$	0	$\frac{1}{3}$
2	$\frac{3}{9}$	$\frac{1}{9}$	$\frac{2}{9}$	$\frac{2}{3}$
$p_{\cdot j}$	$\frac{4}{9}$	$\frac{3}{9}$	$\frac{2}{9}$	1

试求 $E(X),E(X^2),E(Y),E(Y^2),E(XY)$.

解 X 和 Y 的边缘分布律见上表,则有

$$E(X)=-1\times\frac{1}{3}+2\times\frac{2}{3}=1,$$

$$E(X^2)=(-1)^2\times\frac{1}{3}+2^2\times\frac{2}{3}=3,$$

$$E(Y)=0\times\frac{4}{9}+1\times\frac{3}{9}+2\times\frac{2}{9}=\frac{7}{9},$$

$$E(Y^2)=0^2\times\frac{4}{9}+1^2\times\frac{3}{9}+2^2\times\frac{2}{9}=\frac{11}{9},$$

$$E(XY)=(-1)\times0\times\frac{1}{9}+(-1)\times1\times\frac{2}{9}+(-1)\times2\times0+2\times0\times\frac{3}{9}+$$

$$2\times1\times\frac{1}{9}+2\times2\times\frac{2}{9}=\frac{8}{9}.$$

由例 4-10 求解 $E(X)$ 和 $E(Y)$,可以得到如下结论:

若(X,Y)为二维离散型随机变量,其联合分布律为

$$P(X=x_i,Y=y_j)=p_{ij} \quad (i,j=1,2,\cdots),$$

则

$$E(X)=\sum_{i=1}^{\infty}x_i\cdot p_{i\cdot}=\sum_{i=1}^{\infty}x_i\left(\sum_{j=1}^{\infty}p_{ij}\right)=\sum_{i=1}^{\infty}\sum_{j=1}^{\infty}x_i p_{ij},$$

即

$$E(X) = \sum_{i=1}^{\infty} \sum_{j=1}^{\infty} x_i p_{ij}.$$

同理

$$E(Y) = \sum_{j=1}^{\infty} \sum_{i=1}^{\infty} y_j p_{ij}.$$

类似地,若(X,Y)为二维连续型随机变量,其联合密度函数为$f(x,y)$,则

$$E(X) = \int_{-\infty}^{+\infty} x f_X(x) \mathrm{d}x = \int_{-\infty}^{+\infty} x \left(\int_{-\infty}^{+\infty} f(x,y) \mathrm{d}y \right) \mathrm{d}x = \int_{-\infty}^{+\infty} \int_{-\infty}^{+\infty} x f(x,y) \mathrm{d}x \mathrm{d}y,$$

即

$$E(X) = \int_{-\infty}^{+\infty} \int_{-\infty}^{+\infty} x f(x,y) \mathrm{d}x \mathrm{d}y.$$

同理

$$E(Y) = \int_{-\infty}^{+\infty} \int_{-\infty}^{+\infty} y f(x,y) \mathrm{d}x \mathrm{d}y.$$

【例 4-11】 设随机变量 X 和 Y 相互独立,且分别服从参数为 2 和 4 的指数分布,求 $E(XY)$.

解 X 的概率密度函数为

$$f_X(x) = \begin{cases} 2\mathrm{e}^{-2x}, & x>0 \\ 0, & x\leqslant 0 \end{cases}.$$

Y 的概率密度函数为

$$f_Y(y) = \begin{cases} 4\mathrm{e}^{-4y}, & y>0 \\ 0, & y\leqslant 0 \end{cases}.$$

由于 X 和 Y 相互独立,(X,Y) 的联合密度函数为

$$f(x,y) = f_X(x) f_Y(y) = \begin{cases} 8\mathrm{e}^{-2x-4y}, & x>0, y>0 \\ 0, & 其他 \end{cases},$$

于是

$$E(XY) = \int_0^{+\infty} \int_0^{+\infty} 8xy\mathrm{e}^{-2x-4y} \mathrm{d}x\mathrm{d}y$$
$$= 8\left(\int_0^{+\infty} x\mathrm{e}^{-2x} \mathrm{d}x \right) \left(\int_0^{+\infty} y\mathrm{e}^{-4y} \mathrm{d}y \right)$$
$$= 8 \times \frac{1}{4} \times \frac{1}{16} = \frac{1}{8}.$$

4.1.3 数学期望的性质

性质 1 $E(c)=c$,其中 c 为常数.

性质 2 $E(cX)=cE(X)$.

证明 不妨设 X 为连续型随机变量,密度函数为 $f(x)$,cX 为随机变量 X 的函数,所以

$$E(cX) = \int_{-\infty}^{+\infty} cx \cdot f(x) \mathrm{d}x = c\int_{-\infty}^{+\infty} x f(x) \mathrm{d}x = cE(X).$$

性质 3　$E(X_1+X_2)=E(X_1)+E(X_2)$.

证明　不妨设(X_1,X_2)为二维连续型随机变量,联合密度函数为$f(x,y)$,所以

$$E(X_1+X_2)=\int_{-\infty}^{+\infty}\int_{-\infty}^{+\infty}(x+y)f(x,y)\mathrm{d}x\mathrm{d}y$$
$$=\int_{-\infty}^{+\infty}\int_{-\infty}^{+\infty}xf(x,y)\mathrm{d}x\mathrm{d}y+\int_{-\infty}^{+\infty}\int_{-\infty}^{+\infty}yf(x,y)\mathrm{d}x\mathrm{d}y$$
$$=E(X_1)+E(X_2).$$

推论　设$X_1,X_2,\cdots,X_n$为n个随机变量$(n\geqslant2)$,则$E(\sum_{i=1}^{n}X_i)=\sum_{i=1}^{n}E(X_i)$.

性质 4　若随机变量X与Y相互独立,则$E(XY)=E(X)E(Y)$.

证明　不妨设(X,Y)为二维连续型随机变量,由于X和Y相互独立,所以(X,Y)的联合密度函数为$f(x,y)=f_X(x)f_Y(y)$.则

$$E(XY)=\int_{-\infty}^{+\infty}\mathrm{d}x\int_{-\infty}^{+\infty}xyf(x,y)\mathrm{d}y$$
$$=\int_{-\infty}^{+\infty}\mathrm{d}x\int_{-\infty}^{+\infty}xyf_X(x)f_Y(y)\mathrm{d}y$$
$$=\int_{-\infty}^{+\infty}xf_X(x)\mathrm{d}x\int_{-\infty}^{+\infty}yf_Y(y)\mathrm{d}y$$
$$=E(X)E(Y).$$

性质 4 可以推广为:若X和Y相互独立,$g(X)$与$h(Y)$分别为X和Y的函数,则
$$E[g(X)h(Y)]=E[g(X)]\cdot E[h(Y)].$$
证明留给读者.

【例 4-12】　对例 4-11 的随机变量X和Y,求$E(X+Y)$和$E(XY)$

解　因为X服从参数为 2 的指数分布,Y服从参数为 4 的指数分布,因此
$$E(X)=\frac{1}{2},\quad E(Y)=\frac{1}{4},$$
$$E(X+Y)=E(X)+E(Y)=\frac{3}{4},$$
$$E(XY)=E(X)E(Y)=\frac{1}{8}.$$

【例 4-13】　设X服从二项分布$B(n,p)$,求$E(X)$.

解　令
$$X_k=\begin{cases}0,&\text{第 }k\text{ 次试验事件 }A\text{ 不发生}\\1,&\text{第 }k\text{ 次试验事件 }A\text{ 发生}\end{cases}(k=0,1,\cdots,n).$$

由X表示在n重贝努利试验中事件A发生的次数,有$X=\sum_{k=1}^{n}X_k$.再由数学期望性质 3 的推论,有

$$E(X)=\sum_{k=1}^{n}E(X_k).$$

因为每个$X_k(k=0,1,\cdots,n)$均服从参数为p的$(0-1)$分布,数学期望为$E(X_k)=p$,从而得到$E(X)=np$.

此题如果不利用数学期望的性质,而是利用 X 的分布律直接按定义来计算,将要复杂得多.

4.2　随机变量的方差

4.2.1　方差的定义

数学期望描述了随机变量取值的"平均"状态,但有时仅知道这个平均值还不够.

例如,有 A,B 两名射手,他们每次射击命中的环数分别记为 X,Y,已知 X,Y 的分布律为

X	8	9	10		Y	8	9	10
p	0.2	0.6	0.2		p	0.1	0.8	0.1

容易计算出 $E(X)=E(Y)=9$(环),即二人的平均成绩相同.这样仅从均值的角度分不出谁的射击技术更高,故还需考虑其他因素.通常的想法是:还要考虑谁的射击技术更加稳定.即用命中的环数 X 与它的平均值 $E(X)$ 之间的离差 $|X-E(X)|$ 的均值 $E[|X-E(X)|]$ 来度量,$E[|X-E(X)|]$ 愈小,表明 X 的值愈集中于 $E(X)$ 的附近,即技术愈稳定;$E[|X-E(X)|]$ 愈大,表明 X 的值愈分散,即技术愈不稳定.但由于 $E[|X-E(X)|]$ 带有绝对值,运算不便,故采用 $|X-E(X)|^2$ 的均值 $E\{[X-E(X)]^2\}$ 来度量随机变量 X 取值的分散程度.

定义 4-3　设 X 为随机变量,若 $E\{[X-E(X)]^2\}$ 存在,则称 $E\{[X-E(X)]^2\}$ 为 X 的**方差**,记作 $D(X)$,即 $D(X)=E\{[X-E(X)]^2\}$.

称 $\sqrt{D(X)}$ 为 X 的**标准差**(或**均方差**),记作 σ_X,即 $\sigma_X=\sqrt{D(X)}$.

方差 $D(X)$ 是随机变量 X 的取值相对于均值偏离程度的一种度量.

由定义 4-3 知方差实际上是随机变量 X 的函数 $g(X)=[X-E(X)]^2$ 的数学期望.在实际计算中,用定义计算方差不是很方便,而是常用下面的方法:

$$D(X)=E\{[X-E(X)]^2\}=E\{X^2-2X\cdot E(X)+[E(X)]^2\}$$
$$=E(X^2)-2E(X)\cdot E(X)+[E(X)]^2$$
$$=E(X^2)-[E(X)]^2,$$

即 $D(X)=E(X^2)-[E(X)]^2$.

【**例 4-14**】　随机变量 X 的分布律如下:

X	-1	0	$\frac{1}{2}$	1	2
P	$\frac{1}{3}$	$\frac{1}{6}$	$\frac{1}{6}$	$\frac{1}{12}$	$\frac{1}{4}$

求 $E(X),E(X^2),E(2X-3),D(X)$.

解　$E(X)=(-1)\times\frac{1}{3}+0\times\frac{1}{6}+\frac{1}{2}\times\frac{1}{6}+1\times\frac{1}{12}+2\times\frac{1}{4}=\frac{1}{3}$,

$$E(X^2)=(-1)^2\times\frac{1}{3}+0^2\times\frac{1}{6}+\left(\frac{1}{2}\right)^2\times\frac{1}{6}+1^2\times\frac{1}{12}+2^2\times\frac{1}{4}=\frac{35}{24},$$

$$E(2X-3)=2E(X)-3=2\times\frac{1}{3}-3=-\frac{7}{3},$$

$$D(X)=E(X^2)-[E(X)]^2=\frac{35}{24}-\left(\frac{1}{3}\right)^2=\frac{97}{72}.$$

【例 4-15】　设随机变量 X 的概率密度函数为

$$f(x)=\begin{cases}\dfrac{3}{(x+1)^4}, & x>0 \\ 0, & x\leqslant 0\end{cases},$$

求 $E(X)$ 及 $D(X)$.

解　　　$$E(X)=\int_{-\infty}^{+\infty}xf(x)\mathrm{d}x=\int_{0}^{+\infty}\frac{3x}{(x+1)^4}\mathrm{d}x$$

$$=\int_{0}^{+\infty}\frac{3}{(x+1)^3}\mathrm{d}x-\int_{0}^{+\infty}\frac{3}{(x+1)^4}\mathrm{d}x=\frac{1}{2}.$$

又

$$E(X^2)=\int_{0}^{+\infty}\frac{3x^2}{(x+1)^4}\mathrm{d}x$$

$$=\int_{0}^{+\infty}\frac{3(x-1)}{(x+1)^3}\mathrm{d}x+\int_{0}^{+\infty}\frac{3}{(x+1)^4}\mathrm{d}x$$

$$=\int_{0}^{+\infty}\frac{3}{(x+1)^2}\mathrm{d}x-\int_{0}^{+\infty}\frac{6}{(x+1)^3}\mathrm{d}x+\int_{0}^{+\infty}\frac{3}{(x+1)^4}\mathrm{d}x$$

$$=1,$$

故

$$D(X)=E(X^2)-[E(X)]^2=\frac{3}{4}.$$

4.2.2　方差的性质

由于方差是用数学期望定义的,故由数学期望的性质很容易推得方差的一些重要性质.

设随机变量 X 与 Y 的方差存在,则有

(1)若 c 为常数,则 $D(c)=0$.

(2)若 a,b 为常数,则 $D(aX+b)=a^2D(X)$.

特别地,$D(cX)=c^2D(X)$.

(3)若随机变量 X 和 Y 相互独立,则 $D(X+Y)=D(X)+D(Y)$.

性质(3)还可以推广如下:

如果随机变量 $X_1,X_2,\cdots,X_n$ 相互独立,则

$$D\left(\sum_{i=1}^{n}X_i\right)=\sum_{i=1}^{n}D(X_i).$$

下面仅证性质(2)和(3).

证明 (2) $D(aX+b)=E\{[aX+b-E(aX+b)]^2\}$
$$=E\{[aX-aE(X)]^2\}$$
$$=a^2E\{[X-E(X)]^2\}$$
$$=a^2D(X).$$

(3) 由于 X 与 Y 相互独立,可知 $E(XY)=E(X)\cdot E(Y)$,所以
$$D(X+Y)=E[(X+Y)^2]-[E(X+Y)]^2$$
$$=E(X^2+2XY+Y^2)-\{[E(X)]^2+2E(X)E(Y)+[E(Y)]^2\}$$
$$=D(X)+D(Y)+2E(XY)-2E(X)E(Y)$$
$$=D(X)+D(Y).$$

注意到 $D(-Y)=(-1)^2D(Y)=D(Y)$,易知 $D(X-Y)=D(X)+D(-Y)=D(X)+D(Y)$ 也成立.

4.2.3 常见分布的数学期望与方差

1. (0-1)分布

设 X 服从(0-1)分布,则它的分布律为

X	0	1
P	$1-p$	p

由于
$$E(X)=p, \quad E(X^2)=0^2\times(1-p)+1^2\times p=p,$$
因此
$$D(X)=E(X^2)-(E(X))^2=p-p^2=p(1-p).$$

2. 二项分布

设 X 服从参数为 n,p 的二项分布 $B(n,p)$,由例 4-13 知,
$$E(X)=np.$$
由 $X_1,X_2,\cdots,X_n$ 相互独立,且均服从参数为 p 的(0-1)分布,故
$$D(X)=D\left(\sum_{i=1}^{n}X_i\right)=\sum_{i=1}^{n}D(X_i)=np(1-p).$$

3. 泊松分布

设 X 服从参数为 λ 的泊松分布,由例 4-2 知 $E(X)=\lambda$,又
$$E(X^2)=\sum_{k=0}^{\infty}k^2\frac{\lambda^k}{k!}e^{-\lambda}$$
$$=\sum_{k=0}^{\infty}(k^2-k)\frac{\lambda^k}{k!}e^{-\lambda}+\sum_{k=0}^{\infty}k\frac{\lambda^k}{k!}e^{-\lambda}$$
$$=\sum_{k=2}^{\infty}k(k-1)\frac{\lambda^k}{k!}e^{-\lambda}+\lambda$$
$$=\lambda^2\sum_{k=2}^{\infty}\frac{\lambda^{k-2}}{(k-2)!}e^{-\lambda}+\lambda$$

$$= \lambda^2 + \lambda,$$

所以

$$D(X) = E(X^2) - [E(X)]^2 = \lambda.$$

由此可以看出,泊松分布中的参数 λ,既是相应随机变量 X 的数学期望,又是它的方差,泊松分布可由其数学期望或方差唯一决定.

4. 均匀分布

设 X 服从均匀分布 $U(a,b)$,由例 4-4 知 $E(X) = \dfrac{a+b}{2}$. 又

$$E(X^2) = \int_a^b \frac{1}{b-a} x^2 \, \mathrm{d}x = \frac{a^2 + ab + b^2}{3},$$

故

$$D(X) = E(X^2) - [E(X)]^2 = \frac{(b-a)^2}{12}.$$

5. 指数分布

设 X 服从参数为 λ 的指数分布,由例 4-5 知,$E(X) = \dfrac{1}{\lambda}$. 又

$$E(X^2) = \int_0^{+\infty} x^2 \lambda \mathrm{e}^{-\lambda x} \, \mathrm{d}x = -\int_0^{+\infty} x^2 \mathrm{d}\mathrm{e}^{-\lambda x} = \int_0^{+\infty} 2x \mathrm{e}^{-\lambda x} \, \mathrm{d}x = \frac{2}{\lambda^2},$$

故

$$D(X) = \frac{2}{\lambda^2} - \left(\frac{1}{\lambda}\right)^2 = \frac{1}{\lambda^2}.$$

可见,指数分布也由其期望或方差唯一决定.

6. 正态分布

设随机变量 X 服从正态分布 $N(\mu, \sigma^2)$,由例 4-6 知,$E(X) = \mu$.

$$D(X) = \int_{-\infty}^{+\infty} [x - E(X)]^2 f(x) \, \mathrm{d}x = \int_{-\infty}^{+\infty} (x - \mu)^2 \frac{1}{\sqrt{2\pi}\,\sigma} \mathrm{e}^{-\frac{(x-\mu)^2}{2\sigma^2}} \, \mathrm{d}x.$$

令 $z = \dfrac{x-\mu}{\sigma}$,则

$$\begin{aligned}
D(X) &= \frac{\sigma^2}{\sqrt{2\pi}} \int_{-\infty}^{+\infty} z^2 \mathrm{e}^{-\frac{z^2}{2}} \, \mathrm{d}z = \frac{\sigma^2}{\sqrt{2\pi}} \int_{-\infty}^{+\infty} (-z) \mathrm{d}\mathrm{e}^{-\frac{z^2}{2}} \\
&= \frac{\sigma^2}{\sqrt{2\pi}} \left\{ \left[-z\mathrm{e}^{-\frac{z^2}{2}} \right]_{-\infty}^{+\infty} + \int_{-\infty}^{+\infty} \mathrm{e}^{-\frac{z^2}{2}} \, \mathrm{d}z \right\} \\
&= \frac{\sigma^2}{\sqrt{2\pi}} \int_{-\infty}^{+\infty} \mathrm{e}^{-\frac{z^2}{2}} \, \mathrm{d}z = \sigma^2.
\end{aligned}$$

由此可知,正态分布 $N(\mu, \sigma^2)$ 中的参数 μ, σ^2,分别表示随机变量的数学期望和方差,于是正态分布由其数学期望和方差唯一决定.

4.3 协方差和相关系数

4.3.1 协方差

对于二维随机变量 (X,Y), 数学期望 $E(X)$, $E(Y)$ 反映的是 X 和 Y 各自的平均值, 方差 $D(X)$, $D(Y)$ 反映的是 X、Y 各自与均值的偏离程度, 它们对 X 与 Y 之间的相互联系没有提供任何信息. 我们自然希望有一个数字特征能够在一定程度上反映 X 与 Y 之间的联系.

由数学期望的性质可以得到, 当 X 与 Y 相互独立时, 有

$$E[(X-E(X))(Y-E(Y))]$$
$$=E[XY-Y \cdot E(X)-X \cdot E(Y)+E(X)E(Y)]$$
$$=E(XY)-E(X)E(Y)=0.$$

换言之, 当 $E[(X-E(X))(Y-E(Y))] \neq 0$ 时, X 与 Y 肯定不独立, 这说明 $E[(X-E(X))(Y-E(Y))]$ 的数值大小在一定程度上反映了 X 与 Y 之间的联系.

定义 4-4 设 (X,Y) 为二维随机变量, 若 $E[(X-E(X))(Y-E(Y))]$ 存在, 则称其为随机变量 X 和 Y 的**协方差**, 记为 $\mathrm{Cov}(X,Y)$. 即

$$\mathrm{Cov}(X,Y)=E[(X-E(X))(Y-E(Y))].$$

在实际计算协方差时, 常用下面的计算公式:

$$\mathrm{Cov}(X,Y)=E(XY)-E(X)E(Y).$$

下面介绍协方差的基本性质.

(1) 对称性: $\mathrm{Cov}(X,Y)=\mathrm{Cov}(Y,X)$.

(2) $\mathrm{Cov}(X,X)=D(X)$.

(3) 若 a,b 为常数, 则 $\mathrm{Cov}(aX,bY)=ab\mathrm{Cov}(X,Y)$.

(4) 若 X 与 Y 相互独立, 则 $\mathrm{Cov}(X,Y)=0$.

(5) $\mathrm{Cov}(X_1+X_2,Y)=\mathrm{Cov}(X_1,Y)+\mathrm{Cov}(X_2,Y)$.

(6) 随机变量和的方差与协方差的关系为

$$D(aX+bY)=a^2D(X)+b^2D(Y)+2ab\mathrm{Cov}(X,Y).$$

下面仅证明性质(5)和性质(6).

证明 (5) $\mathrm{Cov}(X_1+X_2,Y)=E[(X_1+X_2)Y]-E(X_1+X_2)E(Y)$
$$=E(X_1Y)+E(X_2Y)-E(X_1)E(Y)-E(X_2)E(Y)$$
$$=[E(X_1Y)-E(X_1)E(Y)]+[E(X_2Y)-E(X_2)E(Y)]$$
$$=\mathrm{Cov}(X_1,Y)+\mathrm{Cov}(X_2,Y).$$

(6) 利用协方差的性质得

$$D(aX+bY)=\mathrm{Cov}(aX+bY,aX+bY)$$
$$=\mathrm{Cov}(aX,aX)+\mathrm{Cov}(aX,bY)+\mathrm{Cov}(bY,aX)+\mathrm{Cov}(bY,bY)$$
$$=a^2D(X)+b^2D(Y)+2ab\mathrm{Cov}(X,Y).$$

【例 4-16】 已知二维随机变量 (X,Y) 的联合密度函数为

$$f(x,y)=\begin{cases}2, & 0<x<y,0<y<1\\0, & \text{其他}\end{cases}.$$

求：(1) $E(X),E(Y),D(X),D(Y),\text{Cov}(X,Y)$；(2) $D(2X-Y+5)$.

解　(1)　$E(X)=\displaystyle\int_{-\infty}^{+\infty}\int_{-\infty}^{+\infty}xf(x,y)\mathrm{d}x\mathrm{d}y=2\int_0^1 x\mathrm{d}x\int_x^1\mathrm{d}y=\frac{1}{3}$,

$$E(Y)=\int_{-\infty}^{+\infty}\int_{-\infty}^{+\infty}yf(x,y)\mathrm{d}x\mathrm{d}y=2\int_0^1\mathrm{d}x\int_x^1 y\mathrm{d}y=\frac{2}{3}.$$

又　$E(X^2)=\displaystyle\int_{-\infty}^{+\infty}\int_{-\infty}^{+\infty}x^2 f(x,y)\mathrm{d}x\mathrm{d}y=2\int_0^1 x^2\mathrm{d}x\int_x^1\mathrm{d}y=\frac{1}{6}$,

$$E(Y^2)=\int_{-\infty}^{+\infty}\int_{-\infty}^{+\infty}y^2 f(x,y)\mathrm{d}x\mathrm{d}y=2\int_0^1 y^2\mathrm{d}y\int_0^y\mathrm{d}x=\frac{1}{2},$$

$$E(XY)=\int_{-\infty}^{+\infty}\int_{-\infty}^{+\infty}xyf(x,y)\mathrm{d}x\mathrm{d}y=2\int_0^1 x\mathrm{d}x\int_x^1 y\mathrm{d}y=\frac{1}{4},$$

故

$$D(X)=E(X^2)-[E(X)]^2=\frac{1}{18},$$

$$D(Y)=E(Y^2)-[E(Y)]^2=\frac{1}{18},$$

$$\text{Cov}(X,Y)=E(XY)-E(X)E(Y)=\frac{1}{36}.$$

(2)　$D(2X-Y+5)=D(2X-Y)=4D(X)+D(Y)-4\text{Cov}(X,Y)=\frac{1}{6}$.

4.3.2　相关系数

用协方差来刻画两个随机变量之间的关系，有时并不是很清晰、直观. 例如，随机变量 X 与 Y 有某种线性关系时，$2X$ 与 $2Y$ 也应该有完全相同的线性关系. 但 $2X$ 与 $2Y$ 之间的协方差 $\text{Cov}(2X,2Y)=4\text{Cov}(X,Y)$，是 X 与 Y 之间的协方差 $\text{Cov}(X,Y)$ 的 4 倍，这容易引起误解. 可见仅仅用协方差来描述 X 与 Y 的关系并不完全，为解决此问题，下面引入相关系数的概念.

定义 4-5　设 (X,Y) 为二维随机变量，且 $D(X)>0,D(Y)>0$，则称

$$\rho_{XY}=\frac{\text{Cov}(X,Y)}{\sqrt{D(X)}\sqrt{D(Y)}}$$

为随机变量 X 和 Y 的**相关系数**.

关于相关系数，有如下重要性质：

(1) $|\rho_{XY}|\leqslant 1$.

(2) 当 $\rho_{XY}=1$ 时，则存在正常数 a 与实数 b，使 $Y=aX+b$.

证明　(1) 对任意实数 λ，

$$D(\lambda X+Y)=\lambda^2 D(X)+2\lambda\text{Cov}(X,Y)+D(Y)\geqslant 0.$$

这是关于 λ 的一元二次函数，由于其恒大于等于零，故其判别式应小于等于 0，即

$$4\text{Cov}^2(X,Y)-4D(X)D(Y)\leqslant 0,$$

应用概率统计

故有
$$|\rho_{X,Y}|\leqslant 1.$$

（2）由 $\rho_{XY}=1$ 知，
$$\text{Cov}(X,Y)=\sqrt{D(X)}\sqrt{D(Y)},$$
所以
$$D[\sqrt{D(X)}Y-\sqrt{D(Y)}X]=D(X)D(Y)-2\sqrt{D(X)D(Y)}\cdot\text{Cov}(X,Y)+D(Y)\cdot D(X)$$
$$=D(X)D(Y)-2D(X)\cdot D(Y)+D(X)\cdot D(Y)=0.$$

当一个随机变量的方差为零时，可以认为这个随机变量就是一个常数，所以此处 $\sqrt{D(X)}Y-\sqrt{D(Y)}X$ 就是一个常数．又由于常数的数学期望为常数本身，因此
$$\sqrt{D(X)}Y-\sqrt{D(Y)}X=E[\sqrt{D(X)}Y-\sqrt{D(Y)}X]$$
$$=E(Y)\sqrt{D(X)}-E(X)\sqrt{D(Y)},$$
即
$$\frac{Y-E(Y)}{\sqrt{D(Y)}}=\frac{X-E(X)}{\sqrt{D(X)}},$$
所以
$$Y=\frac{\sqrt{D(Y)}}{\sqrt{D(X)}}X+E(Y)-\frac{\sqrt{D(Y)}}{\sqrt{D(X)}}E(X).$$

令 $a=\dfrac{\sqrt{D(Y)}}{\sqrt{D(X)}}>0,b=E(Y)-\dfrac{\sqrt{D(Y)}}{\sqrt{D(X)}}E(X)$，则有
$$Y=aX+b.$$

当 $\rho_{XY}=1$ 时，称 X 和 Y **正线性相关**，即存在常数 $a>0$ 与实数 b，使
$$Y=aX+b.$$

同理，当 $\rho_{XY}=-1$ 时，称 X 和 Y **负线性相关**，即存在常数 $a<0$ 与实数 b，使
$$Y=aX+b.$$

特别地，如果 $\rho_{XY}=0$，则称 X 和 Y **不相关**．

值得注意的是，当 X 和 Y 相互独立时，$\rho_{XY}=0$，即 X 和 Y 不相关；反之却不一定成立，即当 X 和 Y 不相关时，X 和 Y 不一定相互独立．这是因为，X 和 Y 不相关指的是 X 和 Y 没有线性关系，并不能说明 X 和 Y 没有其他关系，而 X 和 Y 独立是指 X 和 Y 没有关系．可见"不相关"是比"独立"要弱的一个概念．

相关系数 ρ_{XY} 刻画了随机变量 Y 与 X 之间的"线性相关"程度．$|\rho_{XY}|$ 的值越接近 1，Y 与 X 的线性相关程度越高；$|\rho_{XY}|$ 的值越近于 0，Y 与 X 的线性相关程度越弱．当 $|\rho_{XY}|=1$ 时，Y 可完全由 X 的线性函数给出；当 $|\rho_{XY}|=0$ 时，Y 与 X 之间没有线性关系．

【例 4-17】 设二维正态随机变量 $(X,Y)\sim N(\mu_1,\mu_2,\sigma_1,\sigma_2,\rho)$，求协方差 $\text{Cov}(X,Y)$ 和相关系数 ρ_{XY}．

解 因为 $X\sim N(\mu_1,\sigma_1^2),Y\sim N(\mu_2,\sigma_2^2)$，所以
$$E(X)=\mu_1,\quad E(Y)=\mu_2.$$
$$\text{Cov}(X,Y)=E[(X-E(X))(Y-E(Y))]$$

$$= \int_{-\infty}^{+\infty} \int_{-\infty}^{+\infty} (x-\mu_1)(y-\mu_2) f(x,y) \mathrm{d}x \mathrm{d}y$$

$$= \frac{1}{2\pi\sigma_1\sigma_2\sqrt{1-\rho^2}} \int_{-\infty}^{+\infty} \int_{-\infty}^{+\infty} (x-\mu_1)(y-\mu_2) \mathrm{e}^{-\frac{1}{2(1-\rho^2)}\left[\frac{(x-\mu_1)^2}{\sigma_1^2} - 2\rho\frac{(x-\mu_1)(y-\mu_2)}{\sigma_1\sigma_2} + \frac{(y-\mu_2)^2}{\sigma_2^2}\right]} \mathrm{d}x \mathrm{d}y$$

$$= \frac{1}{2\pi\sigma_1\sigma_2\sqrt{1-\rho^2}} \int_{-\infty}^{+\infty} \int_{-\infty}^{+\infty} (x-\mu_1)(y-\mu_2) \mathrm{e}^{-\frac{1}{2(1-\rho^2)}\left(\frac{x-\mu_1}{\sigma_1} - \rho\frac{y-\mu_2}{\sigma_2}\right)^2 - \frac{1}{2}\left(\frac{y-\mu_2}{\sigma_2}\right)^2} \mathrm{d}x \mathrm{d}y$$

$$= \frac{1}{2\pi\sigma_1\sigma_2\sqrt{1-\rho^2}} \int_{-\infty}^{+\infty} (y-\mu_2) \mathrm{e}^{-\frac{1}{2}\left(\frac{y-\mu_2}{\sigma_2}\right)^2} \left[\int_{-\infty}^{+\infty} (x-\mu_1) \mathrm{e}^{-\frac{1}{2(1-\rho^2)}\left(\frac{x-\mu_1}{\sigma_1} - \rho\frac{y-\mu_2}{\sigma_2}\right)^2} \mathrm{d}x\right] \mathrm{d}y.$$

令 $u = \frac{1}{\sqrt{1-\rho^2}}\left(\frac{x-\mu_1}{\sigma_1} - \rho\frac{y-\mu_2}{\sigma_2}\right), v = \frac{y-\mu_2}{\sigma_2}$, 得

$$\mathrm{Cov}(X,Y) = \frac{\sigma_1\sigma_2}{2\pi} \int_{-\infty}^{+\infty} v\mathrm{e}^{-\frac{v^2}{2}} \left[\int_{-\infty}^{+\infty} (\rho v + u\sqrt{1-\rho^2}) \mathrm{e}^{-\frac{u^2}{2}} \mathrm{d}u\right] \mathrm{d}v$$

$$= \frac{\sigma_1\sigma_2}{2\pi} \int_{-\infty}^{+\infty} v\mathrm{e}^{-\frac{v^2}{2}} (\rho v\sqrt{2\pi} + 0) \mathrm{d}v$$

$$= \frac{\sigma_1\sigma_2}{\sqrt{2\pi}}\rho \int_{-\infty}^{+\infty} v^2 \mathrm{e}^{-\frac{v^2}{2}} \mathrm{d}v = \sigma_1\sigma_2\rho.$$

于是, X 与 Y 的相关系数 $\rho_{XY} = \dfrac{\mathrm{Cov}(X,Y)}{\sqrt{D(X)}\sqrt{D(Y)}} = \rho$.

通过本例可以清楚地了解二维正态分布中 5 个参数 $\mu_1, \mu_2, \sigma_1^2, \sigma_2^2$ 和 ρ 的含义. 不难证明, 二维正态随机变量 (X,Y) 相互独立的充要条件为 $\rho = 0$, 于是我们可以得到下面的定理.

定理 4-2 设 (X,Y) 为二维正态随机变量, 则 X 与 Y 相互独立的充要条件为 X 与 Y 不相关.

【例 4-18】 设 X 为连续型随机变量, 密度函数为 $f(x) = \begin{cases} \dfrac{3}{2}x^2, & -1 < x < 1 \\ 0, & 其他 \end{cases}$, 随机变量 $Y = X^2$.

(1) 求 $E(X), D(X)$.

(2) 求 $\mathrm{Cov}(X,Y)$, X 与 Y 是否相关?

(3) X 与 Y 是否相互独立, 为什么?

解 (1) 因为

$$E(X) = \int_{-1}^{1} x \frac{3}{2}x^2 \mathrm{d}x = 0,$$

$$E(X^2) = \int_{-1}^{1} x^2 \frac{3}{2}x^2 \mathrm{d}x = 3\int_0^1 x^4 \mathrm{d}x = \frac{3}{5},$$

所以

$$D(X) = E(X^2) - [E(X)]^2 = \frac{3}{5},$$

(2) 因为

$$E(XY) = E(X^3) = \int_{-1}^{1} x^3 \cdot \frac{3}{2}x^2 \mathrm{d}x = 0,$$

所以
$$\mathrm{Cov}(X,Y)=E(XY)-E(X)E(Y)=0.$$
故 X 与 Y 不相关.

（3）用反证法讨论.

假设 X 与 Y 相互独立，那么必有
$$E(X^2Y)=E(X^2)\cdot E(Y),$$
而
$$E(X^2Y)=E(X^4)=\int_{-1}^{1}x^4\,\frac{3}{2}x^2\,\mathrm{d}x=3\int_{0}^{1}x^6\,\mathrm{d}x=\frac{3}{7},$$
$$E(X^2)\cdot E(Y)=[E(X^2)]^2=\left(\frac{3}{5}\right)^2=\frac{9}{25}\neq\frac{3}{7}.$$

这就导致了矛盾，所以 X 与 Y 不相互独立.

例 4-18 说明，当两个随机变量不相关时，它们并不一定相互独立，它们之间还可能存在其他的函数关系，如在本例中 $Y=X^2$.

4.4　切比雪夫不等式及大数定律

在第 1 章概率的统计定义中，我们看到一个事件发生的频率具有稳定性，即当试验次数 n 增大时，一个随机事件发生的频率在某一定值附近摆动，也就是在某种收敛意义下频率逼近该随机事件发生的概率. 同时，人们在实践中也发现，大量测量值的算术平均值也具有稳定性. 例如某学校有上万名学生，如果随意观察一名学生的身高 X，则 X 与全校学生的平均身高 h 可能相差较大；若随机观察 10 名学生的身高，其平均值与 h 接近的机会就较大；若随机观察 100 名学生的身高，则其平均值就与 h 更为接近. 本节介绍的大数定理将从理论上概括和论证此类现象，即随机事件频率的稳定性以及 n 个随机变量平均值的稳定性.

4.4.1　切比雪夫不等式

首先介绍一个重要的不等式——切比雪夫不等式

定理 4-3　设随机变量 X 具有期望 $E(X)=\mu$，方差 $D(X)=\sigma^2$，则对于任意的正数 ε，有
$$P(|X-\mu|\geqslant\varepsilon)\leqslant\frac{\sigma^2}{\varepsilon^2}.$$

下面仅就连续型随机变量的情况加以讨论.

证明　设 X 为连续型随机变量，密度函数为 $f(x)$，则
$$P(|X-\mu|\geqslant\varepsilon)=\int_{|x-\mu|\geqslant\varepsilon}f(x)\mathrm{d}x\leqslant\int_{|x-\mu|\geqslant\varepsilon}\frac{|x-\mu|^2}{\varepsilon^2}f(x)\mathrm{d}x$$
$$\leqslant\frac{1}{\varepsilon^2}\int_{-\infty}^{+\infty}(x-\mu)^2f(x)\mathrm{d}x=\frac{\sigma^2}{\varepsilon^2}.$$

切比雪夫不等式也可以写为

$$P(|X-\mu|<\varepsilon)\geqslant 1-\frac{\sigma^2}{\varepsilon^2}.$$

切比雪夫不等式说明, X 的方差越小,则事件 $\{|X-\mu|<\varepsilon\}$ 发生的概率就越大,即 X 的取值越集中于它的期望 μ 附近.

切比雪夫不等式的优点是适应性强.它适用于任何有期望和方差的随机变量;其不足之处在于,给出的估计显得"粗糙".因此切比雪夫不等式主要用于一般性的研究或证明.例如,若某人每天接听电话的个数 X 服从参数为 4 的泊松分布,那么此人一天接听电话次数大于等于 10 次的概率是多少?

利用切比雪夫不等式,有

$$P(X\geqslant 10)=P(|X-4|\geqslant 6)\leqslant\frac{4}{36}=\frac{1}{9},$$

可知这个概率不会超过 $\frac{1}{9}$.

【例 4-19】 设电站供电网有 10000 盏电灯,夜晚每一盏灯开灯的概率都是 0.7,而假定开、关时间彼此独立,估计夜晚同时开着的灯数在 6800 盏与 7200 盏之间的概率.

解 设 X 表示在夜晚同时开着的灯的数目,它服从参数为 $n=10000$, $p=0.7$ 的二项分布,若要准确计算,则

$$P(6800<X<7200)=\sum_{k=6801}^{7199}\mathrm{C}_{10000}^{k}\times 0.7^k\times 0.3^{10000-k}.$$

如果用切比雪夫不等式估计,则

$$E(X)=np=10000\times 0.7=7000,$$
$$D(X)=npq=10000\times 0.7\times 0.3=2100,$$
$$P(6800<X<7200)=P(|X-7000|<200)\geqslant 1-\frac{2100}{200^2}\approx 0.95.$$

4.4.2　大数定律

我们已经知道,一个事件 A 发生的频率具有稳定性,即当试验次数 n 增大时,其频率 $f_n(A)$ 接近于某个常数,即事件 A 的概率 $P(A)$. 这似乎告诉我们, $P(A)$ 可以看作 $f_n(A)$ 在某种意义下的"极限". 为此,引入依概率收敛的定义.

定义 4-6 设 $X_1,X_2,\cdots,X_n,\cdots$ 是一个随机变量序列, a 是一个常数,若对于任意正数 ε,有 $\lim\limits_{n\to\infty}P(|X_n-a|\geqslant\varepsilon)=0$,或 $\lim\limits_{n\to\infty}P(|X_n-a|<\varepsilon)=1$,则称序列 $X_1,X_2,\cdots,X_n,\cdots$ **依概率收敛**于 a,记为 $X_n\xrightarrow{P}a$.

$X_n\xrightarrow{P}a$ 的直观解释是:对任意的 $\varepsilon>0$,当 n 充分大时,"X_n 与 a 的偏差小于 ε"这一事件,即 $\{|X_n-a|<\varepsilon\}$ 发生的概率很大(收敛于 1),即 X_n 越来越接近于 a. 注意这里的极限是在概率意义下的极限,和高等数学中的极限有很大不同,不能写成 $\lim\limits_{n\to\infty}X_n=a$.

定理 4-4(贝努利大数定律) 设 n_A 是 n 重贝努利试验中事件 A 出现的次数, p（$0<p<1$）是事件 A 在每次试验中出现的概率,则对任意的正数 $\varepsilon>0$,有

$$\lim_{n\to\infty}P\left(\left|\frac{n_A}{n}-p\right|\geqslant\varepsilon\right)=0 \quad 或 \quad \lim_{n\to\infty}P\left(\left|\frac{n_A}{n}-p\right|<\varepsilon\right)=1.$$

证明 令

$$X_i=\begin{cases} 1, & 第\ i\ 次试验中\ A\ 出现 \\ 0, & 第\ i\ 次试验中\ A\ 不出现 \end{cases}, \quad i=1,2,\cdots,n,$$

则

$$n_A=\sum_{i=1}^{n}X_i.$$

由

$$E(X_i)=p, \quad D(X_i)=p(1-p).$$

知

$$E(n_A)=np, \quad D(n_A)=np(1-p).$$

$$\frac{n_A}{n}=\frac{1}{n}\sum_{i=1}^{n}X_i, \quad E\left(\frac{n_A}{n}\right)=p, \quad D\left(\frac{n_A}{n}\right)=\frac{p(1-p)}{n}.$$

由切比雪夫不等式知,对于任意的 $\varepsilon>0$,有

$$P\left(\left|\frac{n_A}{n}-p\right|\geqslant\varepsilon\right)\leqslant\frac{D\left(\dfrac{n_A}{n}\right)}{\varepsilon^2}=\frac{p(1-p)}{\varepsilon^2}\cdot\frac{1}{n}\to0 \quad (n\to\infty)$$

所以

$$\lim_{n\to\infty}P\left(\left|\frac{n_A}{n}-p\right|\geqslant\varepsilon\right)=0$$

或

$$\lim_{n\to\infty}P\left(\left|\frac{n_A}{n}-p\right|<\varepsilon\right)=1.$$

贝努利大数定律表明:随着 n 的增大,事件 A 发生的频率与其概率 p 的偏差 $\left|\dfrac{n_A}{n}-p\right|$ 大于预先给定的精度 ε 的可能性越来越小,小到可以忽略不计,这就是频率稳定于概率的含义,或者说频率依概率收敛于概率.在实际应用中,当试验次数很大时,可以用事件发生的频率来代替事件的概率.更一般地,有下面的切比雪夫大数定律.

定理 4-5(切比雪夫大数定律) 设 $X_1,X_2,\cdots,X_n,\cdots$ 是相互独立的随机变量序列,若存在常数 $C>0$,使 $D(X_i)\leqslant C\ (i=1,2,\cdots)$,则对任意的 $\varepsilon>0$,有

$$\lim_{n\to\infty}P\left(\left|\frac{1}{n}\sum_{i=1}^{n}X_i-\frac{1}{n}\sum_{i=1}^{n}E(X_i)\right|\geqslant\varepsilon\right)=0.$$

证明 由切比雪夫不等式知,$\forall\varepsilon>0$,有

$$0\leqslant P\left(\left|\frac{1}{n}\sum_{i=1}^{n}X_i-\frac{1}{n}\sum_{i=1}^{n}E(X_i)\right|\geqslant\varepsilon\right)\leqslant\frac{1}{\varepsilon^2}D\left(\frac{1}{n}\sum_{i=1}^{n}X_i\right)=\frac{\sum_{i=1}^{n}D(X_i)}{n^2\varepsilon^2}$$

$$\leqslant\frac{nC}{n^2\varepsilon^2}=\frac{C}{n\varepsilon^2}\to0 \quad (n\to\infty)$$

定理 4-5 表明,当 n 很大时,随机变量 $X_1, X_2, \cdots, X_n$ 的算术平均值 $\dfrac{1}{n}\sum_{i=1}^{n}X_i$ 接近于其

数学期望 $E\left(\dfrac{1}{n}\sum_{i=1}^{n}X_i\right)$,这种接近是在概率意义下的接近.通俗地说,在定理 4-5 的条件

下,n 个相互独立的随机变量的算术平均值,在 n 无限增加时将几乎变成一个常数.

本节最后介绍辛钦大数定律.

定理 4-6(辛钦大数定律)　设 $X_1, X_2, \cdots, X_n, \cdots$ 为一列独立同分布的随机变量,且 $E(X_i)=\mu(i=1,2,\cdots)$,则对任意正数 $\varepsilon>0$,有

$$\lim_{n\to\infty}P\left(\left|\frac{1}{n}\sum_{i=1}^{n}X_i-\mu\right|>\varepsilon\right)=0,$$

即 $\dfrac{1}{n}\sum_{i=1}^{n}X_i$ 依概率收敛于 μ.

定理证明超出本书范围,略.

显然,贝努利大数定律是辛钦大数定律的特殊情况.另外在辛钦大数定律中对 $D(X_i)$ 不再有要求,即不用再验证方差 $D(X_i)$ 是否存在,因此,在使用上它比切比雪夫大数定律更方便.

【例 4-20】　设 $X_1, X_2, \cdots, X_n, \cdots$ 相互独立,且均服从参数为 λ 的泊松分布,问当 $n\to\infty$ 时,$\left\{\dfrac{1}{2n}\sum_{i=1}^{n}X_i^2\right\}_{n=1}^{\infty}$ 依概率收敛到什么?

解　令 $Y_i=\dfrac{1}{2}X_i^2(i=1,2,\cdots)$,则 $Y_1, Y_2, \cdots$ 相互独立且具有相同分布,则由辛钦大

数定律知,$\dfrac{1}{n}\sum_{i=1}^{n}Y_i$ 依概率收敛到 $E(Y_i)=\dfrac{1}{2}(\lambda+\lambda^2)$,即 $\left\{\dfrac{1}{2n}\sum_{i=1}^{n}X_i^2\right\}_{n=1}^{\infty}$ 依概率收敛到

$\dfrac{1}{2}(\lambda+\lambda^2)$.

4.5　中心极限定理

正态分布在随机变量的各种分布中占有非常重要的地位.在实际中,有许多随机变量可以表示为大量相互独立的随机变量的和,而其中个别随机变量在总的影响中所起的作用都是微小的,但是这些个别随机变量的个数无限增加时,它们的和趋于正态分布,这种现象就是中心极限定理的客观背景.

一般地,我们把在某种条件下,使得随机变量序列的极限分布是正态分布的结论,统称为中心极限定理.

下面介绍两个常用的中心极限定理.

定理 4-7(独立同分布的中心极限定理)　设 $X_1, X_2, \cdots, X_n, \cdots$ 是相互独立同分布的随机变量序列,且 $E(X_i)=\mu, D(X_i)=\sigma^2<+\infty(i=1,2,\cdots)$,则有

$$\lim_{n \to \infty} P\left(\frac{\sum\limits_{i=1}^{n} X_i - n\mu}{\sqrt{n}\,\sigma} \leqslant x \right) = \frac{1}{\sqrt{2\pi}} \int_{-\infty}^{x} e^{-\frac{t^2}{2}} dt = \Phi(x).$$

这个定理的证明超出本书范围,略.

在一般情况下,很难求出 n 个随机变量之和 $\sum\limits_{i=1}^{n} X_i$ 的分布函数.定理 4-7 表明,当 n 充分大时,可以通过 $\Phi(x)$ 给出其近似分布.这样就可以利用正态分布对 $\sum\limits_{i=1}^{n} X_i$ 作理论分析或实际计算.定理 4-7 也可改写为:对任意的 $a < b$,有

$$\lim_{n \to \infty} P\left(a < \frac{\sum\limits_{i=1}^{n} X_i - n\mu}{\sqrt{n}\,\sigma} \leqslant b \right) = \Phi(b) - \Phi(a).$$

上述结果表明,无论 X_i 服从何种分布,只要 $D(X_i) < \infty$,那么当 n 较大时,随机变量 $\frac{1}{\sigma\sqrt{n}} \left(\sum\limits_{i=1}^{n} X_i - n\mu \right)$ 就近似服从标准正态分布 $N(0,1)$.这一事实确立了标准正态分布在概率论中的中心地位,"极限"是指 n 越大越好,故称为中心极限定理.

【例 4-21】 某餐厅每天接待 400 名顾客,设每位顾客的消费额(元)服从 $(20,100)$ 上的均匀分布,且顾客的消费额是相互独立的,求:

(1) 该餐厅每天的平均营业额;

(2) 该餐厅每天的营业额在平均营业额 ± 760 元内的概率.

解 记 X_i 为第 i 位顾客的消费额,则 X_i 服从 $(20,100)$ 上的均匀分布,且 $E(X_i) = \frac{100+20}{2} = 60, D(X_i) = \frac{(100-20)^2}{12} = \frac{1600}{3}$,则该餐厅每天的营业额为 $Y = \sum\limits_{i=1}^{400} X_i$.

(1) 该餐厅每天的平均营业额为 $E(Y) = \sum\limits_{i=1}^{400} E(X_i) = 24000$(元).

(2) 利用独立同分布的中心极限定理可知,

$$P(-760 < Y - 24000 < 760) \approx 2\Phi\left(\frac{760}{\sqrt{400 \times \frac{1600}{3}}} \right) - 1$$

$$= 2\Phi(1.645) - 1 = 0.90$$

【例 4-22】 设有 2500 人参加了某保险公司的人寿保险,在一年中每个人死亡的概率为 0.002,每个人交保费 120 元,若在一年内死亡,保险公司赔付 20000 元,问

(1) 保险公司亏本的概率是多少?

(2) 保险公司至少获利 100000 元的概率是多少?

解 以 X 表示 2500 人中的死亡人数.令

$$X_i = \begin{cases} 1, & \text{第 } i \text{ 个人死亡} \\ 0, & \text{否则} \end{cases}, i = 1, 2, \cdots, 2500,$$

则 $X_i \sim B(1, 0.002)$,且

$$X = \sum_{i=1}^{2500} X_i \sim B(2500, 0.002).$$

（1）$P(亏本) = P(120 \times 2500 < 20000X)$

$$= P(X > 15) = P\left(\frac{X - E(X)}{\sqrt{D(X)}} > \frac{15 - E(X)}{\sqrt{D(X)}} \right)$$

$$= P\left(\frac{X-5}{\sqrt{4.99}} > \frac{10}{\sqrt{4.99}} \right) \approx 1 - \Phi\left(\frac{10}{\sqrt{4.99}} \right)$$

$$= 1 - 0.999996 = 0.000004.$$

（2）$P(至少获利 100000 元) = P(120 \times 2500 - 20000X \geqslant 100000)$

$$= P(X \leqslant 10) = P\left(\frac{X-5}{\sqrt{4.99}} \leqslant \frac{10-5}{\sqrt{4.99}} \right)$$

$$\approx \Phi\left(\frac{5}{\sqrt{4.99}} \right) = 0.9871.$$

下面介绍另一个中心极限定理，它是独立同分布中心极限定理的特例.

定理 4-8（棣莫弗-拉普拉斯中心极限定理）　设随机变量 X 表示 n 重贝努利试验中事件 A 发生的次数，$p(0 < p < 1)$ 是事件 A 在每次试验中出现的概率，则对任意实数 x，有

$$\lim_{n \to \infty} P\left(\frac{X - np}{\sqrt{np(1-p)}} \leqslant x \right) = \frac{1}{\sqrt{2\pi}} \int_{-\infty}^{x} e^{-\frac{t^2}{2}} dt = \Phi(x).$$

证明　随机变量 X 可以看作是 n 个相互独立且服从同一参数 p 的(0-1)分布的随机变量 $X_1, X_2, \cdots, X_n$ 之和，其中 $X_i (i = 1, 2, \cdots, n)$ 表示 n 重贝努利试验中事件 A 在第 i 次试验中出现的次数. 由于

$$E(X_i) = p, \quad D(X_i) = p(1-p),$$

由定理 4-7 可知，

$$\lim_{n \to \infty} P\left(\frac{X - np}{\sqrt{np(1-p)}} \leqslant x \right) = \lim_{n \to \infty} P\left(\frac{\sum_{i=1}^{n} X_i - np}{\sqrt{np(1-p)}} \leqslant x \right) = \frac{1}{\sqrt{2\pi}} \int_{-\infty}^{x} e^{-\frac{t^2}{2}} dt = \Phi(x).$$

定理 4-8 表明，正态分布是二项分布的极限分布，即当 n 充分大时，$\dfrac{X - np}{\sqrt{np(1-p)}}$ 近似服从标准正态分布 $N(0,1)$. 可用下面的方法计算二项分布的概率：

$$P(X \leqslant b) \approx \Phi\left(\frac{b - np}{\sqrt{np(1-p)}} \right),$$

$$P(X \geqslant a) \approx 1 - \Phi\left(\frac{a - np}{\sqrt{np(1-p)}} \right),$$

$$P(a < X \leqslant b) \approx \Phi\left(\frac{b - np}{\sqrt{np(1-p)}} \right) - \Phi\left(\frac{a - np}{\sqrt{np(1-p)}} \right).$$

【例 4-23】　某公司的 200 名员工参加一种资格证书考试，按往年经验，该考试通过率为 0.8，试计算这 200 名员工至少有 150 人考试通过的概率.

解　令 $X =$ "200 名员工中通过考试的人数". 则 $X \sim B(200, 0.8)$.

由题意知

$$np = 200 \times 0.8 = 160, \quad np(1-p) = 32.$$

依定理 4-8 有

$$
\begin{aligned}
P(X \geqslant 150) &\approx 1 - \Phi\left(\frac{150-160}{\sqrt{32}}\right) \\
&= 1 - \Phi(-1.77) \\
&= \Phi(1.77) = 0.9616.
\end{aligned}
$$

即至少有 150 名员工通过这种资格证书考试的概率为 0.9616.

本节介绍的中心极限定理证明了在一般条件下,当 $n \to \infty$ 时 n 个随机变量的和的极限分布是正态分布. 这样,在数理统计中许多复杂的随机变量分布可以用正态分布去近似. 借助于正态分布的完美结论,可以获得既实用又简单的统计分析.

4.6 应用实例阅读

【实例 4-1】 数学期望在医学疾病普查中的应用

某地区为普查某种疾病,需对 N 个人进行采血检验. 有两种方案可行. 第一种方案是逐人验血,每人接受检验一次,这样共需要检验 N 次. 第二种方案是把这 N 个人大致分为 $\frac{N}{k}$ 组,每组 k 个人,把这 k 个人的血样混合,首先检验混合血样,此时平均每人接受检验 $\frac{1}{k}$ 次. 如果某组的结果呈阳性,则再对该组的每个人逐个血样检验,该组共验血 $k+1$ 次,平均每人接受检验 $\frac{k+1}{k}$ 次. 当被普查的人数很多时,应用分组检验的方法能大大减少检验的次数,下面是一个实际例子.

某地区的居民患肝炎的概率大约为 0.004. 该地区共有居民 5000 人,将这 5000 人分成 $\frac{5000}{k}$ 组,每组 k 个人. 设每人所需检验的次数为随机变量 X,则 X 的概率分布为

X	$\frac{1}{k}$	$\frac{k+1}{k}$
P	$(1-0.004)^k$	$1-(1-0.004)^k$

每人平均所需检验次数的数学期望为

$$
\begin{aligned}
E(X) &= \frac{1}{k}(1-0.004)^k + \frac{k+1}{k}[1-(1-0.004)^k] \\
&= \frac{1}{k}0.996^k + 1 - 0.996^k + \frac{1}{k} - \frac{1}{k}0.996^k \\
&= 1 + \frac{1}{k} - 0.996^k.
\end{aligned}
$$

当 $k = 2, 3, 4, \cdots$ 时,每个人平均所需次数 $E(X)$ 小于 1. 当 k 取 16 时,数学期望值最小,即将 5000 人大致分为每组 16 人检查时,所需次数最少.

【实例 4-2】　民事纠纷案件

在民事纠纷案件中,如果受害人将案件提交法院诉讼,他(她)除了要考虑胜诉的可能性外,还应考虑到诉讼费用的负担.当事人有时通过私下协商赔偿费用,而达成和解,免于起诉.在一例典型的交通事故案件中,司机(致害人)开车撞伤了受害人,使受害人遭受了 10 万元的经济损失.若将案件提交诉讼,则诉讼费用共需要 0.4 万元,并按所负责任的比例由双方承担.从事故发生的情形分析,法院对事故判决可能有三种情况:(1)致害人应承担 100% 的责任,要向受害人赔偿 10 万元的经济损失费用,并支付全部 0.4 万元的诉讼费;(2)致害人应承担 70% 的责任,要向受害人赔偿 7 万元的经济损失费用,并支付 0.4 万元诉讼费的 70%,另外的 30% 由受害人支付;(3)致害人应承担 50% 的责任,要向受害人赔偿 5 万元的经济损失费用,0.4 万元的诉讼费由双方各负担一半.受害人估计,第(1)、(2)、(3)种情况发生的概率分别为 0.2,0.6 和 0.2.如果致害人希望私下和解而免于起诉,他应至少给受害人多少数额的赔偿费,才会使受害人从经济收益上考虑而趋于和解?

分析:假设受害人起诉时可获得的收益为 X(万元),其分布为

X	10	$7-0.4\times0.3$	$5-0.4\times0.5$
P	0.2	0.6	0.2

这样受害人可获得的期望收益为

$$E(X)=10\times0.2+(7-0.4\times0.3)\times0.6+(5-0.4\times0.5)\times0.2$$
$$=7.088(万元).$$

因此,致害人至少应给受害人 7.088 万元的赔偿费,才会使受害人从经济收益上考虑而趋于和解.

【实例 4-3】　街头轮盘游戏

在某小学的门口有人设一游戏,如右图所示,吸引了许多小学生参加.具体的玩法是:交 n 元钱,可以转动指针 n 次,$n=1$,2,3,4.即有四种参与方法.奖品为:若指针停在阴影区一次,奖 2 元钱;若指针停在阴影区两次,奖文具盒一个,价值 16 元;若指针停在阴影区三次,奖书包一个,价值 100 元;若指针停在阴影区四次,奖小游戏机一台,价值 600 元.

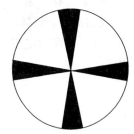

猛地一看,感觉游戏摊点的老板比较大方,不少学生被奖品诱惑,纷纷参与此游戏.下面让我们计算一下,这个老板果真大方吗?

假设圆盘周长为 100 cm,圆周上的每一阴影弧长为 2.5 cm,共有四条阴影弧线,总阴影弧长为 10 cm.假设圆盘质地均匀,则每次转动指针后,它停在阴影区的概率为:$P=10/100=0.1$.下面应用数学期望分析每种参与方法老板的平均获利.

(1)若学生交给老板 1 元钱,转动指针一次,获奖的概率是 0.1.获奖后,老板奖励给学生 2 元钱.老板的毛收益为 1 元,支出的数学期望为 $2\times0.1=0.2$ 元,老板的平均净收益为 $1-0.2=0.8$ 元.

(2)若学生交 2 元钱,转动指针两次,就是进行了 2 重贝努利试验,指针停在阴影区的

次数 X 服从 $n=2,P=0.1$ 的二项分布,见下表:

X	0 次	1 次	2 次
P	0.81	0.18	0.01

老板的毛收益为 2 元,支出的数学期望为 $2\times0.18+16\times0.01=0.52$ 元,老板的平均净收益为 $2-0.52=1.48$ 元.

(3)若学生交 3 元钱,转动指针三次,进行了 3 重贝努利试验,指针停在阴影区的次数 X 服从 $n=3,P=0.1$ 的二项分布,经计算,X 的分布见下表:

X	0 次	1 次	2 次	3 次
P	0.729	0.243	0.027	0.001

老板的毛收益为 3 元,支出的数学期望为 $2\times0.243+16\times0.027+100\times0.001=1.018$元,老板的平均净收益为 $3-1.018=1.982$ 元.

(4)若学生交 4 元钱,转动指针四次,进行了 4 重贝努利试验,同理,可以得到指针停在阴影区的次数 X 的概率分布,见下表:

X	0 次	1 次	2 次	3 次	4 次
P	0.6561	0.2916	0.0486	0.0036	0.0001

这时,老板的平均净收益为

$$4-(2\times0.2916+16\times0.0486+100\times0.0036+600\times0.0001)=2.2192 \text{ 元}.$$

可见,游戏参与者花钱越多,老板的平均净收益越大.这种游戏对于老板而言不会亏本.有的学生赢到了 2 元现金,往往会在老板的劝说之下再玩一次游戏,多数情况下,刚刚赢到的 2 元有去无回.

【实例 4-4】 积分的计算问题

有些特殊的定积分,直接计算比较困难,但用概率的知识解决就简单得多.例如计算积分

$$\int_{-\infty}^{+\infty}(2x^2+2x+3)\mathrm{e}^{-(x^2+2x+3)}\,\mathrm{d}x.$$

直接计算比较麻烦.现利用随机变量的数学期望与方差公式以及密度函数的性质进行计算.

记 e^x 为 $\exp(x)$. 因为 $x^2+2x+3=\dfrac{(x+1)^2+2}{2\times\left(\dfrac{1}{\sqrt{2}}\right)^2}$,所以

$$\exp\{-(x^2+2x+3)\}=\exp\left\{-\frac{(x+1)^2}{2\times\left(\frac{1}{\sqrt{2}}\right)^2}\right\}\mathrm{e}^{-2}.$$

从而可以利用正态分布随机变量 $X\sim N\left(-1,\dfrac{1}{2}\right)$ 求积分,即

$$\int_{-\infty}^{+\infty}(2x^2+2x+3)\mathrm{e}^{-(x^2+2x+3)}\mathrm{d}x$$

$$=\frac{\sqrt{\pi}}{\sqrt{\pi}}\mathrm{e}^{-2}\int_{-\infty}^{+\infty}(2x^2+2x+3)\mathrm{e}^{-(x+1)^2}\mathrm{d}x$$

$$=\sqrt{\pi}\mathrm{e}^{-2}E(2X^2+2X+3)$$

$$=\sqrt{\pi}\mathrm{e}^{-2}\big[2E(X^2)+2E(X)+E(3)\big].$$

因为

$$E(X)=-1,\quad E(X^2)=D(X)+[E(X)]^2=\frac{1}{2}+(-1)^2=\frac{3}{2},$$

所以 $\displaystyle\int_{-\infty}^{+\infty}(2x^2+2x+3)\mathrm{e}^{-(x^2+2x+3)}\mathrm{d}x=\sqrt{\pi}\mathrm{e}^{-2}[3-2+3]=4\sqrt{\pi}\mathrm{e}^{-2}.$

【实例 4-5】 安装外线数问题

某单位有 200 台电话,每台电话机大约有 5% 的时间要用外线通话. 如果每台电话机是否使用外线是相互独立的,问该单位总机应至少需要安装多少条外线,才能以 90% 以上的概率保证每台电话机使用外线时不被占用.

解 把每台电话机在某观察时刻是否使用外线看做一次独立的试验,该问题就可看做为 $n=200$ 的 n 重贝努利试验. 设 X 为观察时刻使用外线的电话机台数,且令

$$X_i=\begin{cases}1,&\text{观察时刻第 }i\text{ 台电话机使用外线}\\0,&\text{否则}\end{cases},i=1,2,\cdots,200,$$

则 $X=\sum_{i=1}^{200}X_i$. 又 $P(X_i=1)=0.05,P(X_i=0)=0.95(i=1,2,\cdots,200)$. 故所求问题就是求满足 $P(0\leqslant X\leqslant k)>0.9$ 的最小正整数 k.

因为 $E(X_i)=0.05,D(X_i)=0.05\times0.95=0.0475(i=1,2,\cdots,200)$. 所以

$$0.9<P(0\leqslant X\leqslant k)=P\left(\frac{0-10}{\sqrt{9.5}}\leqslant\frac{X-10}{\sqrt{9.5}}\leqslant\frac{k-10}{\sqrt{9.5}}\right)$$

$$\approx\Phi\left(\frac{k-10}{\sqrt{9.5}}\right)-\Phi\left(-\frac{10}{\sqrt{9.5}}\right)$$

$$\approx\Phi\left(\frac{k-10}{\sqrt{9.5}}\right).$$

令 $\Phi\left(\frac{k-10}{\sqrt{9.5}}\right)>0.9$,经查表计算,得 $k\geqslant14$,故至少要安装 14 条外线,才能以 90% 以上的概率保证每台电话机使用外线时不被占用.

【实例 4-6】 价格预测

设某农贸市场某商品每日价格的变化是均值为 0、方差为 $\sigma^2=2$ 的随机变量,即有关系式

$$Y_n=Y_{n-1}+X_n,n\geqslant1,$$

其中 Y_n 表示第 n 天该商品的价格,X_n 表示第 n 天该商品的价格与前一天相比的增加数. $X_1,X_2,\cdots$ 为独立同分布的随机变量,且均值为 0,方差为 2,即 $E(X_i)=0,D(X_i)=2(i=1,2,\cdots)$. 如果今天该商品的价格为 100 元,求 18 天后该商品价格在 96 元与 104 元之间

的概率.

解 设 Y_0 为今天的价格, $Y_0 = 100$, Y_{18} 为 18 天后的价格,则

$$Y_{18} = Y_{17} + X_{18} = Y_{16} + X_{17} + X_{18}$$

$$= \cdots = Y_0 + \sum_{i=1}^{18} X_i.$$

$$P(96 \leqslant Y_{18} \leqslant 104) = P\left(96 \leqslant 100 + \sum_{i=1}^{18} X_i \leqslant 104\right)$$

$$= P\left(-\frac{4}{\sqrt{36}} \leqslant \frac{1}{\sqrt{36}} \sum_{i=1}^{18} X_i \leqslant \frac{4}{\sqrt{36}}\right)$$

$$= \Phi\left(\frac{2}{3}\right) - \Phi\left(-\frac{2}{3}\right) = 2\Phi\left(\frac{2}{3}\right) - 1$$

$$= 2 \times 0.7486 - 1 = 0.4972.$$

故 18 天后该商品价格在 96 元与 104 元之间的可能性不大.

习题 4

1. 甲、乙两台机床生产同一种零件,在一天内生产的次品数分别记为 X 和 Y,已知

X	0	1	2	3
P	0.4	0.3	0.2	0.1

Y	0	1	2	3
P	0.3	0.5	0.2	0

如果两台机床的产量相等,问哪台机床生产的零件质量较好.

2. 已知甲、乙两箱中装有同种产品,其中甲箱中装有 3 件合格品和 3 件次品,乙箱中仅有 3 件合格品. 从甲箱中任取 3 件产品放入乙箱后,求乙箱中次品件数 X 的数学期望.

3. 设随机变量 X 有分布律

X	-2	-1	0	1
P	0.2	0.3	0.4	0.1

求 $E(X)$, $E(X+1)$, $E(2X^2+1)$.

4. 某产品的次品率为 0.1,检验员每天检验 4 次. 每次随机地取 10 件产品进行检验,设备产品是否为次品是相互独立的,如发现其中的次品数多于 1 件,就去调整设备. 以 X 表示一天中调整设备的次数,试求 $E(X)$.

5. 一工厂生产的某种设备的寿命 X(单位:年)服从参数为 $\frac{1}{4}$ 的指数分布.工厂规定,出售的设备在售出一年之内损坏可予以调换. 若工厂售出一台设备盈利 100 元,调换一台设备需花费 300 元,求工厂出售一台设备净盈利的数学期望.

6. 设随机变量 X 的分布律为 $P(X=i) = \frac{1}{3}$ $(i=1,2,3)$,随机变量 Y 服从区间 $(0,2\pi)$ 上的均匀分布,求 $E(-2X+1)$ 及 $E(\sin Y)$.

7. 设随机变量 X 的概率密度函数为

$$f(x) = \begin{cases} e^{-x}, & x > 0 \\ 0, & \text{其他} \end{cases},$$

试求:(1)$Y=2X$ 的数学期望;

(2)$Y=e^{-2X}$ 的数学期望.

8. 设连续型随机变量 X 的概率密度函数为

$$f(x)=\begin{cases}2x, & 0\leqslant x\leqslant 1 \\ 0, & 其他\end{cases},$$

求 $D(X)$.

9. 设随机变量 X 在区间 (a,b) 上服从均匀分布,$E(X)=1$,$E(X^2)=4$,试求 a 和 $b(a<b)$.

10. 设随机变量 X 的分布函数为

$$F(x)=\begin{cases}1-\dfrac{1}{x^3}, & x\geqslant 1 \\ 0, & x<1\end{cases},$$

求 X 的数学期望及方差.

11. 设随机变量 X 的概率密度函数为

$$f(x)=\begin{cases}x, & 0<x\leqslant 1 \\ 2-x, & 1<x\leqslant 2, \\ 0, & 其他\end{cases}$$

求 $E(X)$ 和 $D(X)$.

12. 已知随机变量 X 的概率密度函数为

$$f(x)=\begin{cases}ax^2+bx+c, & 0\leqslant x\leqslant 1 \\ 0, & 其他\end{cases},$$

又已知 $E(X)=0.5$,$D(X)=0.15$,求 a,b,c.

13. 设二维随机变量 (X,Y) 的联合分布律为

X＼Y	1	2	3
1	$\dfrac{1}{6}$	$\dfrac{1}{9}$	$\dfrac{1}{18}$
2	$\dfrac{1}{3}$	$\dfrac{1}{9}$	$\dfrac{2}{9}$

求 $E(X)$,$D(X)$,$E(Y)$,$D(Y)$.

14. 设随机变量 X 服从参数为 2 的指数分布,试求:

(1)$E(3X)$ 与 $D(3X)$;

(2)$E(e^{-3X})$ 与 $D(e^{-3X})$.

15. 设 (X,Y) 的联合概率密度为

$$f(x,y)=\begin{cases}24(1-x)y, & 0<x<1,0<y<x \\ 0, & 其他\end{cases},$$

求 $E(X)$,$D(X)$,$E(Y)$,$D(Y)$.

16. 随机变量 X 和 Y 的相关系数为 0.9,若 $Z=X-0.4$,求 Y 和 Z 的相关系数.

17. 某箱装有 100 件产品,其中一、二和三等品分别为 80、10 和 10 件,现在从中随机抽取一件,记

$$X_i=\begin{cases}1, & 若抽到 i 等品 \\ 0, & 其他\end{cases}\quad (i=1,2,3),$$

试求随机变量 X_1 与 X_2 的相关系数.

18. 设随机变量 X 和 Y 相互独立,并且都在区间 $(0,1)$ 上服从均匀分布,试求随机变量 $Z=|X-Y|$ 的

数学期望.

19. 设随机变量 X 和 Y 的相关系数为 0.5，$E(X)=E(Y)=0$，$E(X^2)=E(Y^2)=2$，求 $E(X+Y)^2$.

20. 设随机变量 (X,Y) 的联合分布律为

X＼Y	0	1
0	0.3	0.2
1	0.4	0.1

求 $E(X),E(Y),D(X),D(Y),\text{Cov}(X,Y),\rho_{X,Y}$.

21. 设随机变量 X 和 Y 的数学期望都等于 1，方差都等于 2，X 和 Y 的相关系数为 0.25，求随机变量 $U=X+2Y$ 和 $V=X-2Y$ 的相关系数.

22. 利用切比雪夫不等式估计随机变量与其数学期望之差大于 3 倍标准差的概率.

23. 设随机变量 X 的方差为 2，试根据切比雪夫不等式估计 $P(|X-E(X)|\geqslant 2)$ 之值.

24. 用机器包装食盐，每袋净重为随机变量，规定每袋重量为 500 克，标准差为 10 克，一箱内装 100 袋，试估计一箱机装食盐净重在 49750 克与 50250 克之间的概率.

25. 在每次试验中，事件 A 发生的概率为 0.5. 利用切比雪夫不等式估计：在 1000 次试验中，事件 A 发生次数在 $400 \sim 600$ 的概率.

26. 重复投掷硬币 100 次，设每次出现正面的概率均为 0.5，问正面出现次数大于 50 小于 61 的概率是多少？

27. 设某单位有 260 部内线电话，每部电话有 4% 的时间要使用外线，且不同的内线电话是否使用外线相互独立，问该单位至少需要多少条外线，才能保证每部电话在使用外线时，可以打通的概率是 95%？

28. 为了测定一台机床的质量，把它分解成 75 个部件来称量，假定每个部件的称量误差（单位：kg）服从区间 $(-1,1)$ 上的均匀分布，且每个部件的称量误差相互独立，试求机床重量的总误差的绝对值不超过 10 kg 的概率.

29. 设一批产品的强度服从期望为 14，方差为 4 的分布，每箱中有这种产品 100 件，问：

(1)每箱产品的平均强度超过 14.5 的概率是多少？

(2)每箱产品的平均强度超过期望 14 的概率是多少？

30. 设供电站供应某地区 1000 户居民用电，各户用电情况相互独立，已知每户每日用电量（单位：度）在 $(0,20)$ 上服从均匀分布，求：

(1)这 1000 户居民每日用电量超过 10100 度的概率；

(2)要以 0.99 的概率保证该地区居民用电量的需要，问供电站每天至少需向该地区供应多少度电？

31. 某厂生产的螺丝钉的不合格率为 0.01，问一盒子中应至少多少只螺丝钉才能保证其中含有的 100 只合格品的概率不小于 0.95？

32. 一生产线上加工成箱零件，每箱平均重 50 kg，标准差为 5 kg，假设承运这批产品的汽车的最大载重量为 5 t，试利用中心极限定理说明该车最多可以装多少箱，才能以概率 97.7% 保障不超载？

第5章　数理统计的基本概念

从本章起,我们开始介绍数理统计的内容.数理统计是以概率论为理论基础且应用非常广泛的一个数学分支.

在概率论中,我们研究的随机变量,其分布大都是已知的.在这一前提下,随机现象的统计规律性可以完全得以描述.但是对于太多的实际问题,随机现象的概率分布往往是不知道的,或者虽知道其分布的类型,但不知道其中的参数.比如,某工厂生产大批的电视机显像管,显像管的寿命服从什么分布? 这是不知道的.如果凭以往的经验,假设显像管的寿命服从指数分布 $e(\lambda)$,但是其中的参数 λ 却是未知的.怎样才能估计出一个随机现象分布中的参数呢? 这类问题属于参数估计问题,是数理统计最重要的问题之一.

假设电视机显像管批量生产的质量标准是平均使用寿命为 1200 小时,标准差为 300 小时.某电视机厂宣称其生产的显像管质量大大超过规定的标准.为了进行验证,随机抽取了 100 件为样本,测得平均使用寿命为 1245 小时,能否说明该厂的显像管质量显著地高于规定的标准? 这类问题与上面问题不同,它需要在两种假设:接受或拒绝厂家说法中选一个.这类问题属于假设检验问题,也是数理统计最重要的问题之一.

数理统计的内容相当丰富,本书只介绍抽样分布、参数估计和假设检验.

在本章中,首先介绍数理统计最基本的三个概念:总体、样本、统计量;随后介绍使用最多的四个随机变量分布:标准正态分布、χ^2-分布、t-分布、F-分布,并研究随机变量的上 α 分位点性质;最后介绍正态总体下的六个抽样分布.

5.1　总体、样本、统计量

在一个统计问题中,研究对象的全体称为**总体**,其中每个成员称为**个体**.如在研究一批电视机显像管的质量时,该批电视机显像管就是一个总体,其中的每个显像管就是个体.在统计研究中,人们关心的是个体的某个或某些数量指标的分布情况,这时所有个体的数量指标的全体就是总体.由于个体的出现是随机的,因此相应的数量指标的出现也是随机的,故这种数量指标是一个随机变量(或随机向量).而这个随机变量的分布,就是该指标在总体中的分布.总体可用一个随机变量 X 及其分布 $F(x)$ 来描述.如在研究电视机显像管的质量时,人们关心的数量指标是寿命 X,那么就用 X 或 X 的分布 $F(x)$ 表示总体.

为了推断总体分布及其各种特征,就必须从该总体中按一定法则,抽取若干个体进行观测或试验,以获得有关总体的信息.这一过程称为"**抽样**",所抽取的部分个体称为**样本**,抽取的个体的个数称为**样本容量**.常用的抽样方法分为无放回抽样和有放回抽样两种.当样本容量 n 与个体总数 N 相比很小时,两种抽样方法可近似地看作是等价的.在抽取样本之前,由于获得的个体是随机得到的,其相应的数量指标也是随机的,通常用 n 个随机变量 $X_1, X_2, \cdots, X_n$ 来表示,称其为样本.一旦个体被抽出且观察或试验结束,就得到 n 个试验数据 $x_1, x_2, \cdots, x_n$,这 n 个数据称为**样本观测值**(或**样本值**).我们约定用大写英文字母表示样本,用小写英文字母表示样本观测值.例如,为了研究某批电视机显像管的寿命,决定从中抽取 10 个样本进行试验,这样就获得了一个容量为 10 的样本 $X_1, X_2, \cdots, X_{10}$,对这 10 个显像管完成寿命检测,就得到样本观测值 $x_1, x_2, \cdots, x_{10}$.

最常用的抽样方法为"**简单随机抽样**",它应满足:

(1)代表性.总体中每个个体都有同等机会被抽入样本,即认为样本 $X_1, X_2, \cdots, X_n$ 中的每个 $X_i(i=1,2,\cdots,n)$ 都与总体 X 有相同的分布.

(2)独立性.样本中每个个体的取值并不影响其他个体的取值,这意味着 $X_1, X_2, \cdots, X_n$ 相互独立.

由简单随机抽样所得的样本 $X_1, X_2, \cdots, X_n$,称为**简单随机样本**,在不引起混淆的情况下,也可简称为样本.今后,除非特别说明,样本即指简单随机样本.

设总体 X 的分布函数为 $F(x)$,概率密度函数为 $f(x)$,则:

样本 $X_1, X_2, \cdots, X_n$ 的联合分布函数为

$$F(x_1, x_2, \cdots, x_n) = F(x_1)F(x_2)\cdots F(x_n) = \prod_{i=1}^{n} F(x_i);$$

样本 $X_1, X_2, \cdots, X_n$ 的联合概率密度函数为

$$f(x_1, x_2, \cdots, x_n) = f(x_1)f(x_2)\cdots f(x_n) = \prod_{i=1}^{n} f(x_i).$$

样本是总体的反映,但是样本观测值往往不能直接用于提取总体的信息,通常要通过加工、整理,针对不同问题,构造样本的适当函数,并利用这些样本函数进行统计推断,进而获得所关心的信息.

定义 5-1 设 $X_1, X_2, \cdots, X_n$ 是总体 X 的一个样本,若 $T = T(X_1, X_2, \cdots, X_n)$ 是样本的函数,且不含任何未知参数,则称 T 为一个**统计量**.若 $x_1, x_2, \cdots, x_n$ 是样本观测值,则称 $T(x_1, x_2, \cdots, x_n)$ 是 T 的观测值.

下面介绍一些常见的统计量.

定义 5-2 设 $X_1, X_2, \cdots, X_n$ 是从总体 X 中抽取的样本,称统计量

$$\overline{X} = \frac{1}{n} \sum_{i=1}^{n} X_i$$

为样本均值；

$$S^2 = \frac{1}{n-1}\sum_{i=1}^{n}(X_i - \overline{X})^2$$

为样本方差；

$$S = \sqrt{\frac{1}{n-1}\sum_{i=1}^{n}(X_i - \overline{X})^2}$$

为样本标准差；

$$A_k = \frac{1}{n}\sum_{i=1}^{n}X_i^k \quad (k = 1, 2, \cdots)$$

为样本 k 阶原点矩.

一般来讲,可用样本均值 $\overline{X}$ 的观测值 $\overline{x} = \frac{1}{n}\sum_{i=1}^{n}x_i$ 来近似估计总体均值 $\mu = E(X)$;用

样本方差 S^2 的观测值 $s^2 = \frac{1}{n-1}\sum_{i=1}^{n}(x_i - \overline{x})^2$ 来近似估计总体方差 $\sigma^2 = D(X)$;用样本 k

阶原点矩 A_k 的观测值来近似估计总体 k 阶矩 $E(X^k)$.

【例 5-1】　某一样本的观测值如下：

X	7	8	9	10	11	合计
频数	5	8	20	10	7	50

求样本容量、样本均值、样本方差.

解　由题目知样本容量 $n=50$.

样本均值为

$$\overline{x} = \frac{7\times5 + 8\times8 + 9\times20 + 10\times10 + 11\times7}{50}$$

$$= \frac{456}{50} = 9.12,$$

由样本方差 $S^2 = \frac{1}{n-1}\sum_{i=1}^{n}(X_i - \overline{X})^2$,得

$$S^2 = \frac{1}{n-1}(\sum_{i=1}^{n}X_i^2 - n\overline{X}^2).$$

故所求样本方差为

$$s^2 = \frac{1}{49}\times[7^2\times5 + 8^2\times8 + 9^2\times20 + 10^2\times10 + 11^2\times7 - 50\times9.12^2]$$

$$\approx 1.33.$$

统计量是样本的函数,也是一个随机变量,统计量的分布称为**抽样分布**.掌握统计量的抽样分布非常重要.下面简单介绍几个常用统计量的分布.

5.2 常用统计量的分布与分位点

1. 标准正态分布

关于标准正态分布 $N(0,1)$,在概率论中已经进行了详尽的讨论,这里仅介绍标准正态分布的上 α 分位点概念.

定义 5-3 设 $Z \sim N(0,1)$,若 z_α 满足

$$P(Z > z_\alpha) = \alpha, \alpha \in (0,1),$$

则称点 z_α 为标准正态分布的**上 α 分位点**(图 5-1).

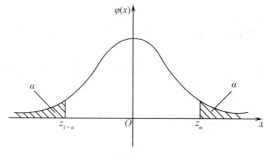

图 5-1

由于标准正态分布的密度函数为偶函数,可知 $z_{1-\alpha} = -z_\alpha$.

在本书附录中,给出了常见的几个统计量的分布表,对于给定的 α 值,可以查到所要求的上 α 分位点值.

【例 5-2】 给定 $\alpha = 0.05$,查表求 z_α 和 $z_{1-\alpha}$ 的值.

解 反查正态分布表(附录 4),得

$$z_{0.05} = 1.645, \quad z_{0.95} = -z_{0.05} = -1.645.$$

2. χ^2-分布

定义 5-4 设 $X_1, X_2, \cdots, X_n$ 相互独立,且均服从标准正态分布 $N(0,1)$,则称

$$\chi^2 = X_1^2 + X_2^2 + \cdots + X_n^2$$

服从自由度为 n 的 **χ^2-分布**,记为 $\chi^2 \sim \chi^2(n)$. 此处,自由度是指 $X_1^2 + X_2^2 + \cdots + X_n^2$ 包含的独立变量的个数.

χ^2-分布的密度函数为

$$f(x) = \begin{cases} \dfrac{1}{2^{\frac{n}{2}} \Gamma\left(\dfrac{n}{2}\right)} \mathrm{e}^{-\frac{x}{2}} x^{\frac{n}{2}-1}, & x > 0 \\ 0, & x \leqslant 0 \end{cases},$$

其中 Γ 函数(读作 Gamma 函数)$\Gamma(x)$ 通过积分

$$\Gamma(x) = \int_0^\infty \mathrm{e}^{-t} t^{x-1} \mathrm{d}t \quad (x > 0)$$

来定义,此积分在 $x > 0$ 时有意义.

$f(x)$ 的图形如图 5-2 所示.

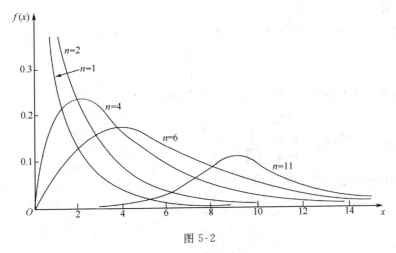

图 5-2

χ^2-分布有如下性质：

(1) 若 $X \sim \chi^2(n)$，$Y \sim \chi^2(m)$，且 X 与 Y 相互独立，则

$$X+Y \sim \chi^2(n+m).$$

这一性质称为 χ^2-分布的可加性.

(2) 若 $X \sim \chi^2(n)$，则有

$$E[\chi^2(n)]=n, \quad D[\chi^2(n)]=2n.$$

和标准正态分布的上 α 分位点概念类似，对于 $\chi^2 \sim \chi^2(n)$，其上 α 分位点记为 $\chi^2_\alpha(n)$，即

$$P(\chi^2 > \chi^2_\alpha(n))=\alpha, \alpha \in (0,1).$$

同理

$$P(\chi^2 \leqslant \chi^2_{1-\alpha}(n))=\alpha.$$

χ^2-分布的上 α 分位点如图 5-3 所示.

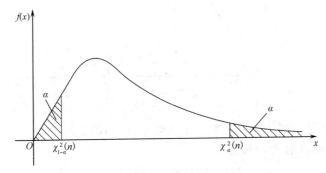

图 5-3

【例 5-3】　给定 $\alpha=0.05$，查表求 $\chi^2_\alpha(10)$ 和 $\chi^2_{1-\alpha}(10)$ 的值.

解　由 χ^2-分布表（附录 5）可得

$$\chi^2_{0.05}(10)=18.307, \quad \chi^2_{0.95}(10)=3.940.$$

3. t-分布

定义 5-5 设 $X \sim N(0,1)$，$Y \sim \chi^2(n)$，且 X 与 Y 相互独立，则称

$$t = \frac{X}{\sqrt{Y/n}}$$

服从自由度为 n 的 t-分布，记为 $t \sim t(n)$. 其密度函数为

$$f(x) = \frac{\Gamma\left(\dfrac{n+1}{2}\right)}{\sqrt{n\pi}\,\Gamma\left(\dfrac{n}{2}\right)}\left(1 + \frac{x^2}{n}\right)^{-\frac{n+1}{2}} \quad (-\infty < x < +\infty).$$

密度函数图形如图 5-4 所示.

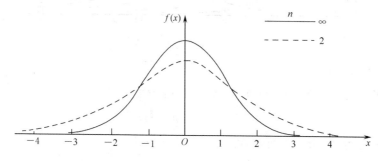

图 5-4

当 $t \sim t(n)$ 时，其上 α 分位点记为 $t_\alpha(n)$，即

$$P(t > t_\alpha(n)) = \alpha, \alpha \in (0,1).$$

显然有

$$t_{1-\alpha}(n) = -t_\alpha(n).$$

t-分布的上 α 分位点如图 5-5 所示.

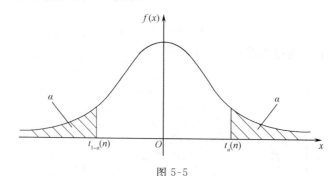

图 5-5

【例 5-4】 给定 $\alpha = 0.01$，查表求 $t_\alpha(12)$ 和 $t_{1-\alpha}(12)$ 的值.

解 由 t-分布表（附录 6）可得

$$t_{0.01}(12) = 2.681, \quad t_{0.99}(12) = -2.681.$$

4. F-分布

定义 5-6 设 $X \sim \chi^2(n)$，$Y \sim \chi^2(m)$，且 X 与 Y 相互独立，则称

$$F = \frac{X/n}{Y/m}$$

服从自由度为 n,m 的 **F-分布**,记为 $F\sim F(n,m)$. 其密度函数为

$$f(x)=\begin{cases} \dfrac{\Gamma\left(\dfrac{m+n}{2}\right)}{\Gamma\left(\dfrac{m}{2}\right)\Gamma\left(\dfrac{n}{2}\right)}m^{\frac{m}{2}}n^{\frac{n}{2}}x^{\frac{m}{2}-1}(n+mx)^{-\frac{m+n}{2}}, & x>0, \\ 0, & x\leqslant 0 \end{cases}$$

密度函数图形如图 5-6 所示.

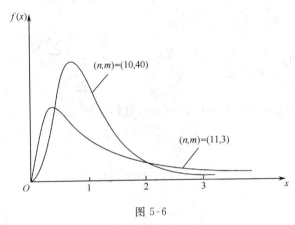

图 5-6

F-分布有如下性质:

(1)若 $X\sim F(n,m)$,则 $\dfrac{1}{X}\sim F(m,n)$.

(2)若 $t\sim t(n)$,则 $t^2\sim F(1,n)$.

若 $F\sim F(n_1,n_2)$,其上 α 分位点记为 $F_\alpha(n_1,n_2)$,即

$$P(F>F_\alpha(n_1,n_2))=\alpha,\alpha\in(0,1).$$

F-分布的上 α 分位点如图 5-7 所示.

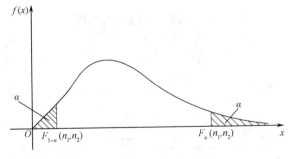

图 5-7

利用 F-分布的性质,容易证明

$$F_{1-\alpha}(n_1,n_2)=\dfrac{1}{F_\alpha(n_2,n_1)}.$$

【例 5-5】　给定 $\alpha=0.01$,查表求 $F_\alpha(10,8)$ 和 $F_{1-\alpha}(10,8)$ 的值.

解　查 F-分布表(附录 7)可知,

$$F_{0.01}(10,8)=5.81,$$

但对 $F_{0.99}(10,8)$ 的情况,附录 7 中查不到,即只能查到右侧尾部的分位点值. 由于

$$F_{1-\alpha}(n_1,n_2)=\frac{1}{F_\alpha(n_2,n_1)},$$

所以

$$F_{0.99}(10,8)=\frac{1}{F_{0.01}(8,10)}=\frac{1}{5.06}=0.19763.$$

【例 5-6】 设总体 $X\sim N(0,1)$,$X_1,X_2,\cdots,X_n$ 是简单随机样本,试问下列统计量各服从什么分布?

$$(1)\ X_1^2+X_2^2;(2)\ \frac{X_1-X_2}{\sqrt{X_3^2+X_4^2}};(3)\ \frac{X_2}{|X_6|};(4)\ \frac{\left(\dfrac{n}{3}-1\right)\sum\limits_{i=1}^{3}X_i^2}{\sum\limits_{i=4}^{n}X_i^2}.$$

解　(1)因为 $X_i\sim N(0,1)(i=1,2,\cdots,n)$,且相互独立,所以

$$X_1^2+X_2^2\sim\chi^2(2).$$

(2)因为

$$X_1-X_2\sim N(0,2),$$

所以

$$\frac{X_1-X_2}{\sqrt{2}}\sim N(0,1).$$

又

$$X_3^2+X_4^2\sim\chi^2(2),$$

并且 X_1-X_2 与 $X_3^2+X_4^2$ 相互独立,所以

$$\frac{\dfrac{X_1-X_2}{\sqrt{2}}}{\sqrt{(X_3^2+X_4^2)/2}}=\frac{X_1-X_2}{\sqrt{X_3^2+X_4^2}}\sim t(2).$$

(3)因为 $X_2\sim N(0,1)$,$X_6^2\sim\chi^2(1)$,且相互独立,所以

$$\frac{X_2}{\sqrt{X_6^2/1}}=\frac{X_2}{|X_6|}\sim t(1).$$

(4)因为 $\sum\limits_{i=1}^{3}X_i^2\sim\chi^2(3)$,$\sum\limits_{i=4}^{n}X_i^2\sim\chi^2(n-3)$,且相互独立,所以

$$\frac{\sum\limits_{i=1}^{3}X_i^2/3}{\sum\limits_{i=4}^{n}X_i^2/(n-3)}=\left(\frac{n-3}{3}\right)\frac{\sum\limits_{i=1}^{3}X_i^2}{\sum\limits_{i=4}^{n}X_i^2}\sim F(3,n-3).$$

5.3　正态总体的六大抽样分布

正态分布 $N(\mu,\sigma^2)$ 在概率论中处于中心地位,同样地,在数理统计中,正态分布的作用仍然是举足轻重的. 一般来讲,如果总体服从正态分布,那么关于该总体的几乎所有统

计问题都比较简单.否则,该总体的许多统计问题会变得难以解决.因此,我们有必要对总体服从正态分布时统计量的分布进行研究.

下面给出几个在数理统计中常用到的有关抽样分布的结论.

定理 5-1(单正态总体的抽样分布定理) 设总体 $X \sim N(\mu, \sigma^2)$,$X_1, X_2, \cdots, X_n$ 为总体 X 的简单随机样本.样本均值 $\overline{X} = \frac{1}{n}\sum_{i=1}^{n}X_i$,样本方差 $S^2 = \frac{1}{n-1}\sum_{i=1}^{n}(X_i - \overline{X})^2$,则有

(1) $\dfrac{\overline{X} - \mu}{\sigma/\sqrt{n}} \sim N(0,1)$;

(2) $\dfrac{n-1}{\sigma^2}S^2 \sim \chi^2(n-1)$,且 $\overline{X}$ 与 S^2 相互独立;

(3) $\dfrac{\overline{X} - \mu}{S/\sqrt{n}} \sim t(n-1)$.

证明 只证(1)与(3),(2)的证明超出本书范围,略.

(1)因为 $X_i(i=1,2,\cdots,n)$ 相互独立,所以由正态分布的可加性知 $\overline{X} = \frac{1}{n}\sum_{i=1}^{n}X_i$ 也为正态分布,且 $\overline{X} \sim N\left(\mu, \frac{\sigma^2}{n}\right)$,利用正态分布的标准化性质即得

$$\frac{\overline{X} - \mu}{\sigma/\sqrt{n}} \sim N(0,1).$$

(3)由 $\overline{X}$ 与 S^2 相互独立,知 $\frac{\overline{X}-\mu}{\sigma/\sqrt{n}} \sim N(0,1)$ 与 $\frac{n-1}{\sigma^2}S^2 \sim \chi^2(n-1)$ 也相互独立.故由 t-分布的定义得

$$\frac{\dfrac{\overline{X}-\mu}{\sigma/\sqrt{n}}}{\sqrt{\dfrac{n-1}{\sigma^2}S^2/(n-1)}} = \frac{\overline{X}-\mu}{S/\sqrt{n}} \sim t(n-1).$$

下面给出双正态总体的抽样分布定理.

定理 5-2(双正态总体的抽样分布定理) 设总体 $X \sim N(\mu_1, \sigma_1^2)$ 与总体 $Y \sim N(\mu_2, \sigma_2^2)$ 相互独立,$X_1, X_2, \cdots, X_n$ 与 $Y_1, Y_2, \cdots, Y_m$ 分别为总体 X 与总体 Y 的简单随机样本.以 $\overline{X} = \frac{1}{n}\sum_{i=1}^{n}X_i$,$\overline{Y} = \frac{1}{m}\sum_{j=1}^{m}Y_j$ 分别表示两样本得样本均值,以 $S_1^2 = \frac{1}{n-1}\sum_{i=1}^{n}(X_i - \overline{X})^2$,$S_2^2 = \frac{1}{m-1}\sum_{j=1}^{m}(Y_j - \overline{Y})^2$ 分别表示两样本的样本方差,则有

(1) $\dfrac{(\overline{X}-\overline{Y})-(\mu_1-\mu_2)}{\sqrt{\dfrac{\sigma_1^2}{n}+\dfrac{\sigma_2^2}{m}}} \sim N(0,1)$;

(2) $\dfrac{S_1^2}{S_2^2} \cdot \dfrac{\sigma_2^2}{\sigma_1^2} \sim F(n-1, m-1)$;

(3)若 $\sigma_1^2 = \sigma_2^2$,则

$$\frac{(\overline{X}-\overline{Y})-(\mu_1-\mu_2)}{S\sqrt{\dfrac{1}{n}+\dfrac{1}{m}}}\sim t(n+m-2),$$

其中

$$S=\sqrt{\frac{(n-1)S_1^2+(m-1)S_2^2}{n+m-2}}.$$

【例 5-7】 设总体 $X\sim N(52,6.3^2)$，$X_1,X_2,\cdots,X_{36}$ 为简单随机样本，$\overline{X}$ 为样本均值，求：(1) $\overline{X}$ 的数学期望与方差；(2) $P(50.8<\overline{X}<53.8)$.

解 (1) 已知 $X\sim N(52,6.3^2)$，由定理 5-1 知，

$$\overline{X}\sim N\left(52,\frac{6.3^2}{36}\right),$$

所以

$$E(\overline{X})=52, \quad D(\overline{X})=\frac{6.3^2}{36}=1.1025.$$

(2) 由 (1) 知 $\overline{X}\sim N\left(52,\dfrac{6.3^2}{36}\right)$，故

$$\frac{\overline{X}-52}{6.3/6}\sim N(0,1),$$

所以

$$\begin{aligned}
P(50.8<\overline{X}<53.8)&=P\left(\frac{50.8-52}{6.3/6}<\frac{\overline{X}-52}{6.3/6}<\frac{53.8-52}{6.3/6}\right)\\
&\approx\Phi(1.714)-\Phi(-1.143)\\
&=0.9564-(1-0.8729)=0.8293.
\end{aligned}$$

5.4 应用实例阅读

5.4.1 统计研究的基本程序和基本方法

统计研究工作一般是从收集数据入手.得到大量的原始数据之后,采用统计学的规律或方式,对原始数据进行必要的整理,并以此为依据对该现象进行一定的解释.因此统计学就是定量地对某一现象进行分析研究的过程.统计研究的基本程序如下：

1. 数据的收集

统计数据的收集是指为了研究某一现象而搜集大量相关数据的过程.统计数据的收集是统计工作的基础,统计数据的质量直接影响统计工作完成的情况.统计数据的收集可用调查、观察或实验等方式获得.

2. 数据的整理

统计数据的整理就是对收集到的零散的原始数据进行整理,使之系统化、条理化.在数据整理的过程中,要先对数据审核,也就是对原始数据进行筛选,剔除错误的数据.再按照一定的标准进行分类,并对数据进行汇总,使数据的分布更具有条理性.

3. 数据的分析

数据的分析是统计学的核心内容,也就是通过统计学的方法,对数据的特性进行定量的分析,以达到了解数据本身规律的目的.

4. 数据的解释

数据的解释是利用数据分析的结果,对欲研究的现象进行解释,使之对将来的工作起一定的参考作用.

5.4.2　统计数据的收集

1. 数据的来源

统计数据主要来源于两种渠道.一种是通过直接的调查或者科学实验获得数据,用这种方式获得的数据称为**原始数据**,又叫作**一手数据**.另外一种是借助于现有的数据,用这种方法获得的数据称为**间接数据**,又叫做**二手数据**.

2. 原始数据的收集方法

(1)询问调查

询问调查是由调研人员按照事先制定好的调查提纲,请被调查者回答相关问题,以获取信息的一种方式.询问调查具体包括访问调查、邮寄调查、电话调查、座谈会等多种形式.

(2)观察与实验

观察是调查者有目的、有计划地凭借自己的感官,或者运用某一种工具,深入调查现场,直接观察和记录被调查对象的行为.例如,在车辆繁忙的交通路口安装交通信号灯时,事先需用道路上的自动计数器,测定出每天 24 小时的交通流量,并将这些流量排序,确定适当的标准,建立合适的模型,作为控制信号灯交替时间的依据.这里,自动计数器就起到了一个观察的作用.

实验是在设定的特殊实验场所、特殊状态下,对调查对象进行实验,以获取数据的一种方法.例如,某药厂研发了一种新的药品,为了了解该种药品的效果,需要将该药品在临床上做实验,检验其是否有作用.

3. 统计调查的方式

(1)普查

普查是为某一目的而专门组织的全面调查,如人口普查,经济普查或农业普查等.通过普查,可大范围全面地了解某项重要的国情,为政府制定相关的方针政策提供依据.

(2)统计报表

统计报表制度是政府为了定期取得国民经济或社会发展的基本统计资料,按照有关规定自上而下,统一布置,统一格式,统一指标、时间和程序,再自下而上逐级、定期提供统计数据的一种方式.

(3)抽样调查

抽样调查是按照随机的原则,从总体中随机抽取一部分个体作为研究对象,并根据这一部分个体的调查资料,从数量上推断总体指标的一种非全面的调查.

4.调查方案的设计

在调查工作正式开始之前,需要制定一个完整、详尽的方案,以指导整个调查工作.调查方案的内容主要包含以下几个方面:

(1) 调查目的.也就是为什么要进行调查,要解决什么样的问题.

(2) 调查对象.即要确定向谁调查,由谁来提供所需的数据.调查对象是根据调查目的确定的调查研究的总体.

(3) 调查研究项目和调查表.也就是要确定需要被调查者回答的具体问题.这些问题可以是被调查者自身的特征,如年龄、收入、婚姻状况、收入情况等,也可以是被调查者对该项目的主观观点和要求,如满意度、需求量、建议等.

(4)确定调查的时间.为保证数据的时效性,调查时间不宜过长.

(5)制定调查的组织计划,包括:

① 调查工作的组织领导机构和调查人员的组成.

② 调查采用的方法,如电话调查、问卷调查等.

③ 调查前的准备工作,如人员的选择、培训、经费的预算等.

④ 调查数据的报送办法及公布时间等.

5.4.3 统计数据的整理和表示

统计数据的整理是对原始数据进行处理的过程,即根据调查研究的目的和要求,对大量原始数据进行科学的分类、汇总和表示,使原本凌乱的数据,具有条理性,能直观反映出总体的数量特征和规律.

数据整理的过程包括以下几个步骤:

(1)对收集的原始数据进行全面的审核,确保数据的准确性.

(2)根据研究的目的及统计分析的要求,对数据进行分组.只有将统计数据进行科学的分组,才能对统计资料进行科学的加工和分析,得到正确的结论.

(3)在分组的基础上,将原始数据进行归类,得出每组的频数、比例等指标,并编制相应的频数表.

(4)用图形的方式展示整理好的数据,把数据生动、形象、直观地传递给数据的使用者.

根据数据类型的不同,数据整理分成品质型数据的整理和数值型数据的整理两种类型.

【实例 5-1】品质型数据的整理

某杂志社为了了解读者的教育程度,随机调查了 100 名读者,设计了这样的问题:

您的教育程度:A 高中及高中以下; B 大学; C 硕士; D 博士及以上

得到如下的结果:

B A B B A C B B A C B D B A C B D A B C

C B B A C B A C B D A B C B B A C B D B

B B A C B D B A C B D A B C B B A C B D

B B A C B A C B B C B B A C B D B D A B

C B A C B B C B B D B A C B D A B C A B

很显然,以上的数据很分散,不利于观察和认识,因此对以上数据进行整理,得到如下的结果:

类型	频数	比例/%
高中及以下	21	21
大学	46	46
硕士	22	22
博士及以上	11	11
总计	100	100

由此可见,当零散的原始数据经过这样的分组汇总之后,就变得清晰明了.明显看出,该种杂志的读者中以受过大学教育的人为主.

【实例 5-2】数值型数据的整理

以下数据给出了某一个公司的 100 家代理商的月销售额:

46	51	31	49	36	53	55	43	63	60
35	67	38	46	35	47	41	36	44	54
51	59	40	45	66	36	55	41	57	53
47	44	39	50	41	52	45	23	53	39
64	51	53	48	32	45	52	61	61	25
44	48	51	48	80	46	36	58	57	43
54	35	60	46	44	56	44	52	50	55
58	56	56	43	40	32	42	52	45	47
60	46	66	52	52	69	49	57	61	47
71	42	50	73	52	58	33	51	54	45

从这组数据可以看出,最小值为 23,最大值为 80.考虑数据个数,为便于分析,可以做如下分组:$20\sim30,30\sim40,40\sim50,50\sim60,60\sim70,70\sim80$.汇总可得下表:

销售额/万元	频数	比例/%
20～30	2	2
30～40	13	13
40～50	34	34
50～60	35	35
60～70	13	13
70～80	3	3
总计	100	100

从表格中可以看出,该公司 69% 的代理商的月销售额在 40 万到 60 万之间.

用上面的表格可以显示统计数据的分布状况,除此之外也可以利用统计图显示数据的分布.统计图具有直观、鲜明、形象的特点.下面简单介绍几种常见的统计图.

（1）条形图

条形图是利用等宽等间隔的条形的高度来表述数据分布的特点.通常用于表示品质型数据的分布.

【实例5-3】 以下数据是 A 公司 2005 年和 2008 年的资产情况（单位:万元）:

	流动资产	固定资产	其他资产	总计
2005 年	320	140	360	820
2008 年	400	170	450	1020

可以利用条形图来显示该公司 2005 年资产的分布状况,如图 5-8 所示.

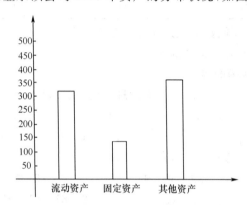

图 5-8　A 公司 2005 年资产情况（单位:万元）

还可以利用下面这种复式条形图（图 5-9）显示 2005 年和 2008 年两个年度资产的对比情况.

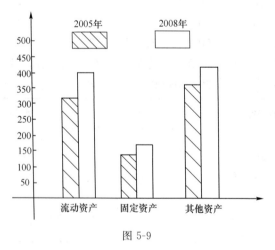

图 5-9

（2）饼图

对于实例 5-3 中数据的分布比例,可以利用饼图来显示,也就是利用扇形的角度表示每类数据占整体的比例（图 5-10）.

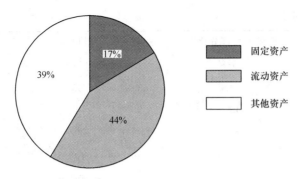

图 5-10　A 公司 2005 年资产情况(单位:万元)

(3)直方图

直方图是一种常见的用来反映分好组的数值型数据分布特征的图形.绘制直方图时,通常横轴表示对数据的分组,纵轴表示频数.

对于实例 5-2 中的数据,可以得到下面的直方图(图 5-11).

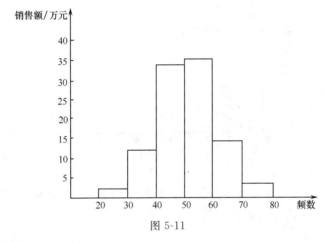

图 5-11

(5)洛伦兹曲线

洛伦兹曲线是用来衡量观测值平衡性问题的一种常用图形,尤其是在衡量收入或财富的平衡问题上.

【实例 5-4】　以下数据给出了某公司员工的收入情况:

收入/元	人数	总计/千元
500～1000	15	12
1000～1500	36	43.2
1500～2000	50	90
2000～2500	65	149.5
2500～3000	40	108
3000 以上	14	49

根据以上数据,分析该公司收入分配的均衡性.

分析收入分配是否均衡,也就是要衡量同样百分比的人是否拥有同样的财富,因此可以通过洛伦兹曲线来实现.

人数	累积人数	累积人数百分比/%	总收入	累积收入	累积收入百分比/%
15	15	6.8	12	12	2.6
36	51	23.2	43.2	55.2	12.2
50	101	45.9	90	145.2	32.1
65	166	75.5	149.5	294.7	65.2
40	206	93.6	108	402.7	89.2
14	220	100	49	451.7	100

根据以上累计百分比可以画出该公司收入分布的洛伦兹曲线,如图 5-12 所示.

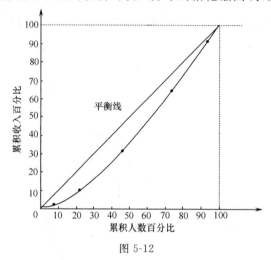

图 5-12

由图 5-12 可以看出,洛伦兹曲线落在了平衡线的下方,这说明该公司的收入分配不均衡,即少部分的人占有了大部分的收入.

习题 5

1. 设 $X_1, X_2, \cdots, X_6$ 是来自 $(0, \theta)$ 上均匀分布的样本,$\theta > 0$ 未知. 指出下列样本函数中哪些是统计量,哪些不是? 为什么?

(1) $T_1 = \max\{X_1, X_2, \cdots, X_6\}$;(2) $T_2 = X_6 - \theta$;(3) $T_3 = X_6 - E(X_1)$.

2. 证明:样本方差 $S^2 = \dfrac{1}{n-1} \sum\limits_{i=1}^{n} (X_i - \overline{X})^2 = \dfrac{1}{n-1} \left(\sum\limits_{i=1}^{n} X_i^2 - n\overline{X}^2 \right)$.

3. 设样本的一组观测值是 $0.5, 1, 0.7, 0.6, 1, 1$,写出样本均值、样本方差和标准差.

4. 设总体 X 服从泊松分布 $P(\lambda)$,$\overline{X}$ 是容量为 n 的样本均值,求 $E(\overline{X}), D(\overline{X})$.

5. 设总体 X 服从均匀分布 $U(-1, 1)$,$\overline{X}$ 是容量为 n 的样本均值,求 $E(\overline{X}), D(\overline{X})$.

6. 设 $X_1, X_2, \cdots, X_n$ 是来自总体 $N(\mu, \sigma^2)$ 的样本,其样本均值与样本方差分别为 $\overline{X}, S^2$,求 $E(\overline{X} + S^2)$.

7. 已知 $X \sim t(n)$,证明:$X^2 \sim F(1, n)$.

8. 给定 $\alpha = 0.025$,查表求 z_α 和 $z_{1-\alpha}$ 的值.

9. 给定 $\alpha=0.025$,查表求 $\chi_\alpha^2(10)$ 和 $\chi_{1-\alpha}^2(10)$ 的值.

10. 给定 $\alpha=0.005$,查表求 $t_\alpha(12)$ 和 $t_{1-\alpha}(12)$ 的值.

11. 给定 $\alpha=0.025$,查表求 $F_\alpha(10,8)$ 和 $F_{1-\alpha}(10,8)$ 的值.

12. 利用 F-分布的性质,证明:$F_{1-\alpha}(n_1,n_2)=\dfrac{1}{F_\alpha(n_2,n_1)}$.

13. 设总体 $X\sim N(25,2^2)$,$X_1,X_2,\cdots,X_{16}$ 为简单随机样本,$\overline{X}$ 为样本均值,求:(1)$\overline{X}$ 的数学期望与方差;(2)$P(|\overline{X}-25|\leqslant 0.3)$.

14. 设总体 $X\sim N(\mu,4^2)$,$X_1,X_2,\cdots,X_{10}$ 是来自总体 X 的简单随机样本,S^2 是样本方差.已知 $P(S^2>a)=0.1$,求 a.

15. 设两个总体 X,Y 都服从 $N(20,3)$,今分别从两总体中抽得容量为 10 和 15 的相互独立的样本,求 $P(|\overline{X}-\overline{Y}|>0.3)$.

第6章　参数估计

　　数理统计的主要任务是通过样本信息来推断总体的信息,即统计推断工作.总体的信息是由总体分布刻画的,在实际问题中,可以根据问题本身的背景,确定该随机现象的总体所具有的分布类型.但总体中某些参数往往是未知的,例如,以 X 表示某地区居民的身高,并假设 X 服从正态分布 $N(\mu,\sigma^2)$,那么如何求出参数 μ 和 σ^2 就十分重要了.一般来说,μ 和 σ^2 不可能精确求出,为此需要从总体中抽取样本,通过对其进行估计,从而对总体作出推断,这类问题称为参数估计问题.

　　参数估计是统计推断的基本问题之一,方法上大体上有两类:点估计与区间估计.

6.1　点估计

　　点估计即通过样本求出总体参数的一个具体估计量或估计值.要得出点估计值,先要得到点估计量.具体做法如下:

　　设总体 X 的分布函数 $F(x;\theta)$ 形式已知,其中参数 θ 未知.为了估计参数 θ,首先从总体 X 中抽取样本 $X_1,X_2,\cdots,X_n$,然后按照一定的方法构造合适的统计量 $g(X_1,X_2,\cdots,X_n)$ 作为 θ 的**估计量**,记为 $\hat{\theta}=g(X_1,X_2,\cdots,X_n)$.代入样本观测值 $x_1,x_2,\cdots,x_n$,即得到 θ 的**估计值** $\hat{\theta}=g(x_1,x_2,\cdots,x_n)$.

　　θ 的估计量和估计值统称为 θ 的**点估计**.

　　下面介绍两种应用广泛的点估计方法.

6.1.1　矩估计法

　　矩估计法是英国数学家 K. 皮尔逊在 19 世纪末、20 世纪初提出的,其基本思想是替换原理,即用样本矩替换同阶总体矩.

　　设总体 X 的分布为 $F(x;\theta)$,θ 为待估参数,$X_1,X_2,\cdots,X_n$ 为来自总体的一个样本.如果总体 X 的数学期望 $E(X)$ 存在,那么一般来说 $E(X)$ 应为 θ 的函数 $h(\theta)$.由于 $X_1,X_2,\cdots,X_n$ 相互独立且与总体同分布,则由大数定律知,当 $n\to\infty$ 时,

$$\overline{X} = \frac{1}{n} \sum_{i=1}^{n} X_i$$

依概率收敛于 $E(X) = h(\theta)$，于是可令

$$E(X) = \overline{X} = \frac{1}{n} \sum_{i=1}^{n} X_i,$$

即

$$h(\theta) = \overline{X} = \frac{1}{n} \sum_{i=1}^{n} X_i,$$

再解此方程求出 θ 即可.

上述过程即用样本一阶矩 $\overline{X} = \frac{1}{n} \sum_{i=1}^{n} X_i$ 完成对总体一阶矩 $E(X)$ 的估计.

【例 6-1】 设总体 $X \sim B(m, p)$，其中 p 未知，$X_1, X_2, \cdots, X_n$ 为来自总体 X 的一个样本，求 p 的矩估计量.

解 由于 $X \sim B(m, p)$，因而 X 的数学期望 $E(X) = mp$. 令
$$E(X) = mp = \overline{X},$$
解得 p 的矩估计量为
$$\hat{p} = \frac{\overline{X}}{m}.$$

【例 6-2】 一公交车起点站候车人数 X 服从泊松分布 $P(\lambda)$，其中 λ 未知. 观察 30 趟车的候车人数，得到数据如下：

车的趟数	1	4	3	5	8	6	1	2
候车人数	0	2	3	4	5	6	8	10

求 λ 的矩估计值.

解 先求 λ 的矩估计量. 由于 $X \sim P(\lambda)$，故 $E(X) = \lambda$，令
$$E(X) = \overline{X},$$
则得 λ 的矩估计量
$$\hat{\lambda} = \overline{X}.$$

由已取得的样本观测值，可得 λ 的矩估计值为
$$\hat{\lambda} = \overline{x} = \frac{0 \times 1 + 2 \times 4 + 3 \times 3 + 4 \times 5 + 5 \times 8 + 6 \times 6 + 8 \times 1 + 10 \times 2}{30} = 4.7.$$

注 在此观察中，样本容量为 30，其中无人候车的有一趟，1 人候车的没有，2 人候车的有 4 趟，等等.

【例 6-3】 设总体 X 的分布律为

X	1	2	3
P	θ^2	$2\theta(1-\theta)$	$(1-\theta)^2$

其中 $0 < \theta < 1$ 为未知参数. 若现已取得样本值为 $x_1 = 1, x_2 = 2, x_3 = 3$，试求 θ 的矩估计值.

解 由总体 X 的分布律可得
$$E(X) = \theta^2 + 2 \cdot 2\theta(1-\theta) + 3 \cdot (1-\theta)^2 = 3 - 2\theta,$$

于是令 $E(X)=3-2\theta=\overline{X}$,可得 θ 的矩估计量为

$$\hat{\theta}=\frac{3-\overline{X}}{2}.$$

根据已取得的样本观测值,可知

$$\overline{x}=\frac{1+2+3}{3}=2,$$

从而得到 θ 的矩估计值为

$$\hat{\theta}=\frac{3-2}{2}=\frac{1}{2}.$$

【例 6-4】 设总体 X 的概率密度函数为

$$f(x;\theta)=\begin{cases}(\theta+1)x^\theta, & 0<x<1 \\ 0, & 其他\end{cases},$$

其中 $\theta>-1$ 为未知参数. $X_1,X_2,\cdots,X_n$ 为来自总体 X 的一个样本,求 θ 的矩估计量.

解 由于

$$E(X)=\int_{-\infty}^{+\infty}xf(x;\theta)\mathrm{d}x=\int_0^1 x(\theta+1)x^\theta\mathrm{d}x=\int_0^1(\theta+1)x^{\theta+1}\mathrm{d}x=\frac{\theta+1}{\theta+2},$$

令 $E(X)=\overline{X}$,解得 θ 的矩估计量为

$$\hat{\theta}=\frac{1-2\overline{X}}{\overline{X}-1}.$$

如果总体 X 的未知参数多于一个,假设有 k 个:$\theta_1,\theta_2,\cdots,\theta_k$,该如何估计这些参数呢? 此时假设总体 X 的前 k 阶矩 $E(X^i)(i=1,2,\cdots,k)$ 都存在,则由大数定律知,各阶样本矩依概率收敛于同阶总体矩,于是令各阶样本矩与同阶总体矩相等,即

$$E(X^i)=A_i=\frac{1}{n}\sum_{j=1}^n X_j^i \quad (i=1,2,\cdots,k).$$

由于 $E(X^i)$ 都是 $\theta_1,\theta_2,\cdots,\theta_k$ 的函数,因此从上面 k 个方程中求出参数 $\theta_1,\theta_2,\cdots,\theta_k$,即可得到其对应的矩估计量.

【例 6-5】 设总体 $X\sim U(a,b)$,其中 $a,b(a<b)$ 为未知参数. $X_1,X_2,\cdots,X_n$ 为来自总体 X 的一个样本,求 a 和 b 的矩估计量.

解 由于 $X\sim U(a,b)$,则

$$E(X)=\frac{a+b}{2}, \quad E(X^2)=D(X)+[E(X)]^2=\frac{(b-a)^2}{12}+\left(\frac{a+b}{2}\right)^2.$$

令

$$\begin{cases}E(X)=\overline{X} \\ E(X^2)=A_2\end{cases},$$

即

$$\begin{cases}\dfrac{a+b}{2}=\overline{X} \\ \dfrac{(b-a)^2}{12}+\left(\dfrac{a+b}{2}\right)^2=\dfrac{1}{n}\sum_{i=1}^n X_i^2\end{cases},$$

从而解得 a 和 b 的矩估计量为

$$\begin{cases} \hat{a} = \overline{X} - \sqrt{\dfrac{3}{n}\sum\limits_{i=1}^{n}(X_i - \overline{X})^2} \\ \hat{b} = \overline{X} + \sqrt{\dfrac{3}{n}\sum\limits_{i=1}^{n}(X_i - \overline{X})^2} \end{cases}.$$

【例 6-6】 设总体为 X，总体均值 $E(X)=\mu$ 和总体方差 $D(X)=\sigma^2$ 存在. $X_1,X_2,\cdots,$ X_n 为来自总体 X 的一个样本，求 μ 和 σ^2 的矩估计量.

解 由

$$\begin{cases} E(X) = \overline{X} \\ E(X^2) = D(X) + [E(X)]^2 = A_2 \end{cases},$$

即

$$\begin{cases} \mu = \overline{X} \\ \sigma^2 + \mu^2 = \dfrac{1}{n}\sum\limits_{i=1}^{n}X_i^2 \end{cases},$$

解得 μ 和 σ^2 的矩估计量为

$$\begin{cases} \hat{\mu} = \overline{X} \\ \hat{\sigma}^2 = \dfrac{1}{n}\sum\limits_{i=1}^{n}X_i^2 - \overline{X}^2 = \dfrac{1}{n}\sum\limits_{i=1}^{n}(X_i - \overline{X})^2 \end{cases}.$$

例如，在某班数学期末考试成绩中随机抽取 9 人的成绩：

| 95 | 89 | 85 | 78 | 75 | 71 | 68 | 61 | 55 |

如果数学成绩是正态分布的，应用矩估计法，可以求得该班数学平均成绩和成绩方差的矩估计值分别为

$$\hat{\mu} = \overline{x} = \frac{1}{9}\sum_{i=1}^{9}x_i$$
$$= \frac{95+89+85+78+75+71+68+61+55}{9} = 75.2,$$

$$\hat{\sigma}^2 = \frac{1}{9}\sum_{i=1}^{9}x_i^2 - \overline{x}^2$$
$$= \frac{95^2+89^2+85^2+78^2+75^2+71^2+68^2+61^2+55^2}{9} - 75.2^2$$
$$= 155.1.$$

矩估计法直观而又简单，适用性广，特别是估计总体数字特征时，用到的仅仅是总体的原点矩，而无需知道总体分布的具体形式.但矩估计法也有缺点，它要求总体矩存在，否则不能使用；此外，矩估计法只利用了矩的信息，而没有充分利用分布对参数所提供的信息.即便如此，矩估计法仍是一种很常用的、有效的点估计方法.

6.1.2 极大似然估计法

极大似然估计，也称最大可能性估计，是点估计的另一种方法，它最早由德国数学家 C. F. Gauss 于 1821 年提出.英国统计学家 R. A. Fisher 于 1822 年重新提出此概念，并证

明了极大似然估计法的一些性质,使该方法得到了很大的发展.

极大似然估计法建立在极大似然原理的基础之上. 对极大似然原理的直观理解是:设一个随机试验有若干个可能的结果 $A_1,A_2,\cdots,A_n$,若在一次试验中,结果 A_k 出现,则一般认为试验对 A_k 的出现有利,即 A_k 出现的概率较大. 这里用到了"概率最大的事件最可能出现"的直观想法. 下面用一个例子说明极大似然估计的思想方法.

假设有一个服从离散型分布的总体 X,不妨设 $X \sim B(4,p)$,其中参数 p 未知. 现抽取容量为 3 的样本 X_1,X_2,X_3,如果出现的样本观测值为 1,2,1,此时 p 的取值如何估计比较合理?

考虑这样的问题:出现的样本观测值为什么是 1,2,1,而不是另外一组数 x_1,x_2,x_3?设事件 $A = \{X_1=1,X_2=2,X_3=1\}$,事件 $B = \{X_1=x_1,X_2=x_2,X_3=x_3\}$. 应用概率论的思想,大概率事件发生的可能性比小概率事件发生的可能性大,那么事件 A 发生了,则可以认为 A 发生的概率比较大,即概率值

$$P(A) = P(X_1=1,X_2=2,X_3=1) = P(X_1=1)P(X_2=2)P(X_3=1) = 96p^4(1-p)^8$$

比较大. 换句话说,p 的取值应该使得 $96p^4(1-p)^8$ 较大才对. 通过计算可知,当 $p = \dfrac{1}{3}$ 时,$96p^4(1-p)^8$ 取得最大值. 所以有理由认为事件 A 出现了,p 的取值应该在 $\dfrac{1}{3}$ 左右比较合理.

将上述分析过程抽象出一般性结果,可以得到此类问题的解决方法. 下面分别介绍离散型总体和连续型总体的极大似然估计法.

1. 离散型总体

设离散型总体 X 的分布律为 $P(X=x_i) = p(x_i;\theta)$,其中 θ 为未知参数. $X_1,X_2,\cdots,X_n$ 为来自总体 X 的一个样本,$x_1,x_2,\cdots,x_n$ 为样本观测值. 则概率

$$P(X_1=x_1,X_2=x_2,\cdots,X_n=x_n) = \prod_{i=1}^{n} p(x_i;\theta)$$

随 θ 的取值而变化,它是 θ 的函数,称为**似然函数**,记为 $L(\theta)$,即

$$L(\theta) = \prod_{i=1}^{n} p(x_i;\theta).$$

若存在 $\hat{\theta}$,使得

$$L(\hat{\theta}) = \max L(\theta),$$

则称 $\hat{\theta}$ 为 θ 的**极大似然估计**.

因此,求参数 θ 的极大似然估计,即求似然函数 $L(\theta)$ 的最(极)大值点. 在许多情况下,似然函数 $L(\theta)$ 都是关于 θ 的可微函数,因而可用微积分学中求函数极值的方法求出 θ 的极大似然估计值.

【例 6-7】 求例 6-3 中 θ 的极大似然估计值.

解 由 X 的分布律知,似然函数为

$$L(\theta) = \prod_{i=1}^{3} p(x_i;\theta) = \theta^2 \cdot 2\theta(1-\theta) \cdot (1-\theta)^2 = 2\theta^3(1-\theta)^3,$$

令

$$\frac{\mathrm{d}}{\mathrm{d}\theta}L(\theta)=6\theta^2(1-\theta)^2(1-2\theta)=0,$$

得 θ 的极大似然估计值为 $\hat{\theta}=\dfrac{1}{2}$.

由于似然函数 $L(\theta)$ 为多个函数乘积的形式,当 $L(\theta)$ 比较复杂时,通过直接求导数得到最(极)大值点比较困难. 为简化运算,可以考虑先对 $L(\theta)$ 取对数,得到**对数似然函数** $\ln L(\theta)$. 由于 $L(\theta)$ 和 $\ln L(\theta)$ 具有相同的最(极)大值点,因此求对数似然函数的最(极)大值点即可得到 θ 的极大似然估计.

【例 6-8】 设总体 $X\sim P(\lambda),\lambda>0$ 为未知参数,$X_1,X_2,\cdots,X_n$ 为取自总体的一个样本,求 λ 的极大似然估计量.

解　由于 $X\sim P(\lambda)$,则

$$P(X=x)=\frac{\lambda^x\mathrm{e}^{-\lambda}}{x!},x=0,1,2,\cdots,$$

故似然函数为

$$L(\lambda)=\prod_{i=1}^{n}\frac{\lambda^{x_i}\mathrm{e}^{-\lambda}}{x_i!}=\frac{\lambda^{\sum_{i=1}^{n}x_i}\cdot\mathrm{e}^{-n\lambda}}{\prod_{i=1}^{n}x_i!}.$$

取对数似然函数

$$\ln L(\lambda)=\left(\sum_{i=1}^{n}x_i\right)\ln\lambda-n\lambda-\sum_{i=1}^{n}\ln(x_i!),$$

令

$$\frac{\mathrm{d}}{\mathrm{d}\lambda}\ln L(\lambda)=\frac{1}{\lambda}\sum_{i=1}^{n}x_i-n=0,$$

得

$$\lambda=\frac{1}{n}\sum_{i=1}^{n}x_i,$$

因此 λ 的极大似然估计量为

$$\hat{\lambda}=\frac{1}{n}\sum_{i=1}^{n}X_i=\overline{X}.$$

例如,某电话交换台每分钟的呼唤次数 X 服从参数为 λ 的泊松分布,从中随机抽取 10 次独立的记录结果如下:

$$4\quad 5\quad 6\quad 2\quad 8\quad 2\quad 1\quad 0\quad 3\quad 9$$

应用例 6-8 的结果,可得 λ 的极大似然估计值为

$$\hat{\lambda}=\overline{x}=\frac{4+5+6+2+8+2+1+0+3+9}{10}=4,$$

即根据样本值,该电话交换台每分钟的平均呼唤次数估计为 4 次.

2. 连续型总体

设连续型总体 X 的概率密度函数为 $f(x;\theta)$,其中 θ 为未知参数,$X_1,X_2,\cdots,X_n$ 是来自总体的一个样本,$x_1,x_2,\cdots,x_n$ 为样本观测值,则**似然函数**定义如下:

$$L(\theta) = \prod_{i=1}^{n} f(x_i;\theta).$$

【例 6-9】 在例 6-4 中,假设已取得样本观测值 $x_1, x_2, \cdots, x_n$,求 θ 的极大似然估计值.

解 由于总体 X 的概率密度函数为

$$f(x;\theta) = \begin{cases} (\theta+1)x^\theta, & 0 < x < 1 \\ 0, & \text{其他} \end{cases},$$

则当 $0 < x_i < 1(i=1,2,\cdots,n)$ 时,似然函数为

$$L(\theta) = \prod_{i=1}^{n}(\theta+1)x_i^\theta = (\theta+1)^n \Big(\prod_{i=1}^{n} x_i\Big)^\theta,$$

故对数似然函数为

$$\ln L(\theta) = n\ln(1+\theta) + \theta \sum_{i=1}^{n} \ln x_i.$$

令

$$\frac{\mathrm{d}}{\mathrm{d}\theta}\ln L(\theta) = \frac{n}{1+\theta} + \sum_{i=1}^{n} \ln x_i = 0,$$

得 θ 的极大似然估计值为

$$\hat{\theta} = -\frac{n}{\sum_{i=1}^{n} \ln x_i} - 1.$$

值得注意的是,此结果与例 6-4 中用矩估计法得出的矩估计值 $\hat{\theta} = \dfrac{1-2\bar{x}}{\bar{x}-1}$ 不同.

极大似然估计法也适用于分布中含有两个或两个以上未知参数的情形,求解过程通常需用到微积分学中求多元函数极值的方法.

【例 6-10】 设总体 $X \sim N(\mu, \sigma^2)$,其中 $X_1, X_2, \cdots, X_n$ 为来自总体的一个样本,求未知参数 μ 和 σ^2 的极大似然估计量.

解 总体 X 的概率密度函数

$$f(x;\mu,\sigma^2) = \frac{1}{\sqrt{2\pi}\sigma} e^{-\frac{(x-\mu)^2}{2\sigma^2}}$$

含有两个未知参数 μ 和 σ^2,它的似然函数为

$$L(\mu,\sigma^2) = \prod_{i=1}^{n} \frac{1}{\sqrt{2\pi}\sigma} e^{-\frac{(x_i-\mu)^2}{2\sigma^2}} = (2\pi\sigma^2)^{-\frac{n}{2}} e^{-\frac{1}{2\sigma^2}\sum_{i=1}^{n}(x_i-\mu)^2}.$$

取对数,有

$$\ln L(\mu,\sigma^2) = -\frac{n}{2}\ln 2\pi - \frac{n}{2}\ln\sigma^2 - \frac{1}{2\sigma^2}\sum_{i=1}^{n}(x_i-\mu)^2,$$

令

$$\begin{cases} \dfrac{\partial \ln L(\mu,\sigma^2)}{\partial \mu} = \dfrac{1}{\sigma^2}\sum_{i=1}^{n}(x_i-\mu) = 0 \\ \dfrac{\partial \ln L(\mu,\sigma^2)}{\partial \sigma^2} = -\dfrac{n}{2\sigma^2} + \dfrac{1}{2\sigma^4}\sum_{i=1}^{n}(x_i-\mu)^2 = 0 \end{cases},$$

得

$$\begin{cases} \mu = \dfrac{1}{n}\displaystyle\sum_{i=1}^{n} x_i \\[2mm] \sigma^2 = \dfrac{1}{n}\displaystyle\sum_{i=1}^{n}(x_i-\mu)^2 \end{cases},$$

从而可得 μ 和 σ^2 的极大似然估计量为

$$\begin{cases} \hat{\mu} = \overline{X} \\[2mm] \hat{\sigma}^2 = \dfrac{1}{n}\displaystyle\sum_{i=1}^{n}(X_i-\overline{X})^2 \end{cases}.$$

可见,它们与相应的矩估计量相同.

综合上述题目的解题过程,可以得到极大似然估计法的一般解题步骤:

(1)根据总体的分布,构造似然函数 $L(\theta)$. 如果 $L(\theta)$ 比较复杂,取对数得到对数似然函数 $\ln L(\theta)$;

(2)对 $L(\theta)$ 或 $\ln L(\theta)$ 求关于未知参数的导数,并令导数等于 0,得到含有未知参数的方程或方程组;

(3)求解(2)中的方程或方程组,得到未知参数 θ 的极大似然估计.

极大似然估计法有较强的直观性,又能获得参数 θ 的合理估计量,特别是在大样本时,极大似然估计有极好的性质,所以它广泛应用于估计理论中.

6.2　点估计优良性的评定标准

由前面的一些例子可以看到,虽然总体分布中的参数是确定的,但对同一参数采取不同的估计法,可能得到不同的估计量.从参数估计本身来看,原则上任何统计量都可以作为未知参数的估计量.那么不同的估计量中哪一个更好? 如何做出选择,一定要有标准.通常采用的标准有三个:无偏性、有效性、一致性.

1.无偏性

参数的估计量是一个统计量,由不同的样本值求得的参数估计值,一般是不相同的,所以估计量是一个随机变量.因此要确定一个估计量的优劣,就不能仅仅依赖于某一次试验的结果来衡量,而是希望这个估计量在多次试验中的取值,在待估参数的附近随机摆动,并使得这个估计量的平均值恰好就是待估参数的真值,由此引出无偏性的标准.

定义 6-1　若参数 θ 的估计量 $\hat{\theta}=\hat{\theta}(X_1,X_2,\cdots,X_n)$ 满足

$$E(\hat{\theta})=\theta,$$

则称 $\hat{\theta}$ 为 θ 的一个**无偏估计量**,否则就称为**有偏估计量**.

【例 6-11】　设 $X_1,X_2,\cdots,X_n$ 为来自总体 X 的一个样本,已知 $E(X)=\mu$,$D(X)=\sigma^2$.

(1)证明:样本均值 $\overline{X}$ 和样本方差 S^2 分别是 μ 和 σ^2 的无偏估计量.

(2)判定 $\dfrac{1}{n}\displaystyle\sum_{i=1}^{n}(X_i-\overline{X})^2$ 是否是 σ^2 的无偏估计量.

（1）**证明**　因为

$$E(\overline{X}) = E\Big(\frac{1}{n}\sum_{i=1}^{n}X_i\Big) = \frac{1}{n}\sum_{i=1}^{n}E(X_i) = \frac{1}{n}\cdot n\mu = \mu,$$

$$E(S^2) = E\Big[\frac{1}{n-1}\sum_{i=1}^{n}(X_i-\overline{X})^2\Big]$$

$$= \frac{1}{n-1}E(\sum_{i=1}^{n}X_i^2 - n\overline{X}^2) = \frac{1}{n-1}\Big[\sum_{i=1}^{n}E(X_i^2) - nE(\overline{X}^2)\Big]$$

$$= \frac{1}{n-1}\Big\{\sum_{i=1}^{n}(\mu^2+\sigma^2) - n[D(\overline{X})+E^2(\overline{X})]\Big\}$$

$$= \frac{1}{n-1}(n\mu^2+n\sigma^2-\sigma^2-n\mu^2) = \sigma^2,$$

故样本均值 $\overline{X}$ 和样本方差 S^2 分别是 μ 和 σ^2 的无偏估计量.

（2）**解**　因为

$$E\Big[\frac{1}{n}\sum_{i=1}^{n}(X_i-\overline{X})^2\Big] = \frac{1}{n}\Big[\sum_{i=1}^{n}E(X_i^2)-nE(\overline{X}^2)\Big] = \frac{1}{n}(n\mu^2+n\sigma^2-\sigma^2-n\mu^2)$$

$$= \frac{n-1}{n}\sigma^2 \neq \sigma^2,$$

所以 $\frac{1}{n}\sum_{i=1}^{n}(X_i-\overline{X})^2$ 不是 σ^2 的无偏估计量.

显然，如果将 $\frac{1}{n}\sum_{i=1}^{n}(X_i-\overline{X})^2$ 乘上系数 $\frac{n}{n-1}$，就修改成一个无偏估计量，即

$$\frac{n}{n-1}\cdot\frac{1}{n}\sum_{i=1}^{n}(X_i-\overline{X})^2 = \frac{1}{n-1}\sum_{i=1}^{n}(X_i-\overline{X})^2$$

是 σ^2 的无偏估计量. 这也说明了为什么前面定义样本方差是 $S^2 = \frac{1}{n-1}\sum_{i=1}^{n}(X_i-\overline{X})^2$，而不是 $\frac{1}{n}\sum_{i=1}^{n}(X_i-\overline{X})^2$.

【**例 6-12**】　设 X_1, X_2, X_3 是来自总体 X 的一个样本，问下列总体均值 μ 的估计量哪一个是无偏估计量？

$$\hat{\mu}_1 = \frac{1}{6}X_1 + \frac{1}{3}X_2 + \frac{1}{2}X_3,$$

$$\hat{\mu}_2 = \frac{2}{5}X_1 + \frac{2}{5}X_2 + \frac{1}{5}X_3,$$

$$\hat{\mu}_3 = \frac{1}{3}X_1 + \frac{2}{9}X_2 + \frac{1}{7}X_3.$$

解　因为

$$E(\hat{\mu}_1) = E\Big(\frac{1}{6}X_1+\frac{1}{3}X_2+\frac{1}{2}X_3\Big) = \frac{1}{6}E(X_1)+\frac{1}{3}E(X_2)+\frac{1}{2}E(X_3)$$

$$= \frac{1}{6}\mu+\frac{1}{3}\mu+\frac{1}{2}\mu = \mu,$$

同理

$$E(\hat{\mu}_2)=\frac{2}{5}E(X_1)+\frac{2}{5}E(X_2)+\frac{1}{5}E(X_3)=\mu,$$

$$E(\hat{\mu}_3)=\frac{1}{3}E(X_1)+\frac{2}{9}E(X_2)+\frac{1}{7}E(X_3)=\frac{44}{63}\mu\neq\mu.$$

因此，$\hat{\mu}_1,\hat{\mu}_2$ 是总体均值 μ 的无偏估计量，而 $\hat{\mu}_3$ 不是 μ 的无偏估计量.

【例 6-13】　设总体 $X\sim N(\mu,\sigma^2)$，其中 μ,σ^2 未知. $X_1,X_2,\cdots,X_6$ 为来自总体 X 的一个样本，试确定常数 C，使 $CY=C[(X_1-X_2)^2+(X_3-X_4)^2+(X_5-X_6)^2]$ 是 σ^2 的无偏估计量.

解　由于

$$\begin{aligned}E[(X_1-X_2)^2]&=D(X_1-X_2)+E^2(X_1-X_2)=D(X_1)+D(X_2)+[E(X_1)-E(X_2)]^2\\&=\sigma^2+\sigma^2+(\mu-\mu)^2=2\sigma^2,\end{aligned}$$

同理可得

$$E[(X_3-X_4)^2]=E[(X_5-X_6)^2]=2\sigma^2,$$

所以

$$\begin{aligned}&E[C[(X_1-X_2)^2+(X_3-X_4)^2+(X_5-X_6)^2]]\\&=C(E[(X_1-X_2)^2]+E[(X_3-X_4)^2]+E[(X_5-X_6)^2])\\&=6C\sigma^2.\end{aligned}$$

因此，若 $CY=C[(X_1-X_2)^2+(X_3-X_4)^2+(X_5-X_6)^2]$ 是 σ^2 的无偏估计量，则

$$E(CY)=6C\sigma^2=\sigma^2,$$

由此解得 $C=\dfrac{1}{6}$.

无偏性是对估计量的基本要求，它具有系统误差为零的特点. 在例 6-12 中，对于总体均值 μ，可以有不同的无偏估计量 $\hat{\mu}_1$ 和 $\hat{\mu}_2$. 那么哪一个无偏估计量更好？

直观上说，如果 $\hat{\theta}_1$ 和 $\hat{\theta}_2$ 都是 θ 的无偏估计量，其取值都在 θ 周围波动. 如果 $\hat{\theta}_1$ 的取值比 $\hat{\theta}_2$ 的取值更集中地聚集在 θ 的邻近，则认为用 $\hat{\theta}_1$ 来估计 θ 比 $\hat{\theta}_2$ 更好些. 由于方差是随机变量取值与其数学期望偏离程度的度量，所以无偏估计量以方差小者为好. 由此引出估计量有效性的概念.

2. 有效性

定义 6-2　设 $\hat{\theta}_1$ 和 $\hat{\theta}_2$ 都是参数 θ 的无偏估计量，如果 $D(\hat{\theta}_1)<D(\hat{\theta}_2)$，则称 $\hat{\theta}_1$ 比 $\hat{\theta}_2$ 有效.

有效性的定义指明，在期望相等的条件下，方差小者估计的效果更好.

【例 6-14】　试判断在例 6-12 中，总体均值 μ 的无偏估计量 $\hat{\mu}_1$ 和 $\hat{\mu}_2$ 哪一个更有效.

解　因为

$$D(\hat{\mu}_1)=D\left(\frac{1}{6}X_1+\frac{1}{3}X_2+\frac{1}{2}X_3\right)=\frac{1}{36}\sigma^2+\frac{1}{9}\sigma^2+\frac{1}{4}\sigma^2=\frac{7}{18}\sigma^2,$$

$$D(\hat{\mu}_2)=D\left(\frac{2}{5}X_1+\frac{2}{5}X_2+\frac{1}{5}X_3\right)=\frac{4}{25}\sigma^2+\frac{4}{25}\sigma^2+\frac{1}{25}\sigma^2=\frac{9}{25}\sigma^2,$$

则 $D(\hat{\mu}_1)>D(\hat{\mu}_2)$，故总体均值 μ 的无偏估计量 $\hat{\mu}_2$ 比无偏估计量 $\hat{\mu}_1$ 更有效.

3. 一致性（相合性）

容易看出，估计量 $\hat{\theta}=\hat{\theta}(X_1,X_2,\cdots,X_n)$ 与样本容量 n 有关，为明确起见，不妨将其记为 $\hat{\theta}_n$．一般来说，当 n 越大，$\hat{\theta}_n$ 的取值与 θ 的误差应越小．即当 n 充分大时，估计量 $\hat{\theta}_n$ 的取值应稳定在参数 θ 的一个充分小的邻域内，于是就有一致性的标准．

定义 6-3 设 $\hat{\theta}_n=\hat{\theta}(X_1,X_2,\cdots,X_n)$ 是 θ 的一个估计量，若对于任意的 $\varepsilon>0$，有

$$\lim_{n\to\infty}P(|\hat{\theta}_n-\theta|<\varepsilon)=1,$$

则称 $\hat{\theta}_n$ 是 θ 的**一致估计量**（或**相合估计量**）．

【例 6-15】 已知 $X_1,X_2,\cdots,X_n$ 是来自总体 X 的一个样本，且 $E(X)=\mu$．证明：样本均值 $\overline{X}$ 是总体均值 μ 的一致估计量．

证明 因为样本 $X_1,X_2,\cdots,X_n$ 相互独立且与总体 X 同分布，则有

$$E(X_i)=\mu \quad (i=1,2,\cdots,n).$$

由切比雪夫大数定律可知

$$\lim_{n\to\infty}P(|\overline{X}-\mu|<\varepsilon)=\lim_{n\to\infty}P\left(\left|\frac{1}{n}\sum_{i=1}^n X_i-\mu\right|<\varepsilon\right)=1,$$

故 $\overline{X}$ 是总体均值 μ 的一致估计量．

对于估计量，我们当然希望寻求它的一致估计量，但是这要求样本容量必须相当大，往往难以做到．因此在实际问题中，更多地是使用无偏性和有效性这两个标准．

6.3 区间估计

前面介绍的点估计方法，是从样本出发，构造一个适当的统计量 $\hat{\theta}=\hat{\theta}(X_1,X_2,\cdots,X_n)$，对于抽取到的样本观测值 $x_1,x_2,\cdots,x_n$，计算出 θ 的一个估计值 $\hat{\theta}=\hat{\theta}(x_1,x_2,\cdots,x_n)$．这个估计值虽然给出参数的数量大小，但由于样本的随机性，无法确定这个估计值与参数的真实值间是否有误差；如果有误差，误差大小应是多少．因此，在实际应用时，人们往往更加关注该参数大致的取值范围．例如，一些小的电器设备包装盒里，都会有使用说明书，一般来说，使用说明书上注明的额定电流不是一个数，常常是"额定电流：1 A±0.05 A"这种格式．这里有 0.05 A 的偏差，它表明当额定电流（参数 θ）在 0.95 A 与 1.05 A 之间时，电器会处于正常状态，否则可能出问题．这里以区间[0.95 A,1.05 A]给出额定电流 θ 的取值范围，要求额定电流"大致"在 0.95 A 与 1.05 A 之间，这种方法称为 θ 的区间估计．这里有几个问题需要澄清：

(1)"大致"在 0.95 A 与 1.05 A 之间中的"大致"是什么意思？

(2)额定电流 θ 有无可能在区间[0.95 A,1.05 A]之外？

(3)0.95 A 与 1.05 A 是如何求出的？

额定电流 θ 是未知的，并且具有随机性的特点，它完全有可能在[0.95 A,1.05 A]之外．那么，这个可能性有多大？ 实际问题中，当然希望额定电流值在[0.95 A,1.05 A]上的可能性尽可能得大，而落在这个区间之外的可能性尽可能得小．一般来说，如果没有特殊说明，要求区间[0.95 A,1.05 A]能包含额定电流 θ 的概率为 0.95，即有 95％的把握保

证区间[0.95 A,1.05 A]包含额定电流 θ 的真值,而 θ 的值落在区间[0.95 A,1.05 A]之外的可能性是 0.05.这里将区间[0.95 A,1.05 A]称为额定电流 θ 的**置信区间**.

需要说明的是,要用区间给出未知参数 θ 的取值范围,也要依赖于样本信息.也就是说,必须利用样本 $X_1,X_2,\cdots,X_n$ 来求置信区间.由于置信区间完全由区间的端点决定,因此置信区间的两个端点是由样本 $X_1,X_2,\cdots,X_n$ 确定的两个统计量.

下面先给出置信区间的定义.

定义 6-4　设总体 X 的分布函数为 $F(x;\theta)$,其中 θ 为未知参数,$X_1,X_2,\cdots,X_n$ 为来自总体的一个简单随机样本.对于给定的 $\alpha\in(0,1)$,如果由样本确定的两个统计量 $T_1(X_1,X_2,\cdots,X_n)$ 和 $T_2(X_1,X_2,\cdots,X_n)$ 满足

$$P(T_1\leqslant\theta\leqslant T_2)=1-\alpha,$$

则称随机区间[T_1,T_2]为参数 θ 的置信度(或置信水平)为 $1-\alpha$ 的**置信区间**.

这里有两点说明:

(1)所谓置信度就是指可信度,代表用区间[T_1,T_2]估计参数 θ 的可靠程度.置信度为 $1-\alpha$,表示如果反复抽样多次(假设各次得到的样本容量相等,均为 n),每个样本都可以确定一个区间[T_1,T_2],这样的区间要么包含 θ 的真值,要么不包含 θ 的真值,理论上来说,在这些区间中,包含 θ 的真值的区间约占 $100(1-\alpha)\%$,不包含 θ 的真值的区间仅占 $100\alpha\%$.例如,如果反复抽样 100 次,可以得到 100 个区间[T_1,T_2],若 $\alpha=0.05$,那么理论上讲,其中大约有 95 个区间包含 θ 的真值,而不包含 θ 的真值的区间约仅有 5 个.通常,在求置信区间之前必须先给出置信度.如果没有明确指出,约定置信度取 0.95.

(2)置信区间的长度 T_2-T_1 代表估计的精度,我们希望它越小越好.同时还希望区间[T_1,T_2]包含 θ 的真值的概率越大越好,也就是置信度越高越好.但这两方面是相互克制的.置信度越高,置信区间就越宽;置信度降低,置信区间的长度就会变短.因此,一般遵循的原则是:通常优先考虑置信度,即在满足 $P(T_1\leqslant\theta\leqslant T_2)=1-\alpha$ 的前提下,再去求给定的置信度下精度最高的置信区间.否则,只有增加样本容量才能提高精度.

求未知参数 θ 的置信区间,就是找出满足条件的区间端点 T_1 和 T_2,这两个统计量不但受到置信度的制约,同时也依赖抽样分布的情形.抽样分布不同,则结果就存在差别.由于我们所遇到的总体在大多数情况下服从正态分布,或是近似服从正态分布,因而主要讨论正态总体下总体参数的置信区间.

6.3.1　单个正态总体参数的置信区间

在下面的讨论中,设定总体 $X\sim N(\mu,\sigma^2)$,$X_1,X_2,\cdots,X_n$ 为来自总体 X 的一个简单随机样本,样本均值 $\overline{X}$ 和样本方差 S^2 分别为

$$\overline{X}=\frac{1}{n}\sum_{i=1}^{n}X_i,\quad S^2=\frac{1}{n-1}\sum_{i=1}^{n}(X_i-\overline{X})^2.$$

1.总体方差 σ^2 已知时,总体均值 μ 的置信区间

【例 6-16】　设某车间生产的滚珠的直径 $X\sim N(\mu,0.21^2)$,现从某日生产的滚珠中抽取 9 个,测得样本直径(单位:mm)分别为

19.7　20.1　19.8　19.9　20.2　20　19.9　20.2　20.3

试在 $1-\alpha=0.95$ 和 $1-\alpha=0.99$ 的置信度下,求平均直径 μ 的置信区间.

分析 求总体均值 μ 的置信区间,即求统计量 T_1 和 T_2,使

$$P(T_1 \leqslant \mu \leqslant T_2)=1-\alpha \tag{6-1}$$

成立.根据 6.2 节内容知,$\overline{X}$ 是 μ 的一个无偏估计量,并且由定理 5-1(单正态总体的抽样分布定理)可知,

$$\frac{\overline{X}-\mu}{\sigma/\sqrt{n}} \sim N(0,1).$$

由于标准正态分布的分位点用 z_α 表示(图 6-1),因此,对于给定的置信度 $1-\alpha$,有下式成立:

$$P\left(z_{1-\frac{\alpha}{2}} \leqslant \frac{\overline{X}-\mu}{\sigma/\sqrt{n}} \leqslant z_{\frac{\alpha}{2}}\right)=1-\alpha,$$

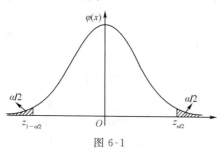

图 6-1

即

$$P\left(\overline{X}-\frac{\sigma}{\sqrt{n}}z_{\frac{\alpha}{2}} \leqslant \mu \leqslant \overline{X}-\frac{\sigma}{\sqrt{n}}z_{1-\frac{\alpha}{2}}\right)=1-\alpha. \tag{6-2}$$

比较式(6-1)和式(6-2),可以得到满足式(6-1)的区间为

$$\left[\overline{X}-z_{\frac{\alpha}{2}}\frac{\sigma}{\sqrt{n}},\overline{X}-z_{1-\frac{\alpha}{2}}\frac{\sigma}{\sqrt{n}}\right],$$

这个区间就是 μ 的置信区间.

由标准正态分布的对称性,可知 $z_{1-\frac{\alpha}{2}}=-z_{\frac{\alpha}{2}}$.因此,$\mu$ 的置信区间公式记为

$$\left[\overline{X}-z_{\frac{\alpha}{2}}\frac{\sigma}{\sqrt{n}},\overline{X}+z_{\frac{\alpha}{2}}\frac{\sigma}{\sqrt{n}}\right],$$

或可记为

$$\overline{X}-z_{\frac{\alpha}{2}}\frac{\sigma}{\sqrt{n}} \leqslant \mu \leqslant \overline{X}+z_{\frac{\alpha}{2}}\frac{\sigma}{\sqrt{n}} \tag{6-3}$$

解 当 $1-\alpha=0.95$ 时,$\alpha=0.05$,则 $z_{0.025}=1.96$,由式(6-3)得 μ 的置信区间为

$$\left[\overline{X}-1.96\frac{\sigma}{\sqrt{n}},\overline{X}+1.96\frac{\sigma}{\sqrt{n}}\right].$$

由样本观测值,求得样本数据为

$$n=9, \quad \overline{x}=\frac{\sum\limits_{i=1}^{n}x_i}{n}=20.01,$$

代入数据就得到 0.95 的置信度下,平均直径 μ 的置信区间为

$$[20.01-0.14, 20.01+0.14]=[19.87, 20.15].$$

当 $1-\alpha=0.99$ 时，$\alpha=0.01$，则 $z_{0.005}=2.58$，则 μ 的置信区间为

$$\left[\overline{X}-2.58\frac{\sigma}{\sqrt{n}}, \overline{X}+2.58\frac{\sigma}{\sqrt{n}}\right],$$

代入数据，得到 0.99 的置信度下，平均直径 μ 的置信区间为

$$[20.01-0.18, 20.01+0.18]=[19.83, 20.19].$$

从上例中可知，当 σ^2 已知时，0.95 的置信度下总体均值 μ 的置信区间为

$$\left[\overline{X}-1.96\frac{\sigma}{\sqrt{n}}, \overline{X}+1.96\frac{\sigma}{\sqrt{n}}\right], \tag{6-4}$$

又可以记为

$$\overline{X}-1.96\frac{\sigma}{\sqrt{n}}\leqslant\mu\leqslant\overline{X}+1.96\frac{\sigma}{\sqrt{n}}.$$

0.99 的置信度下总体均值 μ 的置信区间为

$$\left[\overline{X}-2.58\frac{\sigma}{\sqrt{n}}, \overline{X}+2.58\frac{\sigma}{\sqrt{n}}\right], \tag{6-5}$$

又可以记为

$$\overline{X}-2.58\frac{\sigma}{\sqrt{n}}\leqslant\mu\leqslant\overline{X}+2.58\frac{\sigma}{\sqrt{n}}.$$

式(6-3)不但指出总体均值 μ 的置信区间需要依赖于 μ 的无偏估计量 $\overline{X}$，同时也指明不同的置信度下，利用样本均值 $\overline{X}$ 估计 μ 的误差大小。例如，在 0.95 的置信度下误差为 $1.96\frac{\sigma}{\sqrt{n}}$，在 0.99 的置信度下误差为 $2.58\frac{\sigma}{\sqrt{n}}$。特别地，这里 1.96 和 2.58 分别称为 0.95 和 0.99 的置信度下的临界值，分别记为 $z_{0.025}$ 和 $z_{0.005}$。一般地，$1-\alpha$ 的置信度下的临界值记为 $z_{\frac{\alpha}{2}}$。

【例 6-17】 某地区的磁场强度 $X\sim N(\mu, 20^2)$，现从该地区取 36 个点，测得样本的平均磁场强度为 $\overline{x}=61.1$，在 0.95 的置信度下，求该地区平均磁场强度 μ 的置信区间。

解 已知样本容量 $n=36$，样本均值为 $\overline{x}=61.1$，总体方差 $\sigma^2=20^2$，则在 0.95 的置信水平下，由式(6-3)，得

$$\overline{X}-z_{0.025}\frac{\sigma}{\sqrt{n}}\leqslant\mu\leqslant\overline{X}+z_{0.025}\frac{\sigma}{\sqrt{n}},$$

代入数据有

$$61.1-1.96\frac{20}{\sqrt{36}}\leqslant\mu\leqslant61.1+1.96\frac{20}{\sqrt{36}},$$

即平均磁场强度 μ 的置信区间为 $[61.1-6.5, 61.1+6.5]=[54.6, 67.6]$。

2. 总体方差 σ^2 未知时，总体均值 μ 的置信区间

在例 6-16 中，如果已知样本方差 $s^2=0.25^2$，缺少条件 $\sigma^2=0.21^2$，那么总体均值 μ 的置信区间应是什么？

由定理 5-1 知，此时

$$\frac{\overline{X}-\mu}{S/\sqrt{n}}\sim t(n-1).$$

对于给定的置信度 $1-\alpha$,由于

$$P(t_{1-\frac{\alpha}{2}}(n-1)\leqslant\frac{\overline{X}-\mu}{S/\sqrt{n}}\leqslant t_{\frac{\alpha}{2}}(n-1))=1-\alpha,$$

即

$$P(\overline{X}-\frac{S}{\sqrt{n}}t_{\frac{\alpha}{2}}(n-1)\leqslant\mu\leqslant\overline{X}-\frac{S}{\sqrt{n}}t_{1-\frac{\alpha}{2}}(n-1))=1-\alpha,$$

因此,μ 的置信区间为

$$\left[\overline{X}-\frac{S}{\sqrt{n}}t_{\frac{\alpha}{2}}(n-1),\overline{X}-\frac{S}{\sqrt{n}}t_{1-\frac{\alpha}{2}}(n-1)\right].$$

根据 t-分布的对称性,可知

$$t_{1-\frac{\alpha}{2}}(n-1)=-t_{\frac{\alpha}{2}}(n-1),$$

则 μ 的置信区间公式为

$$\left[\overline{X}-\frac{S}{\sqrt{n}}t_{\frac{\alpha}{2}}(n-1),\overline{X}+\frac{S}{\sqrt{n}}t_{\frac{\alpha}{2}}(n-1)\right],$$

或记为

$$\overline{X}-\frac{S}{\sqrt{n}}t_{\frac{\alpha}{2}}(n-1)\leqslant\mu\leqslant\overline{X}+\frac{S}{\sqrt{n}}t_{\frac{\alpha}{2}}(n-1),\qquad(6\text{-}6)$$

其中 $t_{\frac{\alpha}{2}}(n-1)$ 为临界值.

对于例 6-16,在总体方差未知而样本方差 $s^2=0.25^2$ 的条件下,当置信度为 $1-\alpha=0.95,n=9$ 时,可以查得 $t_{0.025}(8)=2.3060$,所以有

$$20.01-2.306\times\frac{0.25}{\sqrt{9}}\leqslant\mu\leqslant20.01+2.306\times\frac{0.25}{\sqrt{9}},$$

即总体均值 μ 的置信区间为 $[20.01-0.19,20.01+0.19]=[19.82,20.20]$.

【例 6-18】 已知某种灯泡的寿命服从正态分布,现从一批灯泡中随机抽取 16 只作为样本,测得其平均使用寿命为 1490 小时,样本标准差为 25.4 小时. 在 0.95 的置信度下,求这批灯泡平均使用寿命 μ 的置信区间.

解 已知样本容量 $n=16$,样本均值 $\overline{x}=1490$,样本标准差 $s=25.4$,由式(6-6),得

$$\overline{X}-t_{0.025}(15)\frac{S}{\sqrt{n}}\leqslant\mu\leqslant\overline{X}+t_{0.025}(15)\frac{S}{\sqrt{n}}.$$

在 0.95 的置信水平下,$t_{0.025}(15)=2.1315$,代入数据得

$$1490-2.1315\times\frac{25.4}{\sqrt{16}}\leqslant\mu\leqslant1490+2.1315\times\frac{25.4}{\sqrt{16}},$$

即 μ 的置信区间为 $[1490-13.535,1490+13.535]=[1476.465,1503.535]$.

通过上面的讨论可以看出,在总体方差 σ^2 已知与未知这两种情况下,使用的抽样分布不一样. 当总体方差 σ^2 已知时,选择标准正态分布求 μ 的置信区间;而在总体方差 σ^2 未知时,选择 t-分布求 μ 的置信区间.

3. 总体均值 μ 未知时, 总体方差 σ^2 的置信区间

在实际问题中, 除了需要对总体均值 μ 进行估计外, 也常常需要用样本统计量估计总体方差 σ^2, 这对研究生产的稳定性与精度问题都有特别意义. 确定方差 σ^2 的置信区间与确定总体均值 μ 的置信区间类似, 都要利用它们的无偏估计, 并按区间估计的要求, 选择恰当的统计量计算出置信区间的端点.

这里仅讨论均值 μ 未知时的情况.

【例 6-19】 设某车间生产的滚珠的直径 $X \sim N(\mu, \sigma^2)$, 现从某日生产的滚珠中抽取 9 个, 测得样本方差为 $s^2 = 0.25^2$, 在 0.95 的置信度下, 求总体方差 σ^2 的置信区间.

分析　由于 $\dfrac{\overline{X} - \mu}{\sigma / \sqrt{n}} \sim N(0, 1)$ 和 $\dfrac{\overline{X} - \mu}{S / \sqrt{n}} \sim t(n-1)$ 中均有 μ, 而 μ 未知, 因此这两个抽样分布都不能使用. 而根据定理 5-1,

$$\frac{n-1}{\sigma^2} S^2 \sim \chi^2(n-1),$$

因此所讨论问题即为

$$P(\chi^2_{1-\frac{\alpha}{2}}(n-1) \leqslant \frac{n-1}{\sigma^2} S^2 \leqslant \chi^2_{\frac{\alpha}{2}}(n-1)) = 1 - \alpha,$$

亦即

$$P\left(\frac{(n-1)S^2}{\chi^2_{\frac{\alpha}{2}}(n-1)} \leqslant \sigma^2 \leqslant \frac{(n-1)S^2}{\chi^2_{1-\frac{\alpha}{2}}(n-1)} \right) = 1 - \alpha,$$

从而得到 σ^2 的置信区间为

$$\left[\frac{(n-1)S^2}{\chi^2_{\frac{\alpha}{2}}(n-1)}, \frac{(n-1)S^2}{\chi^2_{1-\frac{\alpha}{2}}(n-1)} \right]. \tag{6-7}$$

下面应用 σ^2 的置信区间公式求解例 6-19.

解　已知 $n = 9, s^2 = 0.25^2, \chi^2_{0.025}(8) = 17.535, \chi^2_{0.975}(8) = 2.180$, 代入式(6-7)中, 得到 σ^2 的置信区间为

$$\left[\frac{8 \times 0.25^2}{17.535}, \frac{8 \times 0.25^2}{2.180} \right] = [0.03, 0.23].$$

【例 6-20】 从一批螺母中抽取 16 件, 测得它们的直径(单位: mm)如下:

　　12.15　12.12　12.01　12.08　12.09　12.16　12.03　12.01
　　12.16　12.13　12.07　12.11　12.08　12.01　12.03　12.06

设这批螺母的直径服从正态分布 $N(\mu, \sigma^2)$, 求:

(1) 如果 $\sigma^2 = 0.05^2$, 求螺母直径的均值 μ 在 0.95 的置信度下的置信区间;

(2) 如果 σ^2 未知, 求螺母直径的均值 μ 在 0.95 的置信度下的置信区间;

(3) 如果 μ 未知, 求螺母直径的方差 σ^2 在 0.99 的置信度下的置信区间.

解　(1) 已知 $n = 16, \overline{x} = \dfrac{\sum\limits_{i=1}^{n} x_i}{n} = 12.08125, \sigma^2 = 0.05^2$, 总体方差已知, 因此

$$\overline{X} - z_{0.025} \frac{\sigma}{\sqrt{n}} \leqslant \mu \leqslant \overline{X} + z_{0.025} \frac{\sigma}{\sqrt{n}},$$

代入数据得

$$12.08125-1.96\frac{0.05}{\sqrt{16}}\leqslant\mu\leqslant12.08125+1.96\frac{0.05}{\sqrt{16}},$$

即 μ 的置信区间为

$$[12.08125-0.0245,12.08125+0.0245]=[12.05675,12.10575].$$

（2）此时总体方差未知，因此

$$\overline{X}-t_{0.025}(n-1)\frac{S}{\sqrt{n}}\leqslant\mu\leqslant\overline{X}+t_{0.025}(n-1)\frac{S}{\sqrt{n}}.$$

利用样本数据求得 $s^2=0.002865$，代入数据得

$$12.08125-2.1315\sqrt{\frac{0.002865}{16}}\leqslant\mu\leqslant12.08125+2.1315\sqrt{\frac{0.002865}{16}},$$

即为 $[12.05,12.11]$。

（3）已知总体服从正态分布，且 μ 和 σ^2 未知，又 $s^2=0.002865$，$\chi^2_{0.005}(15)=32.801$，$\chi^2_{0.995}(15)=4.601$，代入式(6-7)有

$$\left[\frac{15\times0.002865}{32.801},\frac{15\times0.002865}{4.601}\right]=[0.0013,0.0093].$$

6.3.2　两个正态总体参数的置信区间

考虑这样的问题：设 X 是某种产品的质量指标，且 X 服从正态分布。由于工艺改变，原料不同、设备不同或是操作人员的不同，往往会引起总体均值、总体方差有所改变，此时需要了解这种改变有多大。这种改变通常可以由两个正态总体均值差和总体方差比来体现，进而有必要了解两个正态总体均值差 $\mu_1-\mu_2$ 和总体方差比 $\frac{\sigma_1^2}{\sigma_2^2}$ 的置信区间。它们的讨论方法与推导过程与单正态总体的情形基本一样。

设有两个正态总体

$$X\sim N(\mu_1,\sigma_1^2),\quad Y\sim N(\mu_2,\sigma_2^2),$$

$X_1,X_2,\cdots,X_{n_1}$ 和 $Y_1,Y_2,\cdots,Y_{n_2}$ 分别是来自总体 X 和 Y 的两个独立的样本，其样本均值和样本方差分别为

$$\overline{X}=\frac{1}{n_1}\sum_{i=1}^{n_1}X_i,\quad \overline{Y}=\frac{1}{n_2}\sum_{j=1}^{n_2}Y_j;$$

$$S_1^2=\frac{1}{n_1-1}\sum_{i=1}^{n_1}(X_i-\overline{X})^2,\quad S_2^2=\frac{1}{n_2-1}\sum_{j=1}^{n_2}(Y_j-\overline{Y})^2.$$

分为下面几种情形考虑。

1. 两个总体方差 σ_1^2,σ_2^2 均已知时，总体均值差 $\mu_1-\mu_2$ 的置信区间

考虑统计量 T_1 和 T_2，使

$$P(T_1\leqslant\mu_1-\mu_2\leqslant T_2)=1-\alpha.$$

由于样本均值 $\overline{X}\sim N\left(\mu_1,\frac{\sigma_1^2}{n_1}\right)$，$\overline{Y}\sim N\left(\mu_2,\frac{\sigma_2^2}{n_2}\right)$，所以

$$\overline{X}-\overline{Y}\sim N\left(\mu_1-\mu_2,\frac{\sigma_1^2}{n_1}+\frac{\sigma_2^2}{n_2}\right),$$

于是

$$\frac{(\overline{X}-\overline{Y})-(\mu_1-\mu_2)}{\sqrt{\dfrac{\sigma_1^2}{n_1}+\dfrac{\sigma_2^2}{n_2}}}\sim N(0,1),$$

故有

$$P\left\{z_{1-\frac{\alpha}{2}}\leqslant\frac{(\overline{X}-\overline{Y})-(\mu_1-\mu_2)}{\sqrt{\dfrac{\sigma_1^2}{n_1}+\dfrac{\sigma_2^2}{n_2}}}\leqslant z_{\frac{\alpha}{2}}\right\}=1-\alpha,$$

即

$$P\left(\,(\overline{X}-\overline{Y})-z_{\frac{\alpha}{2}}\sqrt{\frac{\sigma_1^2}{n_1}+\frac{\sigma_2^2}{n_2}}\leqslant(\mu_1-\mu_2)\leqslant(\overline{X}-\overline{Y})-z_{1-\frac{\alpha}{2}}\sqrt{\frac{\sigma_1^2}{n_1}+\frac{\sigma_2^2}{n_2}}\right)=1-\alpha.$$

再根据标准正态分布的对称性,有 $z_{1-\frac{\alpha}{2}}=-z_{\frac{\alpha}{2}}$,从而可推得总体均值差 $\mu_1-\mu_2$ 的置信区间为

$$\left[(\overline{X}-\overline{Y})-z_{\frac{\alpha}{2}}\sqrt{\frac{\sigma_1^2}{n_1}+\frac{\sigma_2^2}{n_2}},(\overline{X}-\overline{Y})+z_{\frac{\alpha}{2}}\sqrt{\frac{\sigma_1^2}{n_1}+\frac{\sigma_2^2}{n_2}}\right],$$

或可记为

$$(\overline{X}-\overline{Y})-z_{\frac{\alpha}{2}}\sqrt{\frac{\sigma_1^2}{n_1}+\frac{\sigma_2^2}{n_2}}\leqslant\mu_1-\mu_2\leqslant(\overline{X}-\overline{Y})+z_{\frac{\alpha}{2}}\sqrt{\frac{\sigma_1^2}{n_1}+\frac{\sigma_2^2}{n_2}} \tag{6-8}$$

【例 6-21】 某车间用两台型号相同的机器生产同一种产品,已知机器 A 生产的产品长度 $X\sim N(\mu_1,1)$,机器 B 生产的产品长度 $Y\sim N(\mu_2,1)$. 为了比较两台机器生产的产品的长度,现从 A 生产的产品中抽取 10 件,测得样本均值 $\bar{x}=49.83$ cm. 从 B 生产的产品中抽取 15 件,测得样本均值 $\bar{y}=50.24$ cm. 在 0.99 的置信度下,求两总体均值差 $\mu_1-\mu_2$ 的置信区间.

解 已知 $n_1=10,n_2=15,\bar{x}=49.83,\bar{y}=50.24$,且两个总体方差满足 $\sigma_1^2=\sigma_2^2=1$,$z_{0.005}=2.58$,代入式(6-8)中得

$$(49.83-50.24)-2.58\sqrt{\frac{1}{10}+\frac{1}{15}}\leqslant\mu_1-\mu_2\leqslant(49.83-50.24)+2.58\sqrt{\frac{1}{10}+\frac{1}{15}},$$

由此知,$\mu_1-\mu_2$ 的置信区间为 $[-0.41-1.05,-0.41+1.05]=[-1.46,0.64]$.

此区间中包含 0,说明两台机器生产的产品长度 μ_1 和 μ_2 有 99% 的可能性是相等的.

2. 两个总体方差 σ_1^2,σ_2^2 均未知但相等时,总体均值差 $\mu_1-\mu_2$ 的置信区间

在例 6-21 中,如果两个总体的方差都未知,但可以断定基本相等,并且已知 X 的样本标准差 $s_1=1.09$ cm,Y 的样本标准差 $s_2=1.18$ cm. 在这种情形下,也可求出在 0.99 的置信度下,两总体均值差 $\mu_1-\mu_2$ 的置信区间.

由于此时 σ_1^2,σ_2^2 均未知,但 $\sigma_1^2=\sigma_2^2$,则根据定理 5-2(双正态总体的抽样分布定理),有

$$\frac{(\overline{X}-\overline{Y})-(\mu_1-\mu_2)}{\sqrt{\dfrac{S^2}{n_1}+\dfrac{S^2}{n_2}}}\sim t(n_1+n_2-2),$$

其中

$$S^2 = \frac{(n_1-1)S_1^2 + (n_2-1)S_2^2}{n_1+n_2-2}.$$

因此由

$$P\left\{ t_{1-\frac{\alpha}{2}}(n_1+n_2-2) \leqslant \frac{(\overline{X}-\overline{Y})-(\mu_1-\mu_2)}{\sqrt{\frac{S^2}{n_1}+\frac{S^2}{n_2}}} \leqslant t_{\frac{\alpha}{2}}(n_1+n_2-2) \right\} = 1-\alpha,$$

推得 $\mu_1-\mu_2$ 的置信区间为

$$\left[(\overline{X}-\overline{Y})-t_{\frac{\alpha}{2}}(n_1+n_2-2)\sqrt{\frac{S^2}{n_1}+\frac{S^2}{n_2}},\ (\overline{X}-\overline{Y})+t_{\frac{\alpha}{2}}(n_1+n_2-2)\sqrt{\frac{S^2}{n_1}+\frac{S^2}{n_2}} \right],$$

或可记为

$$(\overline{X}-\overline{Y})-t_{\frac{\alpha}{2}}(n_1+n_2-2)\sqrt{\frac{S^2}{n_1}+\frac{S^2}{n_2}} \leqslant \mu_1-\mu_2 \leqslant (\overline{X}-\overline{Y})+t_{\frac{\alpha}{2}}(n_1+n_2-2)\sqrt{\frac{S^2}{n_1}+\frac{S^2}{n_2}}$$

$$(6\text{-}9)$$

【例 6-22】 某车间用两台型号相同的机器生产同一种产品,机器 A 生产的产品长度 $X \sim N(\mu_1, \sigma_1^2)$,机器 B 生产的产品长度 $Y \sim N(\mu_2, \sigma_2^2)$. 为了比较两台机器生产的产品的长度,现从 A 的产品中抽取 10 件,测得样本均值 $\bar{x}=49.83$ cm,样本标准差 $s_1=1.09$ cm. 从 B 的产品中抽取 15 件,测得样本均值 $\bar{y}=50.24$ cm,样本标准差 $s_2=1.18$ cm,若已知 $\sigma_1^2 = \sigma_2^2$,试在 0.99 的置信度下,求两总体均值差 $\mu_1-\mu_2$ 的置信区间.

解 已知 $n_1=10, n_2=15, \bar{x}=49.83, s_1=1.09, \bar{y}=50.24, s_2=1.18$,而两个总体方差均未知但相等,又 $t_{0.005}(23)=2.8073$,则

$$s^2 = \frac{9 \times 1.09^2 + 14 \times 1.18^2}{23} = 1.3125,$$

代入式(6-9)得 $\mu_1-\mu_2$ 的置信区间为

$$(49.83-50.24)-2.8073\sqrt{\frac{1.3125}{10}+\frac{1.3125}{15}} \leqslant \mu_1-\mu_2 \leqslant$$

$$(49.83-50.24)+2.8073\sqrt{\frac{1.3125}{10}+\frac{1.3125}{15}},$$

即为 $[-0.41-1.31, -0.41+1.31] = [-1.72, 0.9]$.

3. $\mu_1, \mu_2, \sigma_1^2, \sigma_2^2$ 均未知时,总体方差比 $\dfrac{\sigma_1^2}{\sigma_2^2}$ 的置信区间

在例 6-22 中,如果两个总体的均值和方差都是未知的,欲估计两总体方差比 $\dfrac{\sigma_1^2}{\sigma_2^2}$ 的置信区间,可用下面的方法.

根据定理 5-2(双正态总体的抽样分布定理),知

$$\frac{S_1^2}{S_2^2} \cdot \frac{\sigma_2^2}{\sigma_1^2} \sim F(n_1-1, n_2-1),$$

则所讨论的问题相当于

$$P\left(F_{1-\frac{\alpha}{2}}(n_1-1, n_2-1) \leqslant \frac{S_1^2}{S_2^2} \cdot \frac{\sigma_2^2}{\sigma_1^2} \leqslant F_{\frac{\alpha}{2}}(n_1-1, n_2-1) \right) = 1-\alpha,$$

因此得到 $\dfrac{\sigma_1^2}{\sigma_2^2}$ 的置信区间为

$$\left[\frac{S_1^2}{S_2^2}\frac{1}{F_{\frac{\alpha}{2}}(n_1-1,n_2-1)},\frac{S_1^2}{S_2^2}\frac{1}{F_{1-\frac{\alpha}{2}}(n_1-1,n_2-1)}\right].\tag{6-10}$$

【例 6-23】　在 0.95 的置信度下,求例 6-22 中两总体方差比 $\dfrac{\sigma_1^2}{\sigma_2^2}$ 的置信区间.

解　已知 $n_1=10,n_2=15,\dfrac{s_1^2}{s_2^2}=0.853,F_{0.025}(9,14)=3.21,F_{0.025}(14,9)=3.77$,则

$F_{0.975}(9,14)=\dfrac{1}{F_{0.025}(14,9)}=\dfrac{1}{3.77}$,代入式(6-10)得 $\dfrac{\sigma_1^2}{\sigma_2^2}$ 的置信区间为

$$\left[0.853\times\frac{1}{3.21},0.853\times3.77\right],$$

即为 $[0.27,3.22]$.

上述区间中包含 1,则可以认为 σ_1^2 与 σ_2^2 有 95% 的可能性是相等的.

综合上述情况,不论是单正态总体,还是两正态总体,求总体参数的置信区间的一般步骤可以分为以下两步:

步骤 1　根据恰当的抽样分布选择置信区间的公式.

抽样分布选择的标准为

(1)必须含有要估计的参数 θ,且不能含有其他未知参数.

(2)尽量使用总体的已知信息.

步骤 2　代入数据进行计算.

下面将置信区间的公式整理如下:

	待估参数	其他参数	置信区间	对应的分布
一个正态总体	μ	σ^2 已知	$\left[\overline{X}-z_{\frac{\alpha}{2}}\dfrac{\sigma}{\sqrt{n}},\overline{X}+z_{\frac{\alpha}{2}}\dfrac{\sigma}{\sqrt{n}}\right]$	$\dfrac{\overline{X}-\mu}{\sigma/\sqrt{n}}\sim N(0,1)$
	μ	σ^2 未知	$\left[\overline{X}-\dfrac{S}{\sqrt{n}}t_{\frac{\alpha}{2}}(n-1),\overline{X}+\dfrac{S}{\sqrt{n}}t_{\frac{\alpha}{2}}(n-1)\right]$	$\dfrac{\overline{X}-\mu}{S/\sqrt{n}}\sim t(n-1)$
	σ^2	μ 未知	$\left[\dfrac{(n-1)S^2}{\chi_{\frac{\alpha}{2}}^2(n-1)},\dfrac{(n-1)S^2}{\chi_{1-\frac{\alpha}{2}}^2(n-1)}\right]$	$\dfrac{n-1}{\sigma^2}S^2\sim\chi^2(n-1)$
两个正态总体	$\mu_1-\mu_2$	σ_1^2,σ_2^2 已知	$\left[(\overline{X}-\overline{Y})-z_{\frac{\alpha}{2}}\sqrt{\dfrac{\sigma_1^2}{n_1}+\dfrac{\sigma_2^2}{n_2}},\right.$ $\left.(\overline{X}-\overline{Y})+z_{\frac{\alpha}{2}}\sqrt{\dfrac{\sigma_1^2}{n_1}+\dfrac{\sigma_2^2}{n_2}}\right]$	$\dfrac{(\overline{X}-\overline{Y})-(\mu_1-\mu_2)}{\sqrt{\dfrac{\sigma_1^2}{n_1}+\dfrac{\sigma_2^2}{n_2}}}$ $\sim N(0,1)$
	$\mu_1-\mu_2$	$\sigma_1^2=\sigma_2^2$ 未知	$\left[(\overline{X}-\overline{Y})-t_{\frac{\alpha}{2}}(n_1+n_2-2)\sqrt{\dfrac{S^2}{n_1}+\dfrac{S^2}{n_2}},\right.$ $\left.(\overline{X}-\overline{Y})+t_{\frac{\alpha}{2}}(n_1+n_2-2)\sqrt{\dfrac{S^2}{n_1}+\dfrac{S^2}{n_2}}\right]$ 其中 $S^2=\dfrac{(n_1-1)S_1^2+(n_2-1)S_2^2}{n_1+n_2-2}$	$\dfrac{(\overline{X}-\overline{Y})-(\mu_1-\mu_2)}{\sqrt{\dfrac{S^2}{n_1}+\dfrac{S^2}{n_2}}}$ $\sim t(n_1+n_2-2)$
	$\dfrac{\sigma_1^2}{\sigma_2^2}$	μ_1,μ_2 未知	$\left[\dfrac{S_1^2}{S_2^2}\dfrac{1}{F_{\frac{\alpha}{2}}(n_1-1,n_2-1)},\right.$ $\left.\dfrac{S_1^2}{S_2^2}\dfrac{1}{F_{1-\frac{\alpha}{2}}(n_1-1,n_2-1)}\right]$	$\dfrac{S_1^2}{S_2^2}\cdot\dfrac{\sigma_2^2}{\sigma_1^2}\sim F(n_1-1,n_2-1)$

6.4 应用实例阅读

在许多实际问题中,需要对总体比例进行估计,例如某种产品的合格率、高考的升学率和大学生的就业率等问题.这类问题要通过抽取样本进行估计,方法与对总体均值和总体方差估计的情形类似.

比例问题适用于研究分类型变量.若设总体容量为 N,具有某种属性的元素个数设为 K,记符合这种属性的元素的比例为 π,则总体比例

$$\pi = \frac{K}{N}.$$

在总体中重复抽取容量为 n 的样本,样本中具有同种属性的元素的比例设为 P,可以证明当样本容量足够大($n > 30$)时,随机变量 P 近似服从正态分布,并且

$$E(P) = \pi, \quad \sigma_P^2 = \frac{\pi(1-\pi)}{n},$$

即

$$P \sim N\left(\pi, \frac{\pi(1-\pi)}{n}\right).$$

在不重复抽样的条件下,则用修正系数加以修正,即

$$\sigma_P^2 = \frac{\pi(1-\pi)}{n}\left(\frac{N-n}{N-1}\right),$$

则

$$P \sim N\left(\pi, \frac{\pi(1-\pi)}{n}\left(\frac{N-n}{N-1}\right)\right).$$

对总体比例的估计,也有点估计和区间估计两种方法.

【实例 6-1】 从某鱼池中捕得 $n = 1200$ 条鱼,做了红色的记号后再放回池中,经过一段时间后,再从池中捕得 $r = 1000$ 条鱼,发现其中有红色记号的鱼共有 $k = 100$ 条,试估计鱼池中共有多少条鱼.

这个问题可以应用点估计的方法来解决.

解法 1(应用矩估计法) 设鱼池中共有 N 条鱼,令

$$X_i = \begin{cases} 1, & \text{第 } i \text{ 次捕到有记号的鱼} \\ 0, & \text{第 } i \text{ 次捕到无记号的鱼} \end{cases} \quad (i = 1, 2, \cdots, r).$$

根据古典概型,将 i 次捕鱼的每一种情况看作从 N 条不同鱼中任取 i 条的一个选排列,基本事件总数是

$$P_N^i = N(N-1)\cdots(N-i+1),$$

则

$$P(X_i = 1) = \frac{n(N-1)\cdots(N-(i-1))}{N(N-1)\cdots(N-i+1)} = \frac{n}{N}, \quad P(X_i = 0) = 1 - \frac{n}{N},$$

故 $E(X_i) = \dfrac{n}{N}$.由题设,此时

$$\overline{X_i} = \frac{1}{r}\sum_{i=1}^{r} X_i = \frac{k}{r},$$

应用矩估计法有

$$\frac{n}{N} = \frac{k}{r},$$

从而得到 N 的矩估计量为 $\hat{N} = \left[\dfrac{nr}{k}\right]$. 代入数据,得到 N 的矩估计值为

$$\hat{N} = \left[\frac{1200\times1000}{100}\right] = 12000(\text{条}).$$

解法 2(应用极大似然估计法) 设鱼池中共有 N 条鱼,用 X 表示捕到的 r 条鱼中有记号的数目. 根据古典概型可知总体 X 的分布律为

$$P(X=k) = \frac{C_n^k C_{N-n}^{r-k}}{C_N^r}.$$

由极大似然原理,所求 N 的估计量 $\hat{N}$ 应使上式达到最大,为此考虑

$$\frac{f(n,r,k;N)}{f(n,r,k;N-1)} = \frac{(N-n)(N-r)}{(N-n-r+k)N} = \frac{N^2-Nn-Nr+nr}{N^2-Nn-Nr+Nk},$$

当 $Nk<nr$ 时,$\dfrac{f(n,r,k;N)}{f(n,r,k;N-1)}>1$;而当 $Nk>nr$ 时,$\dfrac{f(n,r,k;N)}{f(n,r,k;N-1)}<1$. 即关于 N 的函数 $f(n,r,k;N)$ 当 $N<\dfrac{nr}{k}$ 时是 N 的增函数,而当 $N>\dfrac{nr}{k}$ 时是 N 的减函数,因此当 $\hat{N} = \left[\dfrac{nr}{k}\right]$ 时,$f(n,r,k;N)$ 取得最大值. 由于得到 N 的极大似然估计量为

$$\hat{N} = \left[\frac{nr}{k}\right],$$

代入数据,得到 N 的矩估计值为

$$\hat{N} = \left[\frac{1200\times1000}{100}\right] = 12000(\text{条}).$$

【实例 6-2】 某学校学生体检,在随机抽查的 100 人中,发现有 59 人患有不同程度的牙疾,试在 0.95 的置信度下,求该校学生牙疾率 π 的置信区间.

分析 实例 6-2 属于单总体比例的置信区间问题.

设总体 X 的比例为 π,抽取容量为 n 的样本,以此给出总体比例的区间估计. 在重复抽样的前提下,如果抽取的是大样本,则样本比例 P 的抽样分布近似为正态分布

$$P \sim N\left(\pi, \frac{\pi(1-\pi)}{n}\right),$$

从而

$$\frac{P-\pi}{\sqrt{\frac{\pi(1-\pi)}{n}}} \sim N(0,1).$$

于是有

$$P\left(z_{1-\frac{\alpha}{2}} \leqslant \frac{P-\pi}{\sqrt{\frac{\pi(1-\pi)}{n}}} \leqslant z_{\frac{\alpha}{2}}\right) = 1-\alpha,$$

即

$$P\left(p-z_{\frac{\alpha}{2}}\sqrt{\frac{\pi(1-\pi)}{n}}\leqslant\pi\leqslant P-z_{1-\frac{\alpha}{2}}\sqrt{\frac{\pi(1-\pi)}{n}}\right)=1-\alpha,$$

则总体比例 π 的范围为

$$\left[P-z_{\frac{\alpha}{2}}\sqrt{\frac{\pi(1-\pi)}{n}},P+z_{\frac{\alpha}{2}}\sqrt{\frac{\pi(1-\pi)}{n}}\right]. \tag{6-11}$$

由于在实际问题中,总体比例 π 是未知的,因此实际应用时,式(6-11)中的 π 需要用样本比例 P 来近似代替,由此得到总体比例 π 的置信区间计算公式为

$$\left[P-z_{\frac{\alpha}{2}}\sqrt{\frac{P(1-P)}{n}},P+z_{\frac{\alpha}{2}}\sqrt{\frac{P(1-P)}{n}}\right]. \tag{6-12}$$

解 要求的是该校学生牙疾率 π 的置信区间,即求总体比例 π 的置信区间.由题设,已知 $n=100$,$p=\frac{59}{100}=0.59$.在 0.95 的置信度下,总体比例的置信区间为

$$\left[P-z_{0.025}\sqrt{\frac{P(1-P)}{n}},P+z_{0.025}\sqrt{\frac{P(1-P)}{n}}\right].$$

代入数据得

$$\left[0.59-1.96\sqrt{\frac{0.59(1-0.59)}{100}},0.59+1.96\sqrt{\frac{0.59(1-0.59)}{100}}\right],$$

即牙疾率 π 的置信区间为 $[0.494,0.686]$.

需要说明的是:虽然样本比例 P 随着样本容量 n 的增大而近似服从正态分布,但究竟多大才能使 P 近似服从正态分布呢? 这与样本比例值 P 的大小有关.通常当 P 接近 0.5 时,用较小的样本就可以使 P 的分布趋于正态分布;但当 P 的取值接近于 0 或 1 时,就要很大的样本才能使 P 的分布趋于正态分布.统计学家 W. G. Cochran 提出一个可供参考的标准,见下表::

P	近似服从正态分布要求的样本容量
0.5	30
0.4~0.6	50
0.3~0.7	80
0.2~0.8	200
0.1~0.9	600

【实例 6-3】 甲居民区中至少有一个学龄前儿童的家庭所占比例为 π_1,乙居民区中至少有一个学龄前儿童的家庭所占比例为 π_2.为比较这两个居民区总体比例 π_1 和 π_2 的差异情况,随机从甲居民区抽取 400 户家庭,发现其中有 23% 的家庭至少有一个学龄前儿童;随机从乙居民区抽取 600 户家庭,发现其中有 18% 的家庭至少有一个学龄前儿童.试计算在 0.95 的置信度下,两个总体比例差 $\pi_1-\pi_2$ 的置信区间.

分析 实例 6-3 属于两总体比例差的置信区间问题.

在实例 6-2 的抽样分布基础之上,考虑两个总体比例差 $\pi_1-\pi_2$ 的区间估计问题.

设总体 X 的比例为 π_1,总体 Y 的比例为 π_2,分别从 X 和 Y 中抽取容量为 n_1 和 n_2 的

样本,对应的样本比例分为 P_1 和 P_2. 假设两个样本是相互独立的大样本,则根据样本比例的抽样分布结果与中心极限定理知

$$P_1-P_2 \sim N\left(\pi_1-\pi_2, \frac{\pi_1(1-\pi_1)}{n_1}+\frac{\pi_2(1-\pi_2)}{n_2}\right).$$

估计 $\pi_1-\pi_2$ 的取值范围,使得

$$P\left(z_{1-\frac{\alpha}{2}} \leqslant \frac{(P_1-P_2)-(\pi_1-\pi_2)}{\sqrt{\frac{\pi_1(1-\pi_1)}{n_1}+\frac{\pi_2(1-\pi_2)}{n_2}}} \leqslant z_{\frac{\alpha}{2}}\right)=1-\alpha,$$

可推得 $\pi_1-\pi_2$ 的置信区间为

$$\left[(P_1-P_2)-z_{\frac{\alpha}{2}}\sqrt{\frac{\pi_1(1-\pi_1)}{n_1}+\frac{\pi_2(1-\pi_2)}{n_2}},(P_1-P_2)+z_{\frac{\alpha}{2}}\sqrt{\frac{\pi_1(1-\pi_1)}{n_1}+\frac{\pi_2(1-\pi_2)}{n_2}}\right].$$

$$(6\text{-}13)$$

实际应用时,由于通常不能获取到 π_1 和 π_2 的取值,因此分别用样本比例 P_1 和 P_2 代替式(6-13)中的 π_1 和 π_2,得到在 $1-\alpha$ 的置信度下,总体比例差 $\pi_1-\pi_2$ 的置信区间为

$$\left[(P_1-P_2)-z_{\frac{\alpha}{2}}\sqrt{\frac{P_1(1-P_1)}{n_1}+\frac{P_2(1-P_2)}{n_2}},(P_1-P_2)+z_{\frac{\alpha}{2}}\sqrt{\frac{P_1(1-P_1)}{n_1}+\frac{P_2(1-P_2)}{n_2}}\right].$$

$$(6\text{-}14)$$

解　已知 $n_1=400, p_1=0.23, n_2=600, p_2=0.18, z_{\frac{\alpha}{2}}=z_{0.025}=1.96$,代入式(6-14),得到 $\pi_1-\pi_2$ 的置信区间为

$$\left[(0.23-0.18)-1.96\sqrt{\frac{0.23(1-0.23)}{400}+\frac{0.18(1-0.18)}{600}},\right.$$

$$\left.(0.23-0.18)+1.96\sqrt{\frac{0.23(1-0.23)}{400}+\frac{0.18(1-0.18)}{600}}\right],$$

即为区间 $[-0.001,0.101]$. 说明两个总体比例 π_1 和 π_2 有 95% 的可能性是基本相等的.

习题 6

1. 某人用手枪对 100 个靶子各射击 5 发子弹,只记录命中与不命中,结果如下:

命中数 k	0	1	2	3	4	5
频数 f_k	3	18	29	31	14	5

设命中数 $X \sim B(5,p)$,求未知参数 p 的矩估计值.

2. 设总体 $X \sim e(\lambda)$,$X_1, X_2, \cdots, X_n$ 为来自总体的一个样本,求 λ 的矩估计量. 如果测得容量为 10 的样本观测值分别为

$$134 \quad 106 \quad 125 \quad 115 \quad 130 \quad 120 \quad 110 \quad 108 \quad 105 \quad 115$$

求 λ 的矩估计值.

3. 设 $X_1, X_2, \cdots, X_n$ 是来自总体 X 的一个样本,其中 X 服从参数为 λ 的泊松分布,其中 $\lambda(\lambda>0)$ 未知.现得到一组样本观测值如下:

X	0	1	2	3	4
频数	17	20	10	2	1

求 λ 的矩估计值和极大似然估计值.

4. 某铁路局证实铁路与公路交叉路口在一年内发生交通事故的次数 X 服从泊松分布 $P(\lambda)$. 根据下面对 122 个交叉路口一年内发生交通事故的统计记录,求路口一年内未发生交通事故的概率 p 的极大似然估计值.

事故次数	0	1	2	3	4	5
观察路口数	44	42	21	9	4	2

5. 设总体 X 具有分布律

X	1	2	3
P	θ	θ	$1-2\theta$

其中 $\theta>0$ 未知,求 θ 的矩估计量和极大似然估计量.并根据取得的样本观测值 1,1,2,3,1,2,2,3,2,1, 求 θ 的矩估计值.

6. 设 $X_1,X_2,\cdots,X_n$ 为来自总体 X 的一个样本,$f(x;\theta)$ 为 X 的概率密度函数,按要求对下列各题中的总体参数 θ 进行估计.

(1) $f(x;\theta)=\begin{cases} \dfrac{2}{\theta^2}(\theta-x), & 0<x<\theta \\ 0, & \text{其他} \end{cases}$,求 θ 的矩估计量;

(2) $f(x;\theta)=\begin{cases} \theta, & 0<x<1 \\ 1-\theta, & 1\leqslant x<2 \\ 0, & \text{其他} \end{cases}$,求 $\theta(0<\theta<1)$ 的矩估计量;

(3) $f(x;\theta)=\begin{cases} \theta x^{\theta-1}, & 0<x<1,\theta>0 \\ 0, & \text{其他} \end{cases}$,求 θ 的矩估计量和极大似然估计量;

(4) $f(x;\theta)=\begin{cases} \sqrt{\theta}x^{\sqrt{\theta}-1}, & 0\leqslant x\leqslant 1 \\ 0, & \text{其他} \end{cases}$,求 $\theta(\theta>0)$ 的矩估计量和极大似然估计量;

(5) $f(x;\theta)=\begin{cases} \dfrac{1}{\theta}e^{-\frac{x^2}{2\theta^2}}, & x>0 \\ 0, & x\leqslant 0 \end{cases}$,求 θ 的矩估计量和极大似然估计量;

(6) $f(x;\theta)=\begin{cases} e^{-(x-\theta)}, & x>\theta \\ 0, & \text{其他} \end{cases}$,求 θ 的矩估计量和极大似然估计量.

7. 设 $X_1,X_2,\cdots,X_n$ 为取自总体 X 的一个样本,总体 X 服从参数为 p 的几何分布,即

$$P(X=k)=p(1-p)^{k-1} \quad (k=1,2,\cdots),$$

其中 p 未知且 $0<p<1$,求 p 的极大似然估计量.

8. 设总体 X 的概率密度为

$$f(x;\sigma)=\frac{1}{2\sigma}e^{-\frac{|x|}{\sigma}} \quad (-\infty<x<+\infty),$$

其中 $\sigma>0$ 未知,设 $X_1,X_2,\cdots,X_n$ 为取自这个总体的一个样本.求 σ 的极大似然估计量.

9. 设 $\hat{\theta}$ 是 θ 的无偏估计量,且有 $D(\hat{\theta})>0$,试证:$\hat{\theta}^2$ 不是 θ^2 的无偏估计量.

10. 设 $X_1,X_2,\cdots,X_n$ 为取自均值为 μ 总体 X 的一个样本,试问下列这些估计量中哪些是 μ 的无偏估计?

(1) $\hat{\mu}_1 = \dfrac{1}{3}X_1 + \dfrac{2}{3}X_2$；　　(2) $\hat{\mu}_2 = \sum\limits_{i=1}^{n}a_iX_i\,(a_i \geqslant 0; i=1,2,\cdots,n; \sum\limits_{i=1}^{n}a_i = 1)$；

(3) $\hat{\mu}_3 = \dfrac{X_1 + X_2 + X_{n-1} + X_n}{4}$（假设 $n \geqslant 4$）；　　(4) $\hat{\mu}_4 = 2X_1 + 3X_2$.

11. 设 $X_1, X_2, \cdots, X_n$ 为取自总体 X 的一个样本. 已知期望 $E(X)=0$, 而方差 $D(X)=\sigma^2$ 是未知参数. 试确定 k, 使 $T = k\sum\limits_{i=1}^{n}X_i^2$ 是 σ^2 的无偏估计量.

12. 设 $X_1, X_2, \cdots, X_n$ 为来自总体 $X \sim N(\mu, \sigma^2)$ 的样本, 在下列 μ 的无偏估计量中, 最有效的是哪一个?

(1) $\dfrac{1}{2}X_1 + \dfrac{1}{3}X_2 + \dfrac{1}{6}X_3$；　　(2) $\dfrac{1}{2}X_1 + \dfrac{1}{4}X_2 + \dfrac{1}{4}X_3$；

(3) $\dfrac{1}{2}X_1 + \dfrac{3}{10}X_2 + \dfrac{1}{5}X_3$；　　(4) $\dfrac{1}{3}X_1 + \dfrac{1}{3}X_2 + \dfrac{1}{3}X_3$.

13. 设总体 X 服从指数分布, 其概率密度函数为

$$f(x;\theta) = \begin{cases} \dfrac{1}{\theta}\mathrm{e}^{-\frac{x}{\theta}}, & x>0, \\ 0, & \text{其他} \end{cases}$$

其中 $\theta>0$ 未知, $X_1, X_2, \cdots, X_n$ 为来自总体 X 的一个样本. 证明:

(1) 样本均值 $\overline{X}$ 和 $nZ = n\min\{X_1, X_2, \cdots, X_n\}$ 都是 θ 的无偏估计量.

(2) 当 $n>1$ 时, $\overline{X}$ 比 $nZ = n\min\{X_1, X_2, \cdots, X_n\}$ 更有效.

14. 若 $\hat{\theta}_1$ 和 $\hat{\theta}_2$ 是 θ 的两个相互独立的无偏估计量, 且 $D(\hat{\theta}_1) = 2D(\hat{\theta}_2)$, 问: (1) 常数 a 和 b 满足什么条件, 才能使 $a\hat{\theta}_1 + b\hat{\theta}_2$ 是 θ 的无偏估计量? (2) a 和 b 取何值时, θ 的无偏估计量 $a\hat{\theta}_1 + b\hat{\theta}_2$ 最有效?

15. 某车间生产的一批圆形纽扣的直径 $X \sim N(\mu, 0.05)$, 现从中随机抽取 6 个, 得平均直径 $\overline{x} = 14.95$ mm. 在 0.95 的置信度下, 求这批纽扣平均直径 μ 的置信区间.

16. 一批袋装大米质量 $X \sim N(\mu, 0.62^2)$, 现从中随机抽取 10 袋称得质量（单位: kg）为

50.6　50.8　49.5　50.5　50.4　49.7　51.2　49.3　50.6　51.2

求这批袋装大米平均质量 μ 在 0.99 的置信度下的置信区间.

17. 设 $X_1, X_2, \cdots, X_n$ 是取自总体 $N(\mu, 1)$ 的一个样本, 若置信度取 $1-\alpha = 0.95$, 问样本容量 n 多大时才能使抽样误差（即置信区间半径）不超过 0.2?

18. 设 $0.50, 1.25, 0.80, 2.00$ 是来自总体 X 的简单随机样本值, 已知 $Y = \ln X \sim N(\mu, 1)$.

(1) 求 X 的数学期望 $b = E(X)$；

(2) 求 μ 的置信度为 0.95 的置信区间；

(3) 利用上述结果求 b 的置信度为 0.95 的置信区间.

19. 为研究某种汽车轮胎的磨损特性, 随机选择 10 只轮胎, 测得每只轮胎行驶到磨坏为止行驶的路程（单位: km）, 并计算得样本均值 $\overline{x} = 40688.5$, 样本标准差 $s = 1368.41$.

假设总体服从正态分布 $N(\mu, \sigma^2)$, 其中 μ, σ^2 未知, 试求总体均值 μ 的置信度为 0.95 的置信区间.

20. 从一批火箭推力装置中抽取 10 个进行试验, 测得样本平均燃烧时间为 51.8 秒, 样本标准差为 1.5 秒, 设燃烧时间服从正态分布 $N(\mu, \sigma^2)$, 求总体均值 μ 的置信度为 0.99 的置信区间.

21. 设某种清漆的干燥时间服从正态分布 $N(\mu, \sigma^2)$, 现抽取 9 个样品, 测得其干燥时间（单位: 小时）如下:

6.0　5.7　5.8　6.5　7.0　6.3　5.6　6.1　5.0

求总体均值 μ 的置信度为 0.95 的置信区间.

(1) 若由以往经验知 $\sigma = 0.6$；

(2)若 σ^2 未知.

22. 某厂生产的一批金属材料,其抗弯强度服从正态分布,今从这批金属材料中随机抽取 11 个试验,测得它们的平均抗弯强度(单位:公斤)为 43.45,样本方差为 0.52075.求:

(1)平均抗弯强度 μ 的置信度为 0.95 的置信区间;

(2)抗弯强度方差 σ^2 的置信度为 0.90 的置信区间.

23. 某人实测 9 个工作日,他从家到办公室的上班路上所花时间,得样本均值为 10.09 分钟,样本标准差为 0.12 分钟.根据经验,上班路上所花时间服从正态分布 $N(\mu, \sigma^2)$,求:

(1)总体均值 μ 的置信度为 0.99 的置信区间;

(2)总体方差 σ^2 的置信度为 0.95 的置信区间.

24. 设某种金属丝长度 $X \sim N(\mu, \sigma^2)$,现从一批这种金属丝中随机抽测 9 根,测得其长度(单位:mm)的方差为 11494.69 mm^2,试估计该批金属丝长度方差 σ^2 的置信度为 0.95 的置信区间.

25. 欲比较甲、乙两种棉花品种的优劣,现假设用它们纺出的棉纱强度 X, Y 分别服从正态分布 $N(\mu_1, 2.18^2)$ 和 $N(\mu_2, 1.76^2)$.试验者从甲、乙这两种棉纱中分别抽取样本容量为 200 和 100 的样本,得样本均值 $\bar{x}=5.32$ 和 $\bar{y}=5.76$,分别在 0.95 和 0.99 的置信度下,求两总体均值差 $\mu_1 - \mu_2$ 的置信区间.

26. 如果用 A 种饲料喂牛,牛的增重 $X \sim N(\mu_1, \sigma^2)$;如果用 B 种饲料喂牛,牛的增重 $Y \sim N(\mu_2, \sigma^2)$.现分别用 A、B 两种饲料各喂牛 10 头,经一个周期后,测得牛的增重(单位:kg)如下:

A 种饲料:20　24　32　31　28　17　25　19　24　30

B 种饲料:27　29　27　38　38　27　35　29　31　36

在 0.95 的置信度下,求 A、B 两种饲料使牛平均增重的差值 $\mu_1 - \mu_2$ 的置信区间.

27. 为了估计磷肥对某种农作物的增产作用,现选取 20 块条件大致相同的土地,其中 10 块不施磷肥,测得平均亩产量(单位:kg)为 570,方差为 11711.11;另 10 块施用磷肥,测得平均亩产量也为 570,方差为 266.67.

设农作物的亩产量服从正态分布.求

(1)若方差相同,求平均亩产量之差 $\mu_1 - \mu_2$ 的置信度为 0.99 的置信区间;

(2)求方差比的置信度为 0.95 的置信区间.

28. 设用两种不同的方法冶炼某种金属材料,分别抽样测试其杂质含量(单位:%),得到如下数据:

原冶炼方法:26.9　22.3　27.2　25.1　22.8　24.2　30.2　25.7　26.1

新冶炼方法:22.6　24.3　23.4　22.5　21.9　20.6　20.6　23.5

假设两种冶炼方法的杂质含量 X, Y 都服从正态分布,且方差 σ_1^2 和 σ_2^2 均未知,求方差比 $\frac{\sigma_1^2}{\sigma_2^2}$ 的置信度为 0.90 的置信区间.

第7章 假设检验

在上一章中,我们讨论了总体中未知参数的估计问题,其前提是总体的分布形式已知.统计推断还有另外一类重要问题,即在总体的分布已知,其参数未知的情况下,推断其参数.根据专业的知识或以往的实践经验,人们预先对总体参数存在一定的"认识",但不确定这种"认识"是否正确.为此,提出某些关于总体参数的假设,然后根据样本信息对所提出的假设作出是接受假设还是拒绝假设的判断.这就是另一种统计推断的方法——假设检验.

假设检验是统计推断的另一项重要内容,它与参数估计类似,都是建立在抽样分布理论基础之上,但角度不同.参数估计是利用样本信息推断未知的总体参数,而假设检验则是先对总体参数提出一个假设值,然后利用样本信息判断这一假设是否成立.假设检验在许多领域中都有应用,具有十分重要的地位.

本章主要介绍假设检验的基本概念和基本原理,着重介绍总体为正态分布时的假设检验问题,并讨论四种常用的检验:Z 检验、t 检验、χ^2 检验以及 F 检验.

7.1 假设检验问题

首先通过几个例子,来说明假设检验的一般提法.

【引例1】 某车间用一台自动包装机包装葡萄糖,额定标准每袋净重 0.5 kg,设包装机包装的葡萄糖每袋质量 $X \sim N(\mu, 0.015^2)$.某日,从包装机包装的葡萄糖中随机抽取 9 袋,称得净重(单位:kg)分别为

0.497 0.506 0.518 0.524 0.498 0.511 0.520 0.515 0.512

问当日该包装机工作是否正常?

【引例2】 某手机生产厂家在其宣传广告中,声称他们生产的某品牌手机待机的平均时间至少为 71.5 h.一质检部门检查了该厂生产的这种手机 6 部,得到待机时间(单位:h)分别为

69 68 72 70 66 75

假设手机的待机时间 $X \sim N(\mu, \sigma^2)$,由样本数据能否判断该广告有欺骗消费者之嫌?

【引例3】 一卷烟厂生产 A,B 两种烟草,该厂认为这两种烟草的尼古丁含量相同. 从 A,B 两种烟草中各随机抽取质量相同的 5 例进行化验,测得尼古丁含量的平均值分别 是 A:$\bar{x}=24.4$,B:$\bar{y}=27$.据经验知,尼古丁含量服从正态分布,且 A 的总体方差为 $\sigma_1^2=5$, B 的总体方差为 $\sigma_2^2=8$.问两种烟草的尼古丁含量是否有显著性差异?

上面这三个例子所代表的问题很普遍,它们有一个共同点:首先都对总体的参数存在 一定的"认识"(称之为"假设").如引例 1 中的"额定标准每袋净重 0.5 kg",引例 2 中"待 机的平均时间至少为 71.5 h",引例 3 中"认为 A,B 两种烟草中的尼古丁含量相同".其 次,都需要利用样本观测值去判断这种"假设"是否成立.

这里所说的"认识",是一种设想.研究者在检验一种新理论时,通常要先提出一种自 己认为正确的看法,即假设.至于它是否真地正确,在建立假设之前并不知道,需要通过样 本信息验证.这一过程称之为**假设检验**.

假设检验的过程如何实现呢?下面具体分析引例 1 的信息,得出假设检验的一般 步骤.

在引例 1 中,已知总体方差 $\sigma^2=0.015^2$,而 μ 未知,要判断的是该日包装机是否正常 工作.根据题意,所谓包装机正常工作,即包装出的葡萄糖每袋净重达到额定标准.也就是 说,要判断这一天包装的每袋葡萄糖的质量 X 的均值是否等于 0.5 kg.显然,如果 X 的 均值等于 0.5 kg,就是正常工作,并用 $\mu=\mu_0=0.5$ 的形式提出假设,通常记为 $H_0:\mu=$ 0.5,称之为**原假设**.但这个假设不一定是正确的,还需要考虑另外一个方面,即"工作不正 常",也就是 X 的均值不等于 0.5 kg.由此,同时提出原假设的对立假设 $H_1:\mu\neq0.5$,称之 为**备择假设**.这样,要解决引例 1 的问题,首先提出原假设和备择假设:
$$H_0:\mu=0.5, \quad H_1:\mu\neq0.5,$$
这里 H_0 和 H_1 有且仅有一个是正确的.

接下来需要判断原假设和备择假设中,哪一个是正确的.所遵循的原则是"**小概率事 件原则**",即概率很小的事件在一次试验中不会发生.其含义可以简单理解为:设 A,B 是 一次试验中的两个事件,如果 $P(A)>P(B)$,那么在一次试验中事件 A 更可能发生;反 之,如果在一次试验中,事件 A 发生了而 B 没有发生,那么大致可以推断出 $P(A)$ 要大 于 $P(B)$.

引例 1 中,由于样本取自总体,如果 $H_0:\mu=0.5$ 成立,这就表明样本均值 $\bar{X}$ 与 μ_0 的 偏差不应过大,也就是事件 $\{|\bar{X}-\mu_0|\leqslant a\}$ 应是一个大概率事件,在一次抽样试验中应能 正常发生,这里 a 表示 $\bar{X}$ 与 μ_0 的偏差.反之,小概率事件 $\{|\bar{X}-\mu_0|>a\}$ 在一次抽样试验 中不会发生.把小概率事件的概率表示为
$$P(|\bar{X}-\mu_0|>a)=\alpha,$$
其中 α 是一个很小的正数($0<\alpha<1$),称其为**显著性水平**.由于此时 $\bar{X}\sim N\left(\mu,\dfrac{\sigma^2}{n}\right)$,因而讨 论事件 $\{|\bar{X}-\mu_0|\leqslant a\}$ 和 $\{|\bar{X}-\mu_0|>a\}$ 哪一个发生,其实只需讨论
$$P\left(\left|\frac{\bar{X}-\mu_0}{\sigma/\sqrt{n}}\right|\leqslant z_{\frac{\alpha}{2}}\right)=1-\alpha$$
成立,还是

$$P\left(\left|\frac{\overline{X}-\mu_0}{\sigma/\sqrt{n}}\right|>z_{\frac{\alpha}{2}}\right)=\alpha$$

成立. 其中

$$Z=\frac{\overline{X}-\mu_0}{\sigma/\sqrt{n}}\sim N(0,1) \tag{7-1}$$

称为**检验统计量**,并由标准正态分布的分位点定义确定 $z_{\frac{\alpha}{2}}$,称 $\pm z_{\frac{\alpha}{2}}$ 为**临界值**(图 7-1).

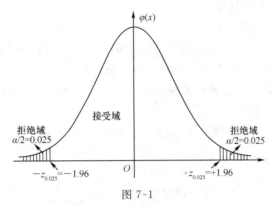

图 7-1

具体地,如果取 $\alpha=0.05$,则 $\pm z_{\frac{\alpha}{2}}=\pm 1.96$. 又知 $n=9,\sigma=0.015,\mu_0=0.5$,应用样本数据算得 $\overline{x}=0.511$. 将这些数据代入式(7-1)中,有

$$z=\frac{\overline{x}-\mu_0}{\sigma/\sqrt{n}}=\frac{0.511-0.5}{0.015/\sqrt{9}}=2.2>1.96=z_{0.025}.$$

这说明小概率事件发生了,也就是说包装机工作不正常了. 因此在这种情况下,应拒绝 H_0 接受 H_1.

在图 7-1 标准正态分布概率密度 $\varphi(x)$ 的图形中,阴影部分称为**拒绝域**. 根据上述分析可知,如果检验统计量的值落在拒绝域中,则拒绝 H_0;中间的部分称为**接受域**,如果检验统计量的值落在接受域中,则接受 H_0.

由前面的讨论可以得出假设检验的一般步骤:

首先提出原假设和备择假设. 再根据抽样分布和显著性水平确定检验统计量和临界值,划分出接受域和拒绝域. 然后根据样本信息计算检验统计量,并和临界值比较大小,确定出检验统计量是落在接受域还是拒绝域内,从而决定接受原假设还是接受备择假设.

前面讨论正态总体参数的置信区间时,主要考虑了待估参数 θ 的四种情况: μ,σ^2, $\mu_1-\mu_2,\dfrac{\sigma_1^2}{\sigma_2^2}$. 同样地,对正态总体参数进行假设检验时,待检验参数 θ 也主要考虑这四种情况. 下面分单正态总体和两个正态总体的情形具体讨论.

7.2 单个正态总体参数的假设检验

7.2.1 对总体均值 μ 的检验

1. 总体方差 σ^2 已知的情形

【例 7-1】 过去大量资料显示,某工厂产品的使用寿命(单位:h)$X \sim N(1020, 100^2)$. 现从最近生产的一批产品中随机抽取 16 件,测得样本平均寿命为 1080 h. 试在 0.05 的显著性水平下,判断这批产品的使用寿命是否有显著提高?

解 本例中要检验的是这批产品使用寿命的总体均值 μ 与 1020 相比,是不是有显著提高,因此假设的提法应为

$$H_0: \mu \leqslant 1020, \quad H_1: \mu > 1020.$$

由于 $\dfrac{\overline{X} - \mu}{\sigma/\sqrt{n}} \sim N(0, 1)$,则需考虑

$$P\left(\frac{\overline{X} - 1020}{\sigma/\sqrt{n}} \leqslant z_\alpha\right) = 1 - \alpha = 0.95$$

成立,还是

$$P\left(\frac{\overline{X} - 1020}{\sigma/\sqrt{n}} > z_\alpha\right) = \alpha = 0.05$$

成立. 显然检验统计量的公式仍为式(7-1),且接受域和拒绝域如图 7-2 所示,临界值记为 $+z_\alpha$.

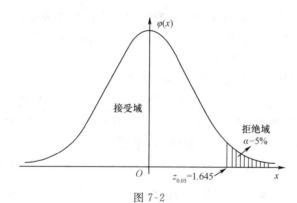

图 7-2

由 $n = 16, \overline{x} = 1080, \mu_0 = 1020, \sigma = 100$,代入检验统计量公式有

$$z = \frac{1080 - 1020}{100/\sqrt{16}} = 2.4,$$

由于 $2.4 > z_{0.05} = 1.645$,即检验统计量落在拒绝域中,则应该拒绝 H_0 接受 H_1. 也就是说,在 0.05 的显著性水平下,这批产品的使用寿命有显著提高.

【例 7-2】 一种机床加工的零件尺寸平均误差为 1.35 mm. 生产厂家采用一种新的机床进行加工,以期进一步降低误差. 为检验新机床加工的零件尺寸的平均误差与旧机床

相比是否有显著降低,从某天生产的零件中随机抽取 50 个进行检验,得到这 50 个零件尺寸的平均误差为 $\bar{x}=1.29$ mm.假设这种机床加工的零件尺寸的误差服从正态分布,且总体标准差为 0.20 mm.在 0.01 的显著性水平下,检验一下新机床加工的零件尺寸的平均误差与旧机床相比,是否有显著降低?

解　本例中要检验的是新机床加工的零件尺寸的总体均值 μ 与 1.35 相比,是不是有显著降低,由此提出假设

$$H_0:\mu\geqslant1.35,\quad H_1:\mu<1.35.$$

考虑

$$P\left(\frac{\overline{X}-1.35}{\sigma/\sqrt{n}}\geqslant z_{1-\alpha}\right)=1-\alpha=0.99$$

成立,还是

$$P\left(\frac{\overline{X}-1.35}{\sigma/\sqrt{n}}<z_{1-\alpha}\right)=\alpha=0.01$$

成立,则接受域和拒绝域如图 7-3 所示.由于 $z_{1-\alpha}=-z_\alpha$,因此临界值记为 $-z_\alpha$.

根据已知样本数据,算得检验统计量的观测值为

$$z=\frac{1.29-1.35}{0.2/\sqrt{50}}=-2.12>-z_{0.01}=-2.33,$$

即检验统计量落在接受域中,因此应该接受 H_0,拒绝 H_1.也就是说,在 0.01 的显著性水平下,不能判定新机床加工的零件尺寸的平均误差与旧机床相比有显著降低.

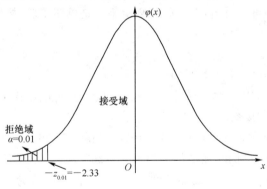

图 7-3

前面三个题目的检验方法称为 **z 检验法**.从这三个题目的讨论中可以得到下面的结果.

(1)对总体均值 μ 进行假设检验时,假设有以下三种类型:

类型 1　$H_0:\mu=\mu_0,H_1:\mu\neq\mu_0$;

类型 2　$H_0:\mu\leqslant\mu_0,H_1:\mu>\mu_0$;

类型 3　$H_0:\mu\geqslant\mu_0,H_1:\mu<\mu_0$.

其中,类型 1 称为**双侧检验**,而类型 2 与类型 3 统称为**单侧检验**.在之后的使用过程中,为了记忆方便,将三种类型中的原假设统一记为 $H_0:\mu=\mu_0$,备择假设则仍记为上述三种情形.由于原假设与备择假设是对立假设,因此原假设所代表的具体含义可从备择假设的对

应用概率统计

立面来理解.

（2）z 检验法的一般步骤如下：

步骤 1 提出原假设和备择假设.

双侧检验 $H_0:\mu=\mu_0,H_1:\mu\neq\mu_0$；

单侧检验 $H_0:\mu=\mu_0,H_1:\mu>\mu_0$，或 $H_0:\mu=\mu_0,H_1:\mu<\mu_0$.

步骤 2 计算检验统计量 Z.

步骤 3 由显著性水平 α 查表确定临界值.

当总体 $X\sim N(\mu,\sigma^2)$，且 σ^2 已知时，下面是几个常用的临界值结果：

当 $\alpha=0.05$ 时，

$$\pm z_{0.025}=\pm1.96 \quad （双侧检验，类型 1），$$
$$+z_{0.05}=+1.645 \quad （单侧检验，类型 2），$$
$$-z_{0.05}=-1.645 \quad （单侧检验，类型 3）.$$

当 $\alpha=0.01$ 时，

$$\pm z_{0.005}=\pm2.58,+z_{0.01}=+2.33,-z_{0.01}=-2.33.$$

步骤 4 比较检验统计量的值与临界值的大小.

步骤 5 根据步骤 4 的结果决定接受 H_0，还是拒绝 H_0.

双侧检验 $-z_{\frac{\alpha}{2}}\leqslant Z\leqslant+z_{\frac{\alpha}{2}}$ 时，接受 H_0，否则拒绝 H_0.

单侧检验 备择假设中"$>$"的情形：$Z\leqslant+z_\alpha$ 时，接受 H_0，否则拒绝 H_0；备择假设中"$<$"的情形：$Z\geqslant-z_\alpha$ 时，接受 H_0，否则拒绝 H_0.

（3）从分析过程中可以看出，不论是双侧检验还是单侧检验，检验统计量均为

$$Z=\frac{\overline{X}-\mu_0}{\sigma/\sqrt{n}}.$$

这一结论对其他方面的检验也适用.

（4）假设检验是在假定原假设成立的前提下进行的. 再应用样本信息验证这个前提正确还是备择假设可以被接受.

【例 7-3】 要求某种金属丝的平均抗断强度不得小于 265（单位：psi）. 现从一批产品中抽取 36 根金属丝，测得抗断强度的平均值 $\overline{x}=262.83$.设金属丝的抗断强度服从标准差 $\sigma=19.7$ 的正态分布. 在 0.05 的显著性水平下，是否可以认为金属丝的平均抗断强度不小于 265？

解 （1）要检验"金属丝的平均抗断强度是否不小于 265"，则提出假设：

$$H_0:\mu=265,\quad H_1:\mu<265.$$

（2）计算检验统计量，将 $n=36,\overline{x}=262.83,\mu_0=265,\sigma=19.7$ 代入公式得

$$z=\frac{262.83-265}{19.7/\sqrt{36}}=-0.66.$$

（3）显著性水平 $\alpha=0.05$，则临界值为 $-z_{0.05}=-1.645$.

（4）比较检验统计量的值与临界值的大小：$-0.66>-1.645$.

（5）得出结论：由于检验统计量的观测值 -0.66 落在接受域中，因此接受 H_0，拒绝 H_1.即在 0.05 的显著性水平下，可以认为金属丝的平均抗断强度不小于 265.

154

上述检验步骤不但对总体 $X \sim N(\mu, \sigma^2)$，且 σ^2 已知时的假设检验适用，对其他假设检验问题也适用. 但需要根据具体情况提出合适的假设，并找出恰当的检验统计量及临界值.

2. 总体方差 σ^2 未知的情形

在引例 2 中，总体服从正态分布，但总体方差 σ^2 未知. 在这种情形下对总体均值进行假设检验，不能再选取 $Z = \dfrac{\overline{X} - \mu_0}{\sigma/\sqrt{n}}$ 为检验统计量. 由于样本方差 S^2 是总体方差 σ^2 的无偏估计量，因而用 S 代替 σ，采用 $t = \dfrac{\overline{X} - \mu_0}{S/\sqrt{n}}$ 作为检验统计量. 由定理 5-1（单正态总体的抽样分布定理）知，此时，$t = \dfrac{\overline{X} - \mu_0}{S/\sqrt{n}}$ 服从 t-分布，即 $t \sim t(n-1)$.

【例 7-4】　在 0.05 的显著性水平下，解答引例 2 的问题.

解　要检验"该广告是否有欺骗消费者之嫌"，则由题设，提出假设：
$$H_0: \mu = 71.5, \quad H_1: \mu < 71.5.$$

由于总体 $X \sim N(\mu, \sigma^2)$，且 σ^2 未知，故取检验统计量为

$$t = \frac{\overline{X} - \mu_0}{S/\sqrt{n}} \sim t(n-1). \tag{7-2}$$

由要检验的问题，讨论

$$P\left(\frac{\overline{X} - \mu_0}{S/\sqrt{n}} \geqslant t_{1-\alpha}(n-1) \right) = 1 - \alpha$$

成立，或

$$P\left(\frac{\overline{X} - \mu_0}{S/\sqrt{n}} < t_{1-\alpha}(n-1) \right) = \alpha$$

成立. 将

$$n = 6, \quad \overline{x} = \frac{\sum\limits_{i=1}^{6} x_i}{6} = 70, \quad s = \sqrt{\frac{\sum\limits_{i=1}^{6}(\overline{x} - x_i)^2}{5}} = 3.2, \quad \mu_0 = 71.5$$

代入式（7-2）中得检验统计量的观测值为

$$t = \frac{70 - 71.5}{3.2/\sqrt{6}} = -1.15.$$

显著性水平为 $\alpha = 0.05$，经查 t-分布表，得临界值为 $-t_{0.05}(5) = -2.015$.

比较检验统计量的值与临界值的大小：$-1.15 > -2.015$.

故接受 H_0，拒绝 H_1，即在 0.05 的显著性水平下，不能认为该广告有欺骗消费者之嫌.

通过本例可知，此时检验的过程与前面基本一致，只是检验统计量和临界值都要依赖于 t-分布，称此种检验法为 **t 检验法**.

【例 7-5】　正常人的脉博平均为 72 次/min，现某医生从铅中毒的患者中抽取 10 个人，测得其脉博分别为

$$54 \quad 67 \quad 68 \quad 78 \quad 70 \quad 66 \quad 67 \quad 70 \quad 65 \quad 69$$

设脉搏服从正态分布,问在 0.05 的显著性水平下,铅中毒患者与正常人的脉搏是否有显著性差异?

解 首先,根据题设提出假设: $H_0 : \mu = 72, H_1 : \mu \neq 72$.

这是一个总体方差未知时,对总体均值 μ 的假设检验问题. 检验统计量为 $t = \dfrac{\overline{X} - \mu_0}{S / \sqrt{n}}$, 由样本数据

$$n = 10, \quad \overline{x} = \frac{\sum\limits_{i=1}^{10} x_i}{10} = 67.4,$$

$$s = \sqrt{\frac{\sum\limits_{i=1}^{10} (\overline{x} - x_i)^2}{9}} = 5.93,$$

又 $\mu_0 = 72$,代入检验统计量公式,得

$$t = \frac{67.4 - 72}{5.93 / \sqrt{10}} = -2.45.$$

显著性水平 $\alpha = 0.05$ 时,查 t 分布表得临界值为 $\pm t_{0.025}(9) = \pm 2.2622$. 因 $-2.45 < -2.2622$,故拒绝 H_0,接受 H_1. 即在 0.05 的显著性水平下,可以认为铅中毒患者与正常人的脉搏有显著性差异.

7.2.2 对总体方差 σ^2 的检验

在实际问题中,除了需要对总体均值 μ 进行检验,有时也要对总体方差 σ^2 进行检验,即给定显著性水平 α,视具体问题提出检验假设:

双侧检验 $H_0 : \sigma = \sigma_0, H_1 : \sigma \neq \sigma_0$;

单侧检验 $H_0 : \sigma = \sigma_0, H_1 : \sigma > \sigma_0$,或 $H_0 : \sigma = \sigma_0, H_1 : \sigma < \sigma_0$.

其检验步骤与对总体均值 μ 的检验步骤基本一致.

【例 7-6】 根据有关质量管理规定,市场上出售的袋装食盐,每袋质量的标准差不得大于 10 g,现从正要出厂的一批袋装食盐中随机抽取 14 袋,测得每袋的质量数据如下:

500.90　490.01　501.63　500.73　515.87　511.85　498.39

514.23　487.96　525.01　509.37　509.43　488.46　497.15

假设这种袋装食盐每袋的质量 $X \sim N(\mu, \sigma^2)$. 试在 0.05 的显著性水平下,检验这批食盐每袋质量的标准差 σ 是否符合标准?

解 由于袋装食盐每袋质量的标准差 σ 不得大于 10 g,因此提出假设为

$$H_0 : \sigma = \sigma_0 = 10, \quad H_1 : \sigma > \sigma_0 = 10.$$

本题中,μ 和 σ^2 均未知,由于样本方差 S^2 是 σ^2 的无偏估计,比值 $\dfrac{S^2}{\sigma_0^2}$ 一般来说应在 1 的附近,而不应过分大于 1,或过分小于 1. 由定理 5-1(单正态总体的抽样分布定理)知,H_0 为真时,

$$\chi^2 = \frac{(n-1)S^2}{\sigma_0^2} \sim \chi^2(n-1).$$

此时讨论原假设与备择假设,即讨论 $P(\chi^2 \leqslant \chi_\alpha^2(n-1)) = 1-\alpha$ 成立还是 $P(\chi^2 > \chi_\alpha^2(n-1)) = \alpha$ 成立,故取

$$\chi^2 = \frac{(n-1)S^2}{\sigma_0^2} \tag{7-3}$$

作为检验统计量.将

$$n = 14, \quad \overline{x} = \frac{\sum\limits_{i=1}^{14} x_i}{14} = 503.64,$$

$$s^2 = \frac{\sum\limits_{i=1}^{14}(x_i - \overline{x})^2}{14-1} = \frac{(500.90 - 503.64)^2 + \cdots + (497.15 - 503.64)^2}{13} = 123.38,$$

$$\sigma_0 = 10$$

代入式(7-3),得检验统计量的观测值为

$$\chi^2 = \frac{13 \times 123.38}{10^2} = 16.04.$$

取显著性水平 $\alpha = 0.05$,查 χ^2-分布表得临界值为 $\chi_{0.05}^2(13) = 22.362$.则检验统计量的值与临界值的大小关系为 $16.04 < 22.362$.

由于检验统计量的观测值落在接受域中,因此接受 H_0,拒绝 H_1.即在 0.05 的显著性水平下,可以认为这批食盐每袋质量的标准差 σ 符合标准.

上述检验过程称为 **χ^2 检验法**.

7.3　两个正态总体参数差异性的假设检验

实际问题中,经常会发生由于时间、地点或其他条件的变动,引起总体参数发生变化的情形,这时需要对比变动前后两个总体参数间的差异.如果我们对这种差异值已存在"认识",往往需要通过假设检验判断这种"认识"正确与否.本节讨论在正态总体下,对总体均值差 $\mu_1 - \mu_2$ 和方差比 $\frac{\sigma_1^2}{\sigma_2^2}$ 的假设检验问题.

在下面的讨论中,设有两个正态总体 $X \sim N(\mu_1, \sigma_1^2)$,$Y \sim N(\mu_2, \sigma_2^2)$,$X_1, X_2, \cdots, X_{n_1}$ 和 $Y_1, Y_2, \cdots, Y_{n_2}$ 分别是来自总体 X 和 Y 的两个独立的样本,其样本均值和样本方差分别为

$$\overline{X} = \frac{1}{n_1}\sum_{i=1}^{n_1} X_i, \quad \overline{Y} = \frac{1}{n_2}\sum_{j=1}^{n_2} Y_j;$$

$$S_1^2 = \frac{1}{n_1-1}\sum_{i=1}^{n_1}(X_i - \overline{X})^2, \quad S_2^2 = \frac{1}{n_2-1}\sum_{j=1}^{n_2}(Y_j - \overline{Y})^2.$$

7.3.1　对两个总体均值差 $\mu_1 - \mu_2$ 的检验

在给定显著性水平 α 下,要检验总体均值 μ_1 和 μ_2 有无差异,根据具体问题,可对如

应用概率统计

下假设进行检验:

(1)双侧检验

$$H_0:\mu_1=\mu_2, H_1:\mu_1\neq\mu_2(\text{或}\ H_0:\mu_1-\mu_2=0,H_1:\mu_1-\mu_2\neq0);$$

(2)单侧检验

$$H_0:\mu_1=\mu_2, H_1:\mu_1>\mu_2(\text{或}\ H_0:\mu_1-\mu_2=0,H_1:\mu_1-\mu_2>0),$$

或

$$H_0:\mu_1=\mu_2, H_1:\mu_1<\mu_2(\text{或}\ H_0:\mu_1-\mu_2=0,H_1:\mu_1-\mu_2<0).$$

下面分两个总体方差已知和未知两种情形讨论.

1. 两个总体方差 σ_1^2,σ_2^2 均已知时的情形

【例 7-7】 取显著性水平为 $\alpha=0.01$,回答引例 3 的问题.

解 设 A 种烟草的尼古丁含量为 X,其均值为 μ_1,B 种烟草的尼古丁含量为 Y,其均值为 μ_2,且两样本独立,由题意提出假设

$$H_0:\mu_1=\mu_2, \quad H_1:\mu_1\neq\mu_2.$$

因为两个总体都服从正态分布,且两个总体方差都是已知的,因此

$$\frac{(\overline{X}-\overline{Y})-(\mu_1-\mu_2)}{\sqrt{\frac{\sigma_1^2}{n_1}+\frac{\sigma_2^2}{n_2}}}\sim N(0,1).$$

故取检验统计量为

$$Z=\frac{(\overline{X}-\overline{Y})-(\mu_1-\mu_2)}{\sqrt{\frac{\sigma_1^2}{n_1}+\frac{\sigma_2^2}{n_2}}}. \tag{7-4}$$

由题意,$n_1=n_2=5,\bar{x}=24.4,\bar{y}=27,\sigma_1^2=5,\sigma_2^2=8$,代入式(7-4)中得检验统计量的观测值为

$$z=\frac{(24.4-27)-0}{\sqrt{\frac{5}{5}+\frac{8}{5}}}=-1.61.$$

取显著性水平 $\alpha=0.01$,则临界值为 $\pm z_{0.005}=\pm2.58$.因 $-2.58<-1.61<+2.58$,故接受 H_0,拒绝 H_1.即在 0.01 的显著性水平下,认为两种烟草的尼古丁含量没有显著性差异.

说明 假设检验是在假定原假设成立的前提下进行的,因此应用式(7-4)进行计算时,$(\mu_1-\mu_2)$ 的值取为 0.

2. 两个总体方差 $\sigma_1^2=\sigma_2^2$ 均未知时的情形

在例 7-7 中,如果两个总体的方差基本相等但均未知,而已知的是 X 的样本标准差 $s_1=2$ 和 Y 的样本标准差 $s_2=3$,那么显著性水平取 0.05 时,结果怎样?

由于 σ_1^2,σ_2^2 均未知,但 $\sigma_1^2=\sigma_2^2$,则由定理 5-2(双正态总体的抽样分布定理)有

$$\frac{(\overline{X}-\overline{Y})-(\mu_1-\mu_2)}{\sqrt{\frac{S^2}{n_1}+\frac{S^2}{n_2}}}\sim t(n_1+n_2-2),$$

从而可得此时的检验统计量为

$$t = \frac{(\overline{X} - \overline{Y}) - (\mu_1 - \mu_2)}{\sqrt{\dfrac{S^2}{n_1} + \dfrac{S^2}{n_2}}}, \tag{7-5}$$

其中

$$S^2 = \frac{(n_1 - 1)S_1^2 + (n_2 - 1)S_2^2}{n_1 + n_2 - 2}.$$

根据例 7-7 中的样本数据，$s^2 = \dfrac{4 \times 2^2 + 4 \times 3^2}{5 + 5 - 2} = 6.5$，代入式(7-5)有

$$t = \frac{(24.4 - 27) - 0}{\sqrt{\dfrac{6.5}{5} + \dfrac{6.5}{5}}} = -1.61.$$

在 0.05 的显著性水平下，查 t-分布表，得临界值为 $\pm t_{0.025}(8) = \pm 2.306$. 因为 $-2.306 < -1.61 < +2.306$，故接受 H_0，拒绝 H_1. 即应用 t 检验法，也说明两种烟草的尼古丁含量没有显著性差异.

【例 7-8】 某公司有甲、乙两个分厂，公司经理认为甲分厂工人的生产效率要高于乙分厂工人的生产效率. 现从甲分厂随机抽取 10 名工人生产某种工件，测得平均所用时间 $\overline{x} = 20$ 分钟，样本标准差 $s_1 = 4$ 分钟；从乙分厂随机抽取 20 名工人完成相同的工作，测得平均所用时间 $\overline{y} = 25$ 分钟，样本标准差 $s_2 = 5$ 分钟. 假设两分厂工人生产这种工件所用时间均服从正态分布，且总体方差相等. 在 0.01 的显著性水平下，是否可以认为公司经理的判断是可靠的？

解 要判断"甲分厂工人的生产效率高于乙分厂工人的生产效率"这个结论是否可靠，可从生产时间上进行分析. 设甲分厂工人生产这种工件所用时间为 X，其均值为 μ_1，乙分厂工人生产这种工件所用时间为 Y，其均值为 μ_2. 提出假设如下：

$$H_0 : \mu_1 = \mu_2, \quad H_1 : \mu_1 < \mu_2.$$

因两总体均服从正态分布，总体方差虽未知，但相等，则检验统计量为

$$t = \frac{(\overline{X} - \overline{Y}) - (\mu_1 - \mu_2)}{\sqrt{\dfrac{S^2}{n_1} + \dfrac{S^2}{n_2}}}.$$

由题设，已知 $n_1 = 10, \overline{x} = 20, n_2 = 20, \overline{y} = 25, s_1 = 4, s_2 = 5$，则

$$s^2 = \frac{9 \times 4^2 + 19 \times 5^2}{10 + 20 - 2} = 22.11,$$

代入公式，得检验统计量的观测值为

$$t = \frac{(20 - 25) - 0}{\sqrt{\dfrac{22.11}{10} + \dfrac{22.11}{20}}} = -2.75.$$

显著性水平取 $\alpha = 0.01$，查 t-分布表，得临界值为 $-t_{0.01}(28) = -2.4671$. 因此 $-2.75 < -2.4671$，故拒绝 H_0，接受 H_1. 即在 0.01 的显著性水平下，可以认为公司经理的判断是可靠的.

7.3.2 对两个总体方差比 $\dfrac{\sigma_1^2}{\sigma_2^2}$ 的检验

与参数估计的情形类似，在实际应用研究中，经常要对两个总体的方差进行比较. 在

比较两个总体方差时,通常是对其比值$\frac{\sigma_1^2}{\sigma_2^2}$或$\frac{\sigma_2^2}{\sigma_1^2}$进行推断.讨论的假设如下:

(1)双侧检验　$H_0:\sigma_1^2=\sigma_2^2,H_1:\sigma_1^2\neq\sigma_2^2$;

(2)单侧检验　$H_0:\sigma_1^2=\sigma_2^2,H_1:\sigma_1^2>\sigma_2^2$,　或　$H_0:\sigma_1^2=\sigma_2^2,H_1:\sigma_1^2<\sigma_2^2$.

也可表示为

(1)双侧检验　$H_0:\frac{\sigma_1^2}{\sigma_2^2}=1,H_1:\frac{\sigma_1^2}{\sigma_2^2}\neq1$;

(2)单侧检验　$H_0:\frac{\sigma_1^2}{\sigma_2^2}=1,H_1:\frac{\sigma_1^2}{\sigma_2^2}>1$,或$H_0:\frac{\sigma_1^2}{\sigma_2^2}=1,H_1:\frac{\sigma_1^2}{\sigma_2^2}<1$.

考虑两个总体的均值μ_1,μ_2和两个总体的方差σ_1^2,σ_2^2均未知的情形,根据定理5-2(双正态总体的抽样分布定理),知

$$\frac{S_1^2}{S_2^2}\cdot\frac{\sigma_2^2}{\sigma_1^2}\sim F(n_1-1,n_2-1),$$

在原假设成立的前提下,$\frac{\sigma_2^2}{\sigma_1^2}=1$,因此,检验统计量为

$$F=\frac{S_1^2}{S_2^2}. \tag{7-6}$$

【例7-9】　某公司准备购进一批灯泡,有两个供货商可供选择.这两家供货商的灯泡平均使用寿命差别不大,价格也很相近,考虑的主要因素就是灯泡使用寿命的方差大小.如果方差相同,就选择距离较近一家供货商进货.为此,公司管理人员对两家供货商提供的样品进行了检测,得知供货商甲提供的20个样品的方差$s_1^2=3675.46$,供货商乙提供的15个样品的方差$s_2^2=2431.43$.试在0.05的显著性水平下,检验两家供货商的灯泡使用寿命的方差是否有显著性差异?

解　要检验的是两家供货商的灯泡使用寿命的方差,即两个总体方差是否存在显著性差异,因此提出假设如下:

$$H_0:\frac{\sigma_1^2}{\sigma_2^2}=1,H_1:\frac{\sigma_1^2}{\sigma_2^2}\neq1\quad(或\ H_0:\sigma_1^2=\sigma_2^2,H_1:\sigma_1^2\neq\sigma_2^2).$$

因为两总体均值与总体方差未知,故检验统计量为$F=\frac{S_1^2}{S_2^2}$.已知$s_1^2=3675.46,s_2^2=2431.43$,则检验统计量的观测值为

$$F=\frac{3675.46}{2431.43}=1.51.$$

显著性水平取$\alpha=0.05$,查F-分布表,得临界值为$F_{0.025}(19,14)=2.84$.又$F_{0.025}(14,19)=2.62$,故$F_{0.975}(19,14)=\frac{1}{F_{0.025}(14,19)}=\frac{1}{2.62}=0.38$.由$0.38<1.51<2.84$,故接受$H_0$,拒绝$H_1$.即在0.05的显著性水平下,可以认为两家供货商的灯泡使用寿命的方差没有显著性差异.

这种检验方法称为**F检验法**.

归纳本章主要内容,给出表7-1.表中列出了正态总体参数假设检验的假设、检验统计量和拒绝域情形.

表 7-1　　　　　　　　　　　正态总体参数假设检验的假设、检验统计量和拒绝域

	原假设 H_0	备择假设 H_1	检验统计量	拒绝域
一个正态总体	$\mu=\mu_0$ （σ^2 已知）	$\mu\neq\mu_0$	$Z=\dfrac{\overline{X}-\mu_0}{\sigma/\sqrt{n}}$	$\lvert Z\rvert>z_{\frac{\alpha}{2}}$
		$\mu>\mu_0$		$Z>z_\alpha$
		$\mu<\mu_0$		$Z<-z_\alpha$
	$\mu=\mu_0$ （σ^2 未知）	$\mu\neq\mu_0$	$t=\dfrac{\overline{X}-\mu_0}{S/\sqrt{n}}$	$\lvert t\rvert>t_{\frac{\alpha}{2}}(n-1)$
		$\mu>\mu_0$		$t>t_\alpha(n-1)$
		$\mu<\mu_0$		$t<-t_\alpha(n-1)$
	$\sigma=\sigma_0$	$\sigma\neq\sigma_0$	$\chi^2=\dfrac{(n-1)S^2}{\sigma_0^2}$	$\chi^2>\chi^2_{\alpha/2}(n-1)$ 或 $\chi^2<\chi^2_{1-\alpha/2}(n-1)$
		$\sigma>\sigma_0$		$\chi^2>\chi^2_\alpha(n-1)$
		$\sigma<\sigma_0$		$\chi^2<\chi^2_{1-\alpha}(n-1)$
两个正态总体	$\mu_1=\mu_2$ （σ_1^2,σ_2^2 已知）	$\mu_1\neq\mu_2$	$Z=\dfrac{(\overline{X}-\overline{Y})-(\mu_1-\mu_2)}{\sqrt{\dfrac{\sigma_1^2}{n_1}+\dfrac{\sigma_2^2}{n_2}}}$	$\lvert Z\rvert>z_{\frac{\alpha}{2}}$
		$\mu_1>\mu_2$		$Z>z_\alpha$
		$\mu_1<\mu_2$		$Z<-z_\alpha$
	$\mu_1=\mu_2$ （$\sigma_1^2=\sigma_2^2$ 未知）	$\mu_1\neq\mu_2$	$t=\dfrac{(\overline{X}-\overline{Y})-(\mu_1-\mu_2)}{\sqrt{\dfrac{S^2}{n_1}+\dfrac{S^2}{n_2}}}$, $S^2=\dfrac{(n_1-1)S_1^2+(n_2-1)S_2^2}{n_1+n_2-2}$	$\lvert t\rvert>t_{\frac{\alpha}{2}}(n_1+n_2-2)$
		$\mu_1>\mu_2$		$t>t_\alpha(n_1+n_2-2)$
		$\mu_1<\mu_2$		$t<-t_\alpha(n_1+n_2-2)$
	$H_0:\dfrac{\sigma_1^2}{\sigma_2^2}=1$ （或 $\sigma_1^2=\sigma_2^2$）	$H_1:\dfrac{\sigma_1^2}{\sigma_2^2}\neq1$ （或 $\sigma_1^2\neq\sigma_2^2$）	$F=\dfrac{S_1^2}{S_2^2}$	$F>F_{\alpha/2}(n_1-1,n_2-1)$ 或 $F<F_{1-\alpha/2}(n_1-1,n_2-1)$
		$H_1:\dfrac{\sigma_1^2}{\sigma_2^2}>1$ （或 $\sigma_1^2>\sigma_2^2$）		$F>F_\alpha(n_1-1,n_2-1)$
		$H_1:\dfrac{\sigma_1^2}{\sigma_2^2}<1$ （或 $\sigma_1^2<\sigma_2^2$）		$F<F_{1-\alpha}(n_1-1,n_2-1)$

7.4　应用实例阅读

　　在前面的章节中,已经介绍了对总体比例的参数估计问题,在实际应用中,也会涉及对总体比例的假设检验问题.

　　【实例 7-1】　对单总体比例的假设检验问题

　　在实际问题中,如果对总体比例已存在某个"认识值"π_0,但不确定该认识是否正确,

如何进行检验? 可提出如下假设:

(1) 双侧检验　$H_0 : \pi = \pi_0 , H_1 : \pi \neq \pi_0$;

(2) 单侧检验　$H_0 : \pi = \pi_0$ (即 $\pi \leqslant \pi_0$), $H_1 : \pi > \pi_0$, 或 $H_0 : \pi = \pi_0$ (即 $\pi \geqslant \pi_0$), $H_1 : \pi < \pi_0$.

重复抽取容量为 n 的大样本, 则样本比例 P 满足

$$\frac{P - \pi}{\sqrt{\dfrac{\pi(1-\pi)}{n}}} \sim N(0,1),$$

可得检验统计量为

$$z = \frac{P - \pi_0}{\sqrt{\dfrac{\pi_0(1-\pi_0)}{n}}} \tag{7-7}$$

【例1】　对某城市消费者的一项调查表明, 有 17% 的消费者早餐饮用牛奶, 而牛奶生产商认为早餐饮用牛奶的消费者比例更高. 为检验这一说法是否正确, 生产商从该城市随机抽取 550 人, 其中有 115 人早餐饮用牛奶. 在 0.05 的显著性水平下, 检验该生产商的判断是否正确.

解　由于生产商的判断是早餐饮用牛奶者比例高于 17%, 即对总体比例进行检验, 因此提出假设如下:

$$H_0 : \pi = 0.17, \quad H_1 : \pi > 0.17.$$

由题设, $n = 550$, $p = \dfrac{115}{550} = 0.21$, $\pi_0 = 0.17$, 代入检验统计量公式 (7-7) 中, 有

$$z = \frac{0.21 - 0.17}{\sqrt{\dfrac{0.17(1-0.17)}{550}}} = 2.5.$$

显著性水平取 $\alpha = 0.05$, 则临界值为 $+z_{0.05} = 1.645$, 故 $2.5 > 1.645$. 因此, 拒绝 H_0, 接受 H_1, 即在 0.05 的显著性水平下, 该生产商的判断是正确的.

【例2】　某保险公司欲推断在过去的一年中, 投保某险种人员的年龄在 35 岁以上者所占的比例, 其主管部门的经理估计该比例应为 65%. 为判断这种估计是否可靠, 从过去一年的投保人中随机抽取 40 人, 发现其中有 23 人在 35 岁以上. 以 0.01 的显著性水平, 检验主管部门的经理的估计是否可靠.

解　由于主管部门经理的估计是: 总体中 35 岁以上投保人的比例应为 65%, 要判断其估计是否可靠, 因此提出假设如下:

$$H_0 : \pi = 0.65, \quad H_1 : \pi \neq 0.65.$$

由题设, $n = 40$, $p = \dfrac{23}{40} = 0.575$, $\pi_0 = 0.65$, 代入式 (7-7), 有

$$z = \frac{0.575 - 0.65}{\sqrt{\dfrac{0.65(1-0.65)}{40}}} = -0.99.$$

显著性水平取 $\alpha = 0.01$, 则临界值为 $\pm z_{0.005} = \pm 2.58$, 故 $-2.58 < -0.99 < 2.58$. 因此, 接受 H_0, 拒绝 H_1, 即在 0.01 的显著性水平下, 可以认为主管经理的估计是可靠的.

【实例7-2】 对两总体比例差的假设检验问题

与两个总体均值差异性问题类似,如果认定"两个总体比例相等",那么具体结果到底是什么,可以通过假设检验作出判断. 可提出如下假设:

(1)双侧检验 $H_0: \pi_1 = \pi_2, H_1: \pi_1 \neq \pi_2$;

(2)单侧检验 $H_0: \pi_1 = \pi_2, H_1: \pi_1 > \pi_2$,或 $H_0: \pi_1 = \pi_2, H_1: \pi_1 < \pi_2$.

假设两个样本是相互独立的大样本,则根据单样本比例抽样分布的结果与中心极限定理知,

$$P_1 - P_2 \sim N\left(\pi_1 - \pi_2, \frac{\pi_1(1-\pi_1)}{n_1} + \frac{\pi_2(1-\pi_2)}{n_2}\right).$$

因此,检验统计量的计算公式为

$$Z = \frac{(P_1 - P_2) - (\pi_1 - \pi_2)}{\sqrt{\frac{\pi_1(1-\pi_1)}{n_1} + \frac{\pi_2(1-\pi_2)}{n_2}}}.$$

由于两个总体比例 π_1 和 π_2 未知,且检验过程是在原假设成立的前提下进行的,因此上式分子上的 $(\pi_1 - \pi_2) = 0$,而分母上的 π_1 和 π_2 则分别用样本比例 P_1 和 P_2 代替,因此实际计算时,检验统计量的公式为

$$Z = \frac{(P_1 - P_2) - (\pi_1 - \pi_2)}{\sqrt{\frac{P_1(1-P_1)}{n_1} + \frac{P_2(1-P_2)}{n_2}}} \tag{7-8}$$

【例3】 工厂 A 和工厂 B 生产同一产品,为比较两家的生产质量,分别从 A 厂的产品中随机抽取 200 件样品进行质量检测,发现其中有 9 件不合格;从 B 厂的产品中随机抽取 100 件进行检验,发现其中有 3 件不合格. 在 0.05 的显著性水平下,判断这两家工厂的产品不合格率是否存在显著性差异?

解 设 A 厂产品的不合格率为 π_1,B 厂产品的不合格率为 π_2,则提出假设:

$$H_0: \pi_1 = \pi_2, \quad H_1: \pi_1 \neq \pi_2.$$

由题设,$n_1 = 200, p_1 = \frac{9}{200} = 0.045, n_2 = 100, p_2 = \frac{3}{100} = 0.03$,代入式(7-8),有

$$z = \frac{(0.045 - 0.03) - 0}{\sqrt{\frac{0.045(1-0.045)}{200} + \frac{0.03(1-0.03)}{100}}} = 0.67.$$

取显著性水平 $\alpha = 0.05$,则临界值为 $\pm z_{0.025} = \pm 1.96$,故 $-1.96 < 0.67 < 1.96$. 因此,接受 H_0,拒绝 H_1,即在 0.05 的显著性水平下,这两家工厂产品的不合格率不存在显著性差异.

习题 7

1. 按照过去的铸造法,某厂所造的零件强度的平均值是 52.1 g/mm²,标准差为 1.6 g/mm². 为降低成本,该厂改变了铸造方法,从按新方法生产的产品中抽取了 9 个样品,测得其强度平均为 52.9 g/mm²,标准差不变. 假设零件的强度服从正态分布,试在 0.05 的显著性水平下,判断新的铸造方法是否提升了零件的强度,即检验总体均值是否变大?

2. 已知某炼铁厂生产的铁水的含碳量服从正态分布 $N(4.55,0.11^2)$. 现测试 9 炉铁水,其平均含碳量为 4.484. 如果方差没有变化,可否认为现在生产的铁水的含碳量仍为 4.55(取显著性水平 $\alpha=0.05$)?

3. 一种元件,要求其使用寿命不得低于 1000 小时. 现从一批这种元件中随机抽取 25 件,测得其平均寿命为 950 小时. 已知这种元件的寿命服从标准差 $\sigma=100$ 小时的正态分布. 在 0.05 的显著性水平下,确定这批元件是否合格?

4. 一种罐装饮料采用自动生产线生产,每罐的平均容量是 255 mL,标准差为 5 mL. 为检验每罐容量是否符合要求,质检人员在某天生产的饮料中随机抽取了 36 罐进行检验,测得每罐平均容量为 257 mL. 分别在 0.05 和 0.01 的显著性水平下,检验该天生产的饮料容量是否符合标准要求?

5. 一种汽车配件的长度要求为 12 cm,高于或低于该标准都被认为是不合格的. 现对一个配件供货商提供的 10 个样品进行了检测,测得样本均值 $\overline{x}=11.89$ cm,样本标准差 $s=0.4932$ cm. 假定这种汽车配件的长度服从正态分布,在 0.05 的显著性水平下,检验该供货商提供的配件是否符合要求?

6. 测定某溶液中的水分,得到 10 个测定值,经计算 $\overline{x}=5.2\%$,$s^2=0.037^2$,设溶液中的水分含量 $X\sim N(\mu,\sigma^2)$,在 0.05 的显著性水平下,该溶液中水分含量均值 μ 是否超过 5%?

7. 从某工厂随机选取 20 只部件,测得装配时间(单位:分钟)平均为 $\overline{x}=10.25$,样本标准差为 $s=0.604$. 设这种部件的装配时间服从正态分布 $N(\mu,\sigma^2)$,其中 μ,σ^2 未知,在 0.05 的显著性水平下,是否可以认为这种部件的平均装配时间是 10 分钟?

8. 从某厂生产的电子元件中随机抽取 25 个进行寿命测试,根据测得数据算得(单位:小时)$\overline{x}=100,\sum\limits_{i=1}^{25}x_i^2=4.9\times10^5$. 已知这种电子元件的使用寿命服从 $N(\mu,\sigma^2)$,且出厂标准为使用寿命必须达到 90 小时以上. 在 0.05 的显著性水平下,检验该厂生产的电子元件是否符合标准?

9. 随机地从一批外径为 1 cm 的钢珠中抽取 10 只,测试其屈服强度(单位:kg)得平均值 $\overline{x}=2200$,$s=220$,已知钢珠的屈服强度 $X\sim N(\mu,\sigma^2)$.

(1)求总体均值 μ 置信度为 0.95 的置信区间;

(2)在 0.05 的显著性水平下,检验总体均值 μ 是否等于 2000?

(3)若设 $X\sim N(\mu,200^2)$,在 0.05 的显著性水平下,检验 X 的方差 σ^2 是否有显著提高?

10. 某厂生产的某种型号的电池,其使用寿命长期以来服从方差为 $\sigma^2=5000$ h^2 的正态分布,现从一批这种型号的电池中随机抽取 26 只,测得样本方差为 9200 h^2. 在 0.02 的显著性水平下,检验这批电池寿命的方差较以往有无显著变化?

11. 一细纱车间纺出的某种细纱支数标准差为 1.2,从某日纺出的一批细纱中随机取 16 缕进行支数测量,算得样本标准差为 2.1,问纱的均匀度即总体标准差有无显著变化?取显著性水平 $\alpha=0.05$,并假设总体是正态分布.

12. 有两台机器用来充装净容量为 16.0 盎司的塑料瓶,充装过程假定为正态的,且总体标准差分别为 $\sigma_1=0.015$ 和 $\sigma_2=0.018$. 质量管理部门怀疑这两台机器不能充装相同的 16.0 盎司的净容量,为此从两台机器充装的产品中各取一个随机样本:

机器 1:16.03　　16.04　　16.05　　16.05　　16.02　　16.01

　　　　15.96　　15.98　　16.02　　15.99

机器 2:16.02　　15.97　　15.96　　16.01　　15.99　　16.03

　　　　16.04　　16.02　　16.01　　16.00

在 0.05 的显著性水平下,判断质量管理部门的怀疑是正确的吗?

13. 有甲、乙两个品种的作物,分别各用 10 块地试种,根据收集到的数据得到平均产量结果分别为 $\overline{x}=30.97$ 和 $\overline{y}=21.97$. 已知这两种作物的产量分别服从正态分布 $N(\mu_1,27)$ 和 $N(\mu_2,12)$,问在 0.01 的显著性水平下,这两个品种的平均产量是否有显著性差异?

14. 在甲、乙两个居民区分别抽取 8 户和 10 户调查每月煤气用量(m^3),计算得样本均值分别为 $\bar{x}_1 = 7.56$,$\bar{x}_2 = 6.02$.根据以往经验,两区居民煤气用量近似服从正态分布,相互独立,且两总体标准差 $\sigma_1 = \sigma_2 = 1.1$.在 0.05 的显著性水平下,判断甲区居民煤气用量是否高于乙区?

15. 甲、乙两台机床同时加工某种零件,已知两台机床加工的零件的直径均服从正态分布,并且方差相同.现从甲加工的零件中随机抽取 8 件,测得其平均直径为 19.925 cm,样本方差为 0.2164 cm^2.从乙加工的零件中抽取 7 件,测得其平均直径为 20.643 cm,样本方差为 0.2729 cm^2.在 0.05 的显著性水平下,是否能够显示甲床加工的零件的直径要小于乙机床加工的零件的直径?

16. 随机地挑选 20 位失眠者分别服用甲、乙两种安眠药,记录下他们睡眠的延长时间(单位:h),分别得到数据 $x_1,\cdots,x_{10}$ 和 $y_1,\cdots,y_{10}$,并由此算得 $\bar{x}=4$,$s_1^2=0.001$,$\bar{y}=4.04$,$s_2^2=0.004$.设甲、乙两种安眠药的延长时间均服从正态分布,且方差相等.在 0.05 的显著性水平下,判断两种安眠药的疗效是否相同?

17. 某地抽取 10 名成年男子和 8 名成年女子,检测血液中红血球的数量(万/cm^2),得到样本均值和样本标准差分别为男:$\bar{x}=465.13$,$s_1=54.8$;女:$\bar{y}=422.16$,$s_2=49.2$.假设成年男、女红血球数量近似服从正态分布,方差相同,在 0.05 的显著性水平下,问成年男子的红血球数量是否高于成年女子的红血球量?

18. 有两台机器生产同种金属部件,分别在两台机器所生产的部件中各取容量 $n_1=60$,$n_2=40$ 的样本,测得部件质量(单位:kg)的样本方差分别为 $s_1^2=15.46$,$s_2^2=9.66$.设两样本相互独立,两总体分别服从 $N(\mu_1,\sigma_1^2)$,$N(\mu_2,\sigma_2^2)$ 分布,其中 $\mu_1,\sigma_1^2,\mu_2,\sigma_2^2$ 均未知.试在 0.05 的显著性水平下,检验如下假设:

$H_0:\sigma_1^2=\sigma_2^2$,$H_1:\sigma_1^2>\sigma_2^2$.

19. 甲、乙两个铸造厂生产同一种铸件,假定两厂的铸件重量都服从正态分布,现从两厂的铸件中各抽取若干个,分别测得重量如下(单位:kg):

甲厂：93.3　92.1　94.7　90.1　95.6　90.0　94.7

乙厂：95.6　94.9　96.2　95.8　95.1　96.3

取显著性水平 $\alpha=0.05$,检验甲厂铸件重量的方差与乙厂铸件重量的方差是否存在显著性差异?

习题参考答案

习题 1

1. (1) $\Omega=\{(\text{正},\text{正}),(\text{正},\text{反}),(\text{反},\text{正}),(\text{反},\text{反})\}$；

(2) $\Omega=\{(1,1),(1,2),\cdots,(1,6),(2,1),\cdots,(2,6),\cdots(6,1),\cdots,(6,6)\}$；

(3) $\Omega=\{(x,y)\mid x^2+y^2<1\}$；(4) $\Omega=\{0,1,2,\cdots\}$；(5) $\Omega=\{t\mid t\geqslant0\}$.

2. (1) $\bar{A}B\bar{C}$；(2) ABC；(3) $A\cup B\cup C$；(4) $\overline{ABC}$ 或 $\overline{A\cup B\cup C}$；

(5) $\bar{A}BC\cup A\bar{B}\bar{C}\cup \bar{A}B\bar{C}\cup \bar{A}\bar{B}C$ 或 $\bar{A}B\cup \bar{A}C\cup \bar{B}C$；

(6) $\overline{ABC}$ 或 $\bar{A}\cup \bar{B}\cup \bar{C}$；(7) $AB\cup BC\cup AC$.

3. (1) $A\cup B=\{x\mid \frac{1}{4}<x<1\}$；(2) $AB=\{x\mid \frac{1}{3}\leqslant x\leqslant \frac{1}{2}\}$；(3) $\bar{A}B=\{x\mid \frac{1}{2}<x<1\}$；

(4) $A\cup \bar{B}=\{x\mid x\leqslant \frac{1}{2}$ 或 $x\geqslant1\}$.

4. $B=A_1\cup A_2\cup A_3$；$C_0=\bar{A}_1\bar{A}_2\bar{A}_3=\overline{A_1\cup A_2\cup A_3}$；$C_1=A_1\bar{A}_2\bar{A}_3\cup \bar{A}_1A_2\bar{A}_3\cup \bar{A}_1\bar{A}_2A_3$；

$C_2=A_1A_2\bar{A}_3\cup A_1\bar{A}_2A_3\cup \bar{A}_1A_2A_3$；$C_3=A_1A_2A_3$.

5. 0.018144.

6. $\dfrac{252}{2431}$.

7. $\dfrac{1}{15}$.

8. $\dfrac{2}{9}$.

9. $\dfrac{2t}{T}-\dfrac{t^2}{T^2}$.

10. $\dfrac{1}{4}$.

11. 0.88.

12. 0.1,0.3.

13. 0.8,0.5,0.5,0.2,0,0.5,0.3.

14. 0.2,0.6.

15. (1) $1-\left(\dfrac{6}{7}\right)^6$；(2) $1-\dfrac{1}{7^6}$；(3) $1-2\left(\dfrac{6}{7}\right)^6$.

16. (1) $\dfrac{7}{15}$；(2) $\dfrac{14}{15}$；(3) $\dfrac{7}{30}$.

17. 0.28,0.28.

18. $\dfrac{1}{4}$.

19. (1)$\dfrac{9}{25}$;(2)$\dfrac{12}{25}$;(3)$\dfrac{3}{5}$.

20. $\dfrac{9}{1078}$.

21. (1)0.03;(2)$\dfrac{1}{3}$.

22. $\dfrac{20}{21}$.

23. (1)0.218;(2)0.476.

24. $\dfrac{1}{3}$ 或 $\dfrac{1}{6}$.

25. 0.068608.

26. $\dfrac{5}{8}$.

27. $n \geqslant 5.026$,即 n 取 6.

习题 2

1. (1)有放回

X	0	1	2	3
P	0.512	0.384	0.096	0.008

(2)不放回

X	0	1	2
P	$\dfrac{7}{15}$	$\dfrac{7}{15}$	$\dfrac{1}{15}$

2.

X	1	2	3	$\cdots$	k	$\cdots$
P	0.7	0.3×0.7	$0.3^2 \times 0.7$	$\cdots$	$0.3^{k-1} \times 0.7$	$\cdots$

Y	0	1	2	$\cdots$	k	$\cdots$
P	0.4	0.3×1.4	$0.3^2 \times 1.4$	$\cdots$	$0.3^k \times 1.4$	$\cdots$

3.

X	1	2	3	4	5	6
P	$\dfrac{11}{36}$	$\dfrac{9}{36}$	$\dfrac{7}{36}$	$\dfrac{5}{36}$	$\dfrac{3}{36}$	$\dfrac{1}{36}$

$$F(x) = \begin{cases} 0, & x<1 \\ \dfrac{11}{36}, & 1 \leqslant x < 2 \\ \dfrac{20}{36}, & 2 \leqslant x < 3 \\ \dfrac{27}{36}, & 3 \leqslant x < 4 \\ \dfrac{32}{36}, & 4 \leqslant x < 5 \\ \dfrac{35}{36}, & 5 \leqslant x < 6 \\ 1, & x \geqslant 6 \end{cases}$$

4.

X	3	4	5
P	$\dfrac{1}{10}$	$\dfrac{3}{10}$	$\dfrac{6}{10}$

$$F(x) = \begin{cases} 0, & x<3 \\ \dfrac{1}{10}, & 3 \leqslant x < 4 \\ \dfrac{4}{10}, & 4 \leqslant x < 5 \\ 1, & x \geqslant 5 \end{cases}.$$

5. $(1)\, a = \dfrac{105}{176}$;$(2)\, \dfrac{35}{44}$.

6.

X	-1	2	3
P	$\dfrac{1}{6}$	$\dfrac{1}{2}$	$\dfrac{1}{3}$

7. $(1)\, P(X=k) = C_5^k \cdot 0.6^k \cdot 0.4^{5-k}\,(k=0,1,\cdots,5)$;$(2)\,0.2304$;$(3)\,0.91296$.

8. $(1)\, P(X=k) = C_3^k \cdot \left(\dfrac{1}{4}\right)^k \cdot \left(\dfrac{3}{4}\right)^{3-k}\,(k=0,1,2,3)$;$(2)\,\dfrac{27}{32}$.

9. $\dfrac{19}{27}$.

10. $(1)\,0.02977$;$(2)\,0.566530$.

11. 0.264241.

12. $F(x) = \begin{cases} 0, & x<0 \\ \dfrac{3}{4}\left(x^2 - \dfrac{1}{3}x^3\right), & 0 \leqslant x < 2 \\ 1, & x \geqslant 2 \end{cases}.$

13. $A = \dfrac{1}{2}, B = \dfrac{1}{\pi}$.

14. $(1)\, \ln 2, 1, \dfrac{1}{2}$;$(2)\, f(x) = \begin{cases} \dfrac{1}{x}, & 1 \leqslant x < e \\ 0, & \text{其他} \end{cases}$

15. $(1)\dfrac{15}{2}$；$(2)F(x)=\begin{cases}0, & x<0\\ \dfrac{5}{2}x^3-\dfrac{1}{2}x^2-x, & 0\leqslant x<1.\\ 1, & x\geqslant 1\end{cases}$

16. $F(x)=\begin{cases}\dfrac{1}{2}\mathrm{e}^x, & x<0\\ 1-\dfrac{1}{2}\mathrm{e}^{-x}, & x\geqslant 0\end{cases}$.

17. 0.0272.

18. $\dfrac{232}{243}$.

19. -15 或 $\dfrac{11}{3}$.

20. $(1)1-\mathrm{e}^{-0.04}$；$(2)\mathrm{e}^{-0.2}$；$(3)\mathrm{e}^{-0.2}$.

21. 0.9861；0.0392；0.0367；0.8788.

22. 0.5；0.9544；0.6977.

23. 0.2.

24. $(1)111.84$；$(2)55.92$.

25. $(1)0.8413$；$(2)186.5$.

26. (1)

Y	0	1.5	2	4	6
P	$\dfrac{1}{8}$	$\dfrac{1}{4}$	$\dfrac{1}{8}$	$\dfrac{1}{6}$	$\dfrac{1}{3}$

(2)

Y	-3	-1	1	1.5	3
P	$\dfrac{1}{3}$	$\dfrac{1}{6}$	$\dfrac{1}{8}$	$\dfrac{1}{4}$	$\dfrac{1}{8}$

(3)

Y	0	0.25	4	16
P	$\dfrac{1}{8}$	$\dfrac{1}{4}$	$\dfrac{7}{24}$	$\dfrac{1}{3}$

27. $(1)\dfrac{11}{30}$；

(2)

Y	2	3	6	11
P	$\dfrac{1}{5}$	$\dfrac{7}{30}$	$\dfrac{1}{5}$	$\dfrac{11}{30}$

$(3)F(y)=\begin{cases}0, & y<2\\ \dfrac{1}{5}, & 2\leqslant y<3\\ \dfrac{13}{30}, & 3\leqslant y<6\\ \dfrac{19}{30}, & 6\leqslant y<11\\ 1, & y\geqslant 11\end{cases}$.

28.

Y	-1	0	1
P	$\dfrac{2}{15}$	$\dfrac{1}{3}$	$\dfrac{8}{15}$

29.

Y	0	1
P	$2\mathrm{e}^{-1}$	$1-2\mathrm{e}^{-1}$

30. (1) $f_Y(y) = \begin{cases} \dfrac{3}{8}y^2, & 0<y<2 \\ 0, & \text{其他} \end{cases}$.

(2) $f_Y(y) = \begin{cases} 3(1-y)^2, & 0<y<1 \\ 0, & \text{其他} \end{cases}$.

(3) $f_Y(y) = \begin{cases} \dfrac{3}{2}\sqrt{y}, & 0<y<1 \\ 0, & \text{其他} \end{cases}$.

31. (1) $f_Y(y) = \begin{cases} \dfrac{1}{2y}, & 1<y<\mathrm{e}^2 \\ 0, & \text{其他} \end{cases}$.

(2) $f_Y(y) = \begin{cases} \mathrm{e}^{-y}, & y>0 \\ 0, & \text{其他} \end{cases}$.

32. $f_Y(y) = \begin{cases} \sqrt{\dfrac{2}{\pi}}\,\mathrm{e}^{-\frac{y^2}{2}}, & y\geqslant 0 \\ 0, & y<0 \end{cases}$

33. 略.

习题 3

1. (1) 有放回抽取

X \ Y	0	1	$p_{i\cdot}$
0	25/36	5/36	5/6
1	5/36	1/36	1/6
$p_{\cdot j}$	5/6	1/6	1

X,Y 相互独立.

(2) 不放回抽取

X \ Y	0	1	$p_i.$
0	45/66	10/66	5/6
1	10/66	1/66	1/6
$p._j$	5/6	1/6	1

X,Y 不独立.

2.

X \ Y	1	2	3
1	0	1/6	1/12
2	1/6	1/6	1/6
3	1/12	1/6	0

$P(X=Y)=\dfrac{1}{6}.$

3.

X \ Y	0	1	2	$p_i.$
0	0	0	1/35	1/35
1	0	6/35	6/35	12/35
2	3/35	12/35	3/35	18/35
3	2/35	2/35	0	4/35
$p._j$	5/35	20/35	10/35	1

4. (X,Y) 的联合分布律为

X \ Y	1	3
0	0	1/8
1	3/8	0
2	3/8	0
3	0	1/8

X 的边缘分布律为

X	0	1	2	3
$p_i.$	1/8	3/8	3/8	1/8

Y 的边缘分布律为

Y	1	3
$p._j$	3/4	1/4

5. (1)$\alpha=0.3,\beta=0.1$;(2)0.4;(3)0.3.

6. (1)$c=1$;(2)$\dfrac{7}{8},\dfrac{23}{24}$.

7. (1)$k=2$;(2)$\dfrac{1}{3}$;(3)$1+e^{-2}-2e^{-1}$.

(4)$F(x,y)=\begin{cases}(1-e^{-2x})(1-e^{-y}), & x>0,y>0\\ 0, & 其他\end{cases}$.

(5)0.

8. (1)$c=\dfrac{3}{\pi R^3}$;(2)$\dfrac{3r^2}{R^2}-\dfrac{2r^3}{R^3}$.

9. (1)$f(x,y)=\begin{cases}\dfrac{1}{\pi}, & (x,y)\in D\\ 0, & 其他\end{cases}$;

(2)$P(X+Y\leqslant 1)=\dfrac{3}{4}+\dfrac{1}{2\pi}$;(3)$P\left(X\leqslant\dfrac{1}{2},Y>\dfrac{1}{2}\right)=\dfrac{\pi-1}{4\pi}$.

10. $f_X(x)=\begin{cases}\dfrac{3-x}{4}, & 0<x<2\\ 0, & 其他\end{cases}$,$f_Y(y)=\begin{cases}\dfrac{5-y}{4}, & 2<y<4\\ 0, & 其他\end{cases}$.

11. (1)$f(x,y)=\begin{cases}1, & (x,y)\in G\\ 0, & 其他\end{cases}$

(2)$f_X(x)=\begin{cases}2x, & 0<x<1\\ 0, & 其他\end{cases}$,$f_Y(y)=\begin{cases}1-|y|, & |y|<1\\ 0, & 其他\end{cases}$.

12. $a=0.4,b=0.1$.

13. (1)0.38;(2)0.75.

14. (1)X 的边缘分布律为

X	2	4
$p_i.$	0.4	0.6

Y 的边缘分布律为

Y	1	2	3
$p._j$	0.25	0.5	0.25

(2)X 与 Y 相互独立.

15.

X \ Y	−0.5	1	3
−2	1/8	1/16	1/16
−1	1/6	1/12	1/12
0	1/24	1/48	1/48
0.5	1/6	1/12	1/12

16. $f(x,y)=\begin{cases} 25e^{-5y}, & 0<x<0.2, y>0 \\ 0, & 其他 \end{cases}$; e^{-1}.

17. (1) $X+2Y$ 的分布律为

$X+2Y$	−3	0	1	3	4	6
P	0.1	0.2	0.1	0.1	0.3	0.2

(2) $X^2 Y$ 的分布律为

$X^2 Y$	−4	−1	1	2	4	8
P	0.2	0.1	0.1	0.1	0.3	0.2

(3) $\min\{X,Y\}$ 的分布律为

$\min\{X,Y\}$	−1	1	2
P	0.5	0.3	0.2

18. $Z=X+Y$ 的分布律为

$Z=X+Y$	0	1	2	3	4
p	$\dfrac{1}{36}$	$\dfrac{1}{6}$	$\dfrac{13}{36}$	$\dfrac{1}{3}$	$\dfrac{1}{9}$

19. (1) X,Y 相互独立; (2) $f_Z(z)=\begin{cases} 0, & z<0 \\ \dfrac{1}{2}(1-e^{-z}), & 0\leqslant z\leqslant 2 \\ \dfrac{1}{2}(e^2-1)e^{-z}, & z>2 \end{cases}$; (3) $\dfrac{1}{2}(e^{-1}-e^{-3})$.

20. $f_Z(z)=\begin{cases} 0, & z<0 \\ 1-e^{-z}, & 0\leqslant z\leqslant 1 \\ (e-1)e^{-z}, & z>1 \end{cases}$.

习题 4

1. 乙较好.

2. $\dfrac{3}{2}$.

3. $E(X)=-0.6, E(X+1)=0.4, E(2X^2+1)=3.4$.

4. 1.056.

5. $300e^{-\frac{1}{4}} - 200$.

6. $-3, 0$.

7. (1)2;(2)$\frac{1}{3}$.

8. $\frac{1}{18}$.

9. $a=-2, b=4$.

10. $1.5, 0.75$.

11. $1, \frac{1}{6}$.

12. $a=12, b=-12, c=3$.

13. $\frac{5}{3}, \frac{2}{9}, \frac{16}{9}, \frac{59}{81}$.

14. (1)$\frac{3}{2}, \frac{9}{4}$;(2)$\frac{2}{5}, \frac{9}{100}$.

15. $\frac{3}{5}, \frac{1}{25}, \frac{2}{5}, \frac{1}{25}$.

16. 0.9.

17. $-\frac{2}{3}$.

18. $\frac{1}{3}$.

19. 6.

20. $0.5, 0.3, 0.25, 0.21, -0.05, -\frac{\sqrt{21}}{21}$.

21. $-\frac{\sqrt{6}}{4}$.

22. $\frac{1}{9}$.

23. $\frac{1}{2}$.

24. 0.84.

25. $\frac{39}{40}$.

26. 0.4472.

27. 16.

28. 0.9544.

29. (1)0.0062;(2)0.5.

30. (1)0.2912;(2)10426.

31. 103.

32. 98.

习题 5

1. T_1 是,T_2 和 T_3 不是.因为 T_1 中不含总体中的唯一未知参数 θ,而 T_2 和 T_3 中含有未知参数 θ.

2. 略.

3. $0.8, 0.052, 0.228$.

4. $\lambda, \dfrac{\lambda}{n}$.

5. $0, \dfrac{1}{3n}$.

6. $\mu + \sigma^2$.

7. 略.

8. $1.96, -1.96$.

9. $20.483, 3.247$.

10. $3.0545, -3.0545$.

11. $4.30, 0.25974$.

12. 略.

13. $(1) 25, \dfrac{1}{4}; (2) 0.4514$.

14. 26.105.

15. 0.6744.

习题 6

1. $\hat{p} = 0.5$.

2. $\hat{\lambda} = \dfrac{1}{\overline{X}}, \hat{\lambda} = 0.0086$.

3. $\hat{\lambda} = 1$.

4. $\hat{p} = e^{-1.12}$.

5. $(1) \hat{\theta} = 0.4; (2) \hat{\theta} = 0.4$.

6. $(1) \hat{\theta} = 3\overline{X}; (2) \hat{\theta} = \dfrac{3}{2} - \overline{X};$

(3) 矩估计量 $\hat{\theta} = \dfrac{\overline{X}}{1 - \overline{X}}$, 极大似然估计量 $\hat{\theta} = -\dfrac{n}{\sum\limits_{i=1}^{n} \ln X_i}$;

(4) 矩估计量 $\hat{\theta} = \left(\dfrac{\overline{X}}{1 - \overline{X}}\right)^2$, 极大似然估计量 $\hat{\theta} = \dfrac{n^2}{\left(\sum\limits_{i=1}^{n} \ln X_i\right)^2}$;

(5) 矩估计量 $\hat{\theta} = \overline{X}$, 极大似然估计量 $\hat{\theta} = \sqrt{\dfrac{1}{n}\sum\limits_{i=1}^{n} X_i^2}$;

(6) 矩估计量 $\hat{\theta} = \overline{X} - 1$, 极大似然估计量 $\hat{\theta} = \min\{X_1, X_2, \cdots, X_n\}$.

7. $\hat{p} = \dfrac{1}{\overline{X}}$.

8. $\hat{\sigma} = \dfrac{1}{n}\sum\limits_{i=1}^{n} |X_i|$.

9. 略.

10. (1) 是; (2) 是; (3) 是; (4) 不是.

11. $k = \dfrac{1}{n}$.

12. (4)最有效.

13. 略.

14. (1)$a+b=1$;(2)$a=\dfrac{1}{3}$,$b=\dfrac{2}{3}$.

15. [14.77,15.13].

16. [49.87,50.89].

17. $n\geqslant 97$.

18. (1)$b=e^{\mu+\frac{1}{2}}$;(2)[-0.98,0.98];(3)[$e^{-0.48}$,$e^{1.48}$]=[0.62,4.39].

19. [39709.58,41667.42].

20. [50.26,53.34].

21. (1)[5.608,6.392];(2)[5.56,6.44].

22. (1)[42.97,43.93];(2)[0.28,1.32].

23. (1)[9.96,10.22];(2)[0.0066,0.0528].

24. [5244.23,42182.35].

25. [-0.9,0.02],[-1.04,0.16].

26. [-11.32,-2.08].

27. (1)[-99.62,99.62];(2)[10.90,176.998].

28. [0.87,11.34].

习题 7

1. 接受 H_0,拒绝 H_1,即总体均值没有变大.

2. 接受 H_0,拒绝 H_1,现在生产的铁水的含碳量仍为 4.55.

3. 拒绝 H_0,接受 H_1,即这批元件不合格.

4. $\alpha=0.05$ 时,拒绝 H_0,接受 H_1,即不符合标准要求;

$\alpha=0.01$ 时,接受 H_0,拒绝 H_1,即符合标准要求.

5. 接受 H_0,拒绝 H_1,即符合标准要求.

6. 接受 H_0,拒绝 H_1,即总体均值 μ 不超过 5%.

7. 接受 H_0,拒绝 H_1,即可以认为这种部件的平均装配时间是 10 分钟.

8. 接受 H_0,拒绝 H_1,即不符合标准.

9. (1)[2042.62,2357.38];(2)拒绝 H_0,接受 H_1,即总体均值 μ 不等于 2000;

(3)接受 H_0,拒绝 H_1,即不能认为总体方差有显著提高.

10. 接受 H_0,拒绝 H_1,即无显著变化.

11. 拒绝 H_0,接受 H_1,即无显著变化.

12. 接受 H_0,拒绝 H_1,即怀疑不正确.

13. 拒绝 H_0,接受 H_1,即有显著性差异.

14. 拒绝 H_0,接受 H_1,即甲区居民煤气用量高于乙区.

15. 拒绝 H_0,接受 H_1,即可以认为甲机床加工的零件直径小于乙机床加工的零件直径.

16. 接受 H_0,拒绝 H_1,即疗效相同.

17. 接受 H_0,拒绝 H_1,即成年男子的红血球数量不高于成年女子的红血球数量.

18. 接受 H_0,拒绝 H_1.

19. 拒绝 H_0,接受 H_1,即有显著性差异.

附　录

附录 1　排列组合的定义及计算公式

一、加法原理

做一件事情,完成它有 n 类办法,在第一类办法中有 m_1 种不同方法,在第二类办法中有 m_2 种不同方法,$\cdots$,在第 n 类办法中有 m_n 种不同方法,则完成这件事共有 $N=m_1+m_2+\cdots+m_n$ 种不同方法.

例如,甲地到乙地有火车、汽车、飞机 3 种交通工具,一天中火车有 2 班,汽车有 6 班,飞机有 1 班,则一天中从甲地到乙地共有 $2+6+1=9$ 种走法.

二、乘法原理

做一件事情,完成它需要分成 n 个步骤,完成第一步有 m_1 种方法,完成第二步有 m_2 种方法,$\cdots$,完成第 n 步有 m_n 种不同方法,则完成这件事共有 $N=m_1 \cdot m_2 \cdots \cdot m_n$ 种不同方法.

例如,用 $1,2,3,4$ 这四个数可以构造多少个四位数? 显然,个位数、十位数、百位数及千位数各有 4 个数可用,故由乘法原理知,可以构造 $4 \times 4 \times 4 \times 4 = 256$ 个四位数.若用 $0,1,2,3$ 构造四位数时,个位、十位、百位上都有 4 个数可用,而在千位数上只有 3 个数可用,故由乘法原理知,可以构造出 $3 \times 4 \times 4 \times 4 = 192$ 个四位数.

三、排列

1. 选排列与全排列

在 n 个不同元素中,任取 $r(r \leqslant n)$ 个元素按一定顺序排成一列,称之为**排列**.若要求排列中诸元素互不相同(取后不放回),则称其为**选排列**.

从 n 个不同元素中任取 $r(r \leqslant n)$ 个元素的所有不同的选排列种数,称为排列数,记作 P_n^r,其计算公式为 $P_n^r = n \cdot (n-1) \cdot (n-2) \cdots \cdot (n-r+1) = \dfrac{n!}{(n-r)!}$.

特殊地,当 $r=n$ 时,称 $P_n^n = n \cdot (n-1) \cdot (n-2) \cdots \cdot 3 \cdot 2 \cdot 1 = n!$ 为**全排列数**,规定 $0! = 1$.

【例 1】　由 $0,1,2,3,4$ 这五个数可组成多少个没有重复数字的五位数?

解　5 个数字的全排列为 $5!$,其中数字 0 排在首位的不能构成五位数,这样的数有 $4!$ 个,因此能组成不同的五位数有 $5!-4! = 120-24 = 96$ 个.

【例 2】　在 $1000 \sim 6000$ 之间共有多少个没有重复数字的奇数?

解　符合题意的数应该具备下列条件:(1)千位上必须是 $1,2,3,4,5$ 这五个数字之一;(2)个位上必须是 $1,3,5,7,9$ 这五个数字之一.

我们按千位上的数字是偶数或奇数分成两类:

(1)千位上是偶数,即 2 或 4,有 P_2^1 种排法,这时个位上可以是五个奇数中的任一个,有 P_5^1 种排法,至于百位上和十位上,可以是除去已排定的两个数字以外的八个数字中的任意两个,有 P_8^2 种选法,所以这类数共有 $P_2^1 P_8^2 P_5^1 = 560$ 个.

(2)千位上是奇数,即是 1,3,5 之一,有 P_3^1 种排法,这时个位上可以是除去已排定的那个奇数之外的四个奇数中的任一个,有 P_4^1 种排法,百位和十位上仍有 P_8^2 中排法,所以这类数有 $P_3^1 P_8^2 P_4^1 = 672$ 个.

于是符合题意的数共有 $560 + 672 = 1232$ 个.

2. 可重复排列

在 n 个不同元素中,依次取 r 个元素排成一列,每个元素可以重复抽取(取后放回),这种排列称为**可重复排列**.所有不同的可重复排列数为 $N = n^r$.

【例 3】 某市的电话号码由六个数字组成,规定第一位数字不能为 0,问最多可以安装多少个不同号码的电话?

解 因电话号码可以重复,但注意到第一位不能取 0,因而第一位只能取 1 到 9 这九个数字中的一个,其余五位可以从 0 到 9 这十个数字中任取,则该城市可容纳 9×10^5,即九十万个电话用户.

四、组合

从 n 个不同元素中,任取 r 个不同元素,不考虑次序将它们归并成一组,称之为**组合**.所有不同的组合种数称为**组合数**,记作 $\binom{n}{r}$ 或 C_n^r,其计算公式为

$$C_n^r = \frac{P_n^r}{r!} = \frac{n!}{r!\,(n-r)!} = \frac{n(n-1)\cdots(n-r+1)}{r!}.$$

组合具有如下性质:

(1) $C_n^r = C_n^{n-r}$;(2) $C_n^r + C_n^{r-1} = C_{n+1}^r$;(3) $C_n^0 + C_n^1 + C_n^2 + \cdots + C_n^n = 2^n$.

【例 4】 已知 12 个产品中有 2 个次品,从这 12 个产品中任意抽取 4 个产品,问"至少取得一个次品"的取法有多少种?

解法 1 因只有两个次品,所以"至少取得一个次品"就是"恰取得一个次品"或"恰取得两个次品",故所求取法的总数为 $C_2^1 C_{10}^3 + C_2^2 C_{10}^2 = 240 + 45 = 285$.

解法 2 所有不同的取法总数为 $C_{12}^4 = 495$,没取得次品的取法为 $C_{10}^4 = 210$,故所求取法的总数 $495 - 210 = 285$.

附录2　常用的概率分布

分布	参数	分布列或密度函数	数学期望	方差
0-1 分布	$0<p<1$	$P(X=k)=p^k(1-p)^{1-k}$ $k=0,1$	p	$p(1-p)$
二项分布	$n\geqslant 1$ $0<p<1$	$P(X=k)=C_n^k p^k(1-p)^{n-k}$ $k=0,1,\cdots,n$	np	$np(1-p)$
负二项分布	$r\geqslant 1$ $0<p<1$	$P(X=k)=C_{k-1}^{r-1}p^r(1-p)^{k-r}$ $k=r,r+1,\cdots$	$\dfrac{r}{p}$	$\dfrac{r(1-p)}{p^2}$
几何分布	$0<p<1$	$P(X=k)=p(1-p)^{k-1}$ $k=1,2,\cdots$	$\dfrac{1}{p}$	$\dfrac{1-p}{p^2}$
超几何分布	N,M,n $(n\leqslant M)$	$P(X=k)=\dfrac{C_M^k C_{N-M}^{n-k}}{C_N^n}$ $k=0,1,\cdots,n$	$\dfrac{nM}{N}$	$\dfrac{nM}{N}\left(1-\dfrac{M}{N}\right)\left(\dfrac{N-n}{N-1}\right)$
泊松分布	$\lambda>0$	$P(X=k)=\dfrac{\lambda^k e^{-\lambda}}{k!}$ $k=0,1,\cdots$	λ	λ
均匀分布	$a<b$	$f(x)=\begin{cases}\dfrac{1}{b-a} & (a<x<b)\\ 0 & \text{(其他)}\end{cases}$	$\dfrac{a+b}{2}$	$\dfrac{(b-a)^2}{12}$
正态分布	μ $\sigma>0$	$f(x)=\dfrac{1}{\sqrt{2\pi}\sigma}e^{-\frac{(x-\mu)^2}{2\sigma^2}}$	μ	σ^2
Γ 分布	$\alpha>0$ $\beta>0$	$f(x)=\begin{cases}\dfrac{1}{\beta^\alpha\Gamma(\alpha)}x^{\alpha-1}e^{-x/\beta} & (x>0)\\ 0 & \text{(其他)}\end{cases}$	$\alpha\beta$	$\alpha\beta^2$
指数分布	$\theta>0$	$f(x)=\begin{cases}\lambda e^{-\lambda x} & (x>0)\\ 0 & \text{(其他)}\end{cases}$	$\dfrac{1}{\lambda}$	$\dfrac{1}{\lambda^2}$
χ^2-分布	$n\geqslant 1$	$f(x)=\begin{cases}\dfrac{1}{2^{n/2}\Gamma(n/2)}x^{n/2-1}e^{-x/2} & (x>0)\\ 0 & \text{(其他)}\end{cases}$	n	$2n$
威布尔分布	$\eta>0$ $\beta>0$	$f(x)=\begin{cases}\dfrac{\beta}{\eta}\left(\dfrac{x}{\eta}\right)^{\beta-1}e^{-\left(\frac{x}{\eta}\right)^\beta} & (x>0)\\ 0 & \text{(其他)}\end{cases}$	$\eta\Gamma\left(\dfrac{1}{\beta}+1\right)$	$\eta^2\left\{\Gamma\left(\dfrac{2}{\beta}+1\right)-\left[\Gamma\left(\dfrac{1}{\beta}+1\right)\right]^2\right\}$
瑞利分布	$\sigma>0$	$f(x)=\begin{cases}\dfrac{x}{\sigma^2}e^{-x^2/(2\sigma^2)} & (x>0)\\ 0 & \text{(其他)}\end{cases}$	$\sqrt{\dfrac{\pi}{2}}\sigma$	$\dfrac{4-\pi}{2}\sigma^2$
β 分布	$\alpha>0$ $\beta>0$	$f(x)=\begin{cases}\dfrac{\Gamma(\alpha+\beta)}{\Gamma(\alpha)\Gamma(\beta)}x^{\alpha-1}(1-x)^{\beta-1} & (0<x<1)\\ 0 & \text{(其他)}\end{cases}$	$\dfrac{\alpha}{\alpha+\beta}$	$\dfrac{\alpha\beta}{(\alpha+\beta)^2(\alpha+\beta+1)}$
对数正态分布	μ $\sigma>0$	$f(x)=\begin{cases}\dfrac{1}{\sqrt{2\pi}\sigma x}e^{-\frac{(\ln x-\mu)^2}{2\sigma^2}} & (x>0)\\ 0 & \text{(其他)}\end{cases}$	$e^{\mu+\frac{\sigma^2}{2}}$	$e^{2\mu+\sigma^2}(e^{\sigma^2}-1)$
柯西分布	α $\lambda>0$	$f(x)=\dfrac{1}{\pi}\dfrac{1}{\lambda^2+(x-\alpha)^2}$	不存在	不存在
t-分布	$n\geqslant 1$	$f(x)=\dfrac{\Gamma\left(\dfrac{n+1}{2}\right)}{\sqrt{n\pi}\,\Gamma(n/2)}\left(1+\dfrac{x^2}{n}\right)^{-(n+1)/2}$	0	$\dfrac{n}{n-2},n>2$
F-分布	n_1,n_2	$f(x)=\begin{cases}\dfrac{\Gamma[(n_1+n_2)/2]}{\Gamma(n_1/2)\Gamma(n_2/2)}\left(\dfrac{n_1}{n_2}\right)\left(\dfrac{n_1}{n_2}x\right)^{(n_1+n_2)/2}\cdot\\ \quad\left(1+\dfrac{n_1}{n_2}x\right)^{-(n_1+n_2)/2} & (x>0)\\ 0 & \text{(其他)}\end{cases}$	$\dfrac{n_2}{n_2-2}$ $n_2>2$	$\dfrac{2n_2^2(n_1+n_2-2)}{n_1(n_2-2)^2(n_2-4)}$ $n_2>4$

附录3　泊松分布表

设 $X \sim P(\lambda)$，表中给出概率

$$P(X \geqslant x) = \sum_{r=x}^{\infty} \frac{e^{-\lambda} \lambda^r}{r!}$$

x	$\lambda=0.2$	$\lambda=0.3$	$\lambda=0.4$	$\lambda=0.5$	$\lambda=0.6$
0	1.0000000	1.0000000	1.0000000	1.0000000	1.0000000
1	0.1812692	0.2591818	0.3296800	0.323469	0.451188
2	0.0175231	0.0369363	0.0615519	0.090204	0.121901
3	0.0011485	0.0035995	0.0079263	0.014388	0.023115
4	0.0000568	0.0002658	0.0007763	0.001752	0.003358
5	0.0000023	0.0000158	0.0000612	0.000172	0.000394
6	0.0000001	0.0000008	0.0000040	0.000014	0.000039
7		0.0000002	0.0000001	0.000001	0.000003

x	$\lambda=0.7$	$\lambda=0.8$	$\lambda=0.9$	$\lambda=1.0$	$\lambda=1.2$
0	1.0000000	1.0000000	1.0000000	1.0000000	1.0000000
1	0.503415	0.550671	0.593430	0.632121	0.698806
2	0.155805	0.191208	0.227518	0.264241	0.337373
3	0.034142	0.047423	0.062857	0.080301	0.120513
4	0.005753	0.009080	0.013459	0.018988	0.033769
5	0.000786	0.001411	0.002344	0.003660	0.007746
6	0.000090	0.000184	0.000343	0.000594	0.001500
7	0.000009	0.000021	0.000043	0.000083	0.000251
8	0.000001	0.000002	0.000005	0.000010	0.000037
9				0.000001	0.000005
10					0.000001

x	$\lambda=1.4$	$\lambda=1.6$	$\lambda=1.8$
0	1.000000	1.000000	1.000000
1	0.753403	0.798103	0.834701
2	0.408167	0.475069	0.537163
3	0.166502	0.216642	0.269379
4	0.053725	0.078813	0.108708
5	0.014253	0.023682	0.036407
6	0.003201	0.006040	0.010378
7	0.000622	0.001336	0.002569
8	0.000107	0.000260	0.000562
9	0.000016	0.000045	0.000110
10	0.000002	0.000007	0.000019
11		0.000001	0.000003

$$P(X \geqslant x) = \sum_{r=x}^{\infty} \frac{e^{-\lambda} \lambda^r}{r!}$$

x	$\lambda=2.5$	$\lambda=3.0$	$\lambda=3.5$	$\lambda=4.0$	$\lambda=4.5$	$\lambda=5.0$
0	1.000000	1.000000	1.000000	1.000000	1.000000	
1	0.917915	0.950213	0.969803	0.981684	0.988891	0.993262
2	0.712703	0.800852	0.864112	0.908422	0.938901	0.959572
3	0.456187	0.576810	0.679153	0.761897	0.826422	0.875348
4	0.242424	0.352768	0.463367	0.566530	0.657704	0.734974
5	0.108822	0.184737	0.274555	0.371163	0.467896	0.559507
6	0.042021	0.083918	0.142386	0.214870	0.297070	0.384039
7	0.014187	0.033509	0.065288	0.110674	0.168949	0.237817
8	0.004247	0.011905	0.026739	0.051134	0.086586	0.133372
9	0.001140	0.003803	0.009874	0.021368	0.040257	0.068094
10	0.000277	0.001102	0.003315	0.008132	0.017093	0.031828
11	0.000062	0.000292	0.001019	0.002840	0.006669	0.013695
12	0.000013	0.000071	0.000289	0.000915	0.002404	0.005453
13	0.000002	0.000016	0.000076	0.000274	0.000805	0.002019
14		0.000003	0.000019	0.000076	0.000252	0.000698
15		0.000001	0.000004	0.000020	0.000074	0.000226
16			0.000001	0.000005	0.000020	0.000069
17				0.000001	0.000005	0.000020
18					0.000001	0.000005
19						0.000001

附录4　标准正态分布表

$$\Phi(x) = \int_{-\infty}^{x} \frac{1}{\sqrt{2\pi}} e^{-u^2/2} \, du$$

x	0	1	2	3	4	5	6	7	8	9
0	0.5000	0.5040	0.5080	0.5120	0.5160	0.5199	0.5239	0.5279	0.5319	0.5359
0.1	0.5398	0.5438	0.5478	0.5517	0.5557	0.5596	0.5636	0.5675	0.5714	0.5753
0.2	0.5793	0.5832	0.5871	0.5910	0.5948	0.5987	0.6026	0.6064	0.6103	0.6141
0.3	0.6179	0.6217	0.6255	0.6293	0.6331	0.6368	0.6406	0.6443	0.6480	0.6517
0.4	0.6554	0.6591	0.6628	0.6664	0.6700	0.6736	0.6772	0.6808	0.6844	0.6879
0.5	0.6915	0.6950	0.6985	0.7019	0.7054	0.7088	0.7123	0.7157	0.7190	0.7224
0.6	0.7257	0.7291	0.7324	0.7357	0.7389	0.7422	0.7454	0.7486	0.7517	0.7549
0.7	0.7580	0.7611	0.7642	0.7673	0.7703	0.7734	0.7764	0.7794	0.7823	0.7852
0.8	0.7881	0.7910	0.7939	0.7967	0.7995	0.8023	0.8051	0.8078	0.8106	0.8133
0.9	0.8159	0.8186	0.8212	0.8238	0.8264	0.8289	0.8315	0.8340	0.8365	0.8389
1.0	0.8413	0.8438	0.8461	0.8485	0.8508	0.8531	0.8554	0.8577	0.8599	0.8621
1.1	0.8643	0.8665	0.8686	0.8708	0.8729	0.8749	0.8770	0.8790	0.8810	0.8830
1.2	0.8849	0.8869	0.8888	0.8907	0.8925	0.8944	0.8962	0.8980	0.8997	0.9015
1.3	0.9032	0.9049	0.9066	0.9082	0.9099	0.9115	0.9131	0.9147	0.9162	0.9177
1.4	0.9192	0.9207	0.9222	0.9236	0.9251	0.9265	0.9278	0.9292	0.9306	0.9319
1.5	0.9332	0.9345	0.9357	0.9370	0.9382	0.9394	0.9406	0.9418	0.9430	0.9441
1.6	0.9452	0.9463	0.9474	0.9484	0.9495	0.9505	0.9515	0.9525	0.9535	0.9545
1.7	0.9554	0.9564	0.9573	0.9582	0.9591	0.9599	0.9608	0.9616	0.9625	0.9633
1.8	0.9641	0.9648	0.9656	0.9664	0.9671	0.9678	0.9686	0.9693	0.9700	0.9706
1.9	0.9713	0.9719	0.9726	0.9732	0.9738	0.9744	0.9750	0.9756	0.9762	0.9767
2.0	0.9772	0.9778	0.9783	0.9788	0.9793	0.9798	0.9803	0.9808	0.9812	0.9817
2.1	0.9821	0.9826	0.9830	0.9834	0.9838	0.9842	0.9846	0.9850	0.9854	0.9857
2.2	0.9861	0.9864	0.9868	0.9871	0.9874	0.9878	0.9881	0.9884	0.9887	0.9890
2.3	0.9893	0.9896	0.9898	0.9901	0.9904	0.9906	0.9909	0.9911	0.9913	0.9916
2.4	0.9918	0.9920	0.9922	0.9925	0.9927	0.9929	0.9931	0.9932	0.9934	0.9936
2.5	0.9938	0.9940	0.9941	0.9943	0.9945	0.9946	0.9948	0.9949	0.9951	0.9952
2.6	0.9953	0.9955	0.9956	0.9957	0.9959	0.9960	0.9961	0.9962	0.9963	0.9964
2.7	0.9965	0.9966	0.9967	0.9968	0.9969	0.9970	0.9971	0.9972	0.9973	0.9974
2.8	0.9974	0.9975	0.9976	0.9977	0.9977	0.9978	0.9979	0.9979	0.9980	0.9981
2.9	0.9981	0.9982	0.9982	0.9983	0.9984	0.9984	0.9985	0.9985	0.9986	0.9986
3.0	0.9987	0.9990	0.9993	0.9995	0.9997	0.9998	0.9998	0.9999	0.9999	1.0000

注:表中末行系函数值 $\Phi(3.0),\Phi(3.1),\cdots,\Phi(3.9)$。

附录5 χ^2-分布表

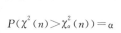

$$P(\chi^2(n) > \chi_\alpha^2(n)) = \alpha$$

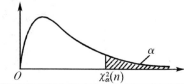

n	$\alpha=0.995$	0.99	0.975	0.95	0.90	0.75
1	—	—	0.001	0.004	0.016	0.102
2	0.010	0.020	0.051	0.103	0.211	0.575
3	0.072	0.115	0.216	0.352	0.584	1.213
4	0.207	0.297	0.484	0.711	1.064	1.923
5	0.412	0.554	0.831	1.145	1.610	2.675
6	0.676	0.872	1.237	1.635	2.204	3.455
7	0.989	1.239	1.690	2.167	2.833	4.255
8	1.344	1.646	2.180	2.733	3.490	5.071
9	1.735	2.088	2.700	3.325	4.168	5.899
10	2.156	2.558	3.247	3.940	4.865	6.737
11	2.603	3.053	3.816	4.575	5.578	7.584
12	3.074	3.571	4.404	5.226	6.304	8.438
13	3.565	4.107	5.009	5.892	7.042	9.299
14	4.075	4.660	5.629	6.571	7.790	10.165
15	4.601	5.229	6.262	7.261	8.547	11.037
16	5.142	5.812	6.908	7.962	9.312	11.912
17	5.697	6.408	7.564	8.672	10.085	12.792
18	6.265	7.015	8.231	9.390	10.865	13.675
19	6.844	7.633	8.907	10.117	11.651	14.562
20	7.434	8.260	9.591	10.851	12.443	15.452
21	8.034	8.897	10.283	11.591	13.240	16.344
22	8.643	9.542	10.982	12.338	14.042	17.240
23	9.260	10.196	11.689	13.091	14.848	18.137
24	9.886	10.856	12.401	13.848	15.659	19.037
25	10.520	11.524	13.120	14.611	16.473	19.939
26	11.160	12.198	13.844	15.379	17.292	20.843
27	11.808	12.879	14.573	16.151	18.114	21.749
28	12.461	13.565	15.308	16.928	18.939	22.657
29	13.121	14.257	16.047	17.708	19.768	23.567
30	13.787	14.954	16.791	18.493	20.599	24.478
31	14.458	15.655	17.539	19.281	21.434	25.390
32	15.134	16.362	18.291	20.072	22.271	26.304
33	15.815	17.074	19.047	20.807	23.110	27.219
34	16.501	17.789	19.806	21.664	23.952	28.136
35	17.192	18.509	20.569	22.465	24.797	29.054
36	17.887	19.233	21.336	23.269	25.613	29.973
37	18.586	19.960	22.106	24.075	26.492	30.893
38	19.289	20.691	22.878	24.884	27.343	31.815
39	19.996	21.426	23.654	25.695	28.196	32.737
40	20.707	22.164	24.433	26.509	29.051	33.660
41	21.421	22.906	25.215	27.326	29.907	34.585
42	22.138	23.650	25.999	28.144	30.765	35.510
43	22.859	24.398	26.785	28.965	31.625	36.430
44	23.584	25.143	27.575	29.787	32.487	37.363
45	24.311	25.902	28.366	30.612	33.350	38.291

（续表）

n	$\alpha=0.25$	0.10	0.05	0.025	0.01	0.005
1	1.323	2.706	3.841	5.024	6.635	7.879
2	2.773	4.605	5.991	7.378	9.210	10.597
3	4.108	6.251	7.815	9.348	11.345	12.838
4	5.385	7.779	9.488	11.143	13.277	14.860
5	6.626	9.236	11.071	12.833	15.086	16.750
6	7.841	10.645	12.592	14.449	16.812	18.548
7	9.037	12.017	14.067	16.013	18.475	20.278
8	10.219	13.362	15.507	17.535	20.090	21.955
9	11.389	14.684	16.919	19.023	21.666	23.589
10	12.549	15.987	18.307	20.483	23.209	25.188
11	13.701	17.275	19.675	21.920	24.725	26.757
12	14.845	18.549	21.026	23.337	26.217	28.299
13	15.984	19.812	22.362	24.736	27.688	29.819
14	17.117	21.064	23.685	26.119	29.141	31.319
15	18.245	22.307	24.996	27.488	30.578	32.801
16	19.369	23.542	26.296	28.845	32.000	34.267
17	20.489	24.769	27.587	30.191	33.409	35.718
18	21.605	25.989	28.869	31.526	34.805	37.156
19	22.718	27.204	30.144	32.852	36.191	38.582
20	23.828	28.412	31.410	34.170	37.566	39.997
21	24.935	29.615	32.671	35.479	38.932	41.401
22	26.039	30.813	33.924	36.781	40.289	42.796
23	27.141	32.007	35.172	38.076	41.638	44.181
24	28.241	33.196	36.415	39.364	42.980	45.559
25	29.339	34.382	37.652	40.646	44.314	46.928
26	30.435	35.563	38.885	41.923	45.642	48.290
27	31.528	36.741	40.113	43.194	46.963	49.645
28	32.620	37.916	41.337	44.461	48.278	50.993
29	33.711	39.087	42.557	45.722	49.588	52.336
30	34.800	40.256	43.773	46.979	50.892	53.672
31	35.887	41.422	44.985	48.232	52.191	55.003
32	36.973	42.585	46.194	49.480	53.486	56.328
33	38.053	43.745	47.400	50.725	54.776	57.648
34	39.141	44.903	48.602	51.966	56.061	58.964
35	40.223	46.059	49.802	53.203	57.342	60.275
36	41.304	47.212	50.998	54.437	58.619	61.581
37	42.383	48.363	52.192	55.668	59.892	62.883
38	43.462	49.513	53.384	56.896	61.162	64.181
39	44.539	50.660	54.572	58.120	62.428	65.476
40	45.616	51.805	55.758	59.342	63.691	66.766
41	46.692	52.949	53.942	60.561	64.950	68.053
42	47.766	54.090	58.124	61.777	66.206	69.336
43	48.840	55.230	59.304	62.990	67.459	70.606
44	49.913	56.369	60.481	64.201	68.710	71.893
45	50.985	57.505	61.656	65.410	69.957	73.166

附录6 t-分布表

$$P(t(n) > t_\alpha(n)) = \alpha$$

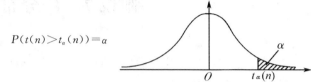

n	$\alpha=0.25$	0.10	0.05	0.025	0.01	0.005
1	1.0000	3.0777	6.3138	12.7062	31.8207	63.6574
2	0.8165	1.8856	2.9200	4.3027	6.9646	9.9248
3	0.7649	1.6377	2.3534	3.1824	4.5407	5.8409
4	0.7407	1.5332	2.1318	2.7764	3.7469	4.6041
5	0.7267	1.4759	2.0150	2.5706	3.3649	4.0322
6	0.7176	1.4398	1.9432	0.4469	3.1427	3.7074
7	0.7111	1.4149	1.8946	2.3646	2.9980	3.4995
8	0.7064	1.3968	1.8595	2.3060	2.8965	3.3554
9	0.7027	1.3830	1.8331	2.2622	2.8214	3.2498
10	0.6998	1.3722	1.8125	2.2281	2.7638	3.1693
11	0.6974	1.3634	1.7959	2.2010	2.7181	3.1058
12	0.6955	1.3562	1.7823	2.1788	2.6810	3.0545
13	0.6938	1.3502	1.7709	2.1604	2.6503	3.0123
14	0.6924	1.3450	1.7613	2.1448	2.6225	2.9768
15	0.6912	1.3406	1.7531	2.1315	2.6025	2.9467
16	0.6901	1.3368	1.7459	2.1199	2.5835	2.9208
17	0.6892	1.3334	1.7396	2.1098	2.5669	2.8982
18	0.6884	1.3304	1.7341	2.1009	2.5524	2.8784
19	0.6876	1.3277	1.7291	2.0930	2.5395	2.8609
20	0.6870	1.3253	1.7247	2.0860	2.5280	2.8453
21	0.6864	1.3232	1.7207	2.0796	2.5177	2.8314
22	0.6858	1.3212	1.7171	2.0739	2.5083	2.8188
23	0.6853	1.3195	1.7139	2.0687	2.4999	2.8073
24	0.6848	1.3178	1.7109	2.0639	2.4922	2.7969
25	0.6844	1.3163	1.7081	2.0595	2.4851	2.7874
26	0.6840	1.3150	1.7058	2.0555	2.4786	2.7787
27	0.6837	1.3137	1.7033	2.0518	2.4727	2.7707
28	0.6834	1.3125	1.7011	2.0484	2.4671	2.7633
29	0.6830	1.3114	1.6991	2.0452	2.4620	2.7564
30	0.6828	1.3104	1.6973	2.0423	2.4573	2.7500
31	0.6825	1.3095	1.6955	2.0395	2.4528	2.7440
32	0.6822	1.3086	1.6939	2.0369	2.4487	2.7385
33	0.6820	1.3077	1.6924	2.0345	2.4448	2.7333
34	0.6818	1.3070	1.6909	2.0322	2.4411	2.7284
35	0.6816	0.3062	1.6896	2.0301	2.4377	2.7238
36	0.6814	1.3055	1.6883	2.0281	2.4345	2.7195
37	0.6812	1.3049	1.6871	2.0262	2.4314	2.7154
38	0.6810	1.3042	1.6860	2.0244	2.4286	2.7116
39	0.6808	1.3036	1.6849	2.0227	2.4258	2.7079
40	0.6807	1.3031	1.6839	2.0211	2.4233	2.7045
41	0.6805	1.3025	1.6829	2.0195	2.4208	2.7012
42	0.6804	1.3020	1.6820	2.0181	2.4185	2.6981
43	0.6802	1.3016	1.6811	2.0167	2.4163	2.6951
44	0.6801	1.3011	1.6802	2.0154	2.4141	2.6923
45	0.6800	1.3006	1.6794	2.0141	2.4121	2.6806

附录7 F-分布表

$$P(F(m,n) > F_a(m,n)) = \alpha$$

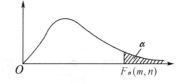

$\alpha = 0.10$

m\n	1	2	3	4	5	6	7	8	9	10	12	15	20	24	30	40	60	120	∞
1	39.86	49.50	53.59	55.83	57.24	58.20	58.91	59.44	59.86	60.19	60.71	61.22	61.74	62.00	62.26	62.53	62.79	63.06	63.33
2	8.53	9.00	9.16	9.24	9.29	9.33	9.35	9.37	9.38	9.39	9.41	9.42	9.44	9.45	9.46	9.47	9.47	9.48	9.49
3	5.54	5.46	5.39	5.34	5.31	5.28	5.27	5.25	5.24	5.23	5.22	5.20	5.18	5.18	5.17	5.16	5.15	5.14	5.13
4	4.54	4.32	4.19	4.11	4.05	4.01	3.98	3.95	3.94	3.92	3.90	3.87	3.84	3.83	3.82	3.80	3.79	3.78	4.76
5	4.06	3.78	3.62	3.52	3.45	3.40	3.37	3.34	3.32	3.30	3.27	3.24	3.21	3.19	3.17	3.16	3.14	3.12	3.10
6	3.78	3.46	3.29	3.18	3.11	3.05	3.01	2.98	2.96	2.94	2.90	2.87	2.84	2.82	2.80	2.78	2.76	2.74	2.72
7	3.59	3.26	3.07	2.96	2.88	2.83	2.78	2.75	2.72	2.70	2.67	2.63	2.59	2.58	2.56	2.54	2.51	2.49	2.47
8	3.46	3.11	2.92	2.81	2.73	2.67	2.62	2.59	2.56	2.54	2.50	2.46	2.42	2.40	2.38	2.36	2.34	2.32	2.29
9	3.36	3.01	2.81	2.69	2.61	2.55	2.51	2.47	2.44	2.42	2.38	2.34	2.30	2.28	2.25	2.23	2.21	2.18	2.16
10	3.29	2.92	2.73	2.61	2.52	2.46	2.41	2.38	2.35	2.32	2.28	2.24	2.20	2.18	2.16	2.13	2.11	2.08	2.06
11	3.23	2.86	2.66	2.54	2.45	2.39	2.34	2.30	2.27	2.25	2.21	2.17	2.12	2.10	2.08	2.05	2.03	2.00	1.97
12	3.18	2.81	2.61	2.48	2.39	2.33	2.28	2.24	2.21	2.19	2.15	2.10	2.06	2.04	2.01	1.99	1.96	1.93	1.90
13	3.14	2.76	2.56	2.43	2.35	2.28	2.23	2.20	2.16	2.14	2.10	2.05	2.01	1.98	1.96	1.93	1.90	1.88	1.85
14	3.10	2.73	2.52	2.39	2.31	2.24	2.19	2.15	2.12	2.10	2.05	2.01	1.96	1.94	1.91	1.89	1.86	1.83	1.80
15	3.07	2.70	2.49	2.36	2.27	2.21	2.16	2.12	2.09	2.06	2.02	1.97	1.92	1.90	1.87	1.85	1.82	1.79	1.76
16	3.05	2.67	2.46	2.33	2.24	2.18	2.13	2.09	2.06	2.03	1.99	1.94	1.89	1.87	1.84	1.81	1.78	1.75	1.72
17	3.03	2.64	2.44	2.31	2.22	2.15	2.10	2.06	2.03	2.00	1.96	1.91	1.86	1.84	1.81	1.78	1.75	1.72	1.69
18	3.01	2.62	2.42	2.29	2.20	2.13	2.08	2.04	2.00	1.98	1.93	1.89	1.84	1.81	1.78	1.75	1.72	1.69	1.66
19	2.99	2.61	2.40	2.27	2.18	2.11	2.06	2.02	1.98	1.96	1.91	1.86	1.81	1.79	1.76	1.73	1.70	1.67	1.63
20	2.97	2.59	2.38	2.25	2.16	2.09	2.04	2.00	1.96	1.94	1.89	1.84	1.79	1.77	1.74	1.71	1.68	1.64	1.61
21	2.96	2.57	2.36	2.23	2.14	2.08	2.02	1.98	1.95	1.92	1.87	1.83	1.78	1.75	1.72	1.69	1.66	1.62	1.59
22	2.95	2.56	2.35	2.22	2.13	2.06	2.01	1.97	1.93	1.90	1.86	1.81	1.76	1.73	1.70	1.67	1.64	1.60	1.57
23	2.94	2.55	2.34	2.21	2.11	2.05	1.99	1.95	1.92	1.89	1.84	1.80	1.74	1.72	1.69	1.66	1.62	1.59	1.55
24	2.93	2.54	2.33	2.19	2.10	2.04	1.98	1.94	1.91	1.88	1.83	1.78	1.73	1.70	1.67	1.64	1.61	1.57	1.53
25	2.92	2.53	2.32	2.18	2.09	2.02	1.97	1.93	1.89	1.87	1.82	1.77	1.72	1.69	1.66	1.63	1.59	1.56	1.52
26	2.91	2.52	2.31	2.17	2.08	2.01	1.96	1.92	1.88	1.86	1.81	1.76	1.71	1.68	1.65	1.61	1.58	1.54	1.50
27	2.90	2.51	2.30	2.17	2.07	2.00	1.95	1.91	1.87	1.85	1.80	1.75	1.70	1.67	1.64	1.60	1.57	1.53	1.49
28	2.89	2.50	2.29	2.16	2.06	2.00	1.94	1.90	1.87	1.84	1.79	1.74	1.69	1.66	1.63	1.59	1.56	1.52	1.48
29	2.89	2.50	2.28	2.15	2.06	1.99	1.93	1.89	1.86	1.83	1.78	1.73	1.68	1.65	1.62	1.58	1.55	1.51	1.47
30	2.88	2.49	2.28	2.14	2.05	1.98	1.93	1.88	1.85	1.82	1.77	1.72	1.67	1.64	1.61	1.57	1.54	1.50	1.46
40	2.84	2.44	2.23	2.09	2.00	1.93	1.87	1.83	1.79	1.76	1.71	1.66	1.61	1.57	1.54	1.51	1.47	1.42	1.38
60	2.79	2.39	2.18	2.04	1.95	1.87	1.82	1.77	1.74	1.71	1.66	1.60	1.54	1.51	1.48	1.44	1.40	1.35	1.29
120	2.75	2.35	2.13	1.99	1.90	1.82	1.77	1.72	1.68	1.65	1.60	1.55	1.48	1.45	1.41	1.37	1.32	1.26	1.19
∞	2.71	2.30	2.08	1.94	1.85	1.77	1.72	1.67	1.63	1.60	1.55	1.49	1.42	1.38	1.34	1.30	1.24	1.17	1.00

$\alpha = 0.05$ (续表)

n \ m	1	2	3	4	5	6	7	8	9	10	12	15	20	24	30	40	60	120	∞
1	161.4	199.5	215.7	224.6	230.2	234.0	236.8	238.9	240.5	241.9	243.9	245.9	248.0	249.1	250.1	251.1	252.2	253.3	254.3
2	18.51	19.00	19.16	19.25	19.30	19.33	19.35	19.37	19.38	19.40	19.41	19.43	19.45	19.45	19.46	19.47	19.48	19.49	19.50
3	10.13	9.55	9.28	9.12	9.01	8.94	8.89	8.85	8.81	8.79	8.74	8.70	8.66	8.64	8.62	8.59	8.57	8.55	8.53
4	7.71	6.94	6.59	6.39	6.26	6.16	6.09	6.04	6.00	5.96	5.91	5.86	5.80	5.77	5.75	5.72	5.69	5.66	5.63
5	6.61	5.79	5.41	5.19	5.05	4.95	4.88	4.82	4.77	4.74	4.68	4.62	4.56	4.53	4.50	4.46	4.43	4.40	4.36
6	5.99	5.14	4.76	4.53	4.39	4.28	4.21	4.15	4.10	4.06	4.00	3.94	3.87	3.74	3.81	3.77	3.74	3.70	3.67
7	5.59	4.74	4.35	4.12	3.97	3.87	3.79	3.73	3.68	3.64	3.57	3.51	3.44	3.41	3.38	3.34	3.30	3.27	3.23
8	5.32	4.46	4.07	3.84	3.69	3.58	3.50	3.44	3.39	3.35	3.28	3.22	3.15	3.12	3.08	3.04	3.01	2.97	2.93
9	5.12	4.26	3.86	3.63	3.48	3.37	3.29	3.23	3.18	3.14	3.07	3.01	2.94	2.90	2.86	2.83	2.79	2.75	2.71
10	4.96	4.10	3.71	3.48	3.33	3.22	3.14	3.07	3.02	2.98	2.91	2.85	2.77	2.74	2.70	2.66	2.62	2.58	2.54
11	4.84	3.98	3.59	3.36	3.20	3.09	3.01	2.95	2.90	2.85	2.79	2.72	2.65	2.61	2.57	2.53	2.49	2.45	2.40
12	4.75	3.89	3.49	3.26	3.11	3.00	2.91	2.85	2.80	2.75	2.69	2.62	2.54	2.51	2.47	2.43	2.38	2.34	2.30
13	4.67	3.81	3.41	3.18	3.03	2.92	2.83	2.77	2.71	2.67	2.60	2.53	2.46	2.42	2.38	2.34	2.30	2.25	2.21
14	4.60	3.74	3.34	3.11	2.96	2.85	2.76	2.70	2.65	2.60	2.53	2.46	2.39	2.35	2.31	2.27	2.22	2.18	2.13
15	4.54	3.68	3.29	3.06	2.90	2.79	2.71	2.64	2.59	2.54	2.48	2.40	2.33	2.29	2.25	2.20	2.16	2.11	2.07
16	4.49	3.63	3.24	3.01	2.85	2.74	2.66	2.59	2.54	2.49	2.42	2.35	2.28	2.24	2.19	2.15	2.11	2.06	2.01
17	4.45	3.59	3.20	2.96	2.81	2.70	2.61	2.55	2.49	2.45	2.38	2.31	2.23	2.19	2.15	2.10	2.06	2.01	1.96
18	4.41	3.55	3.16	2.93	2.77	2.66	2.58	2.51	2.46	2.41	2.34	2.27	2.19	2.15	2.11	2.06	2.02	1.97	1.92
19	4.38	3.52	3.13	2.90	2.74	2.63	2.54	2.48	2.42	2.38	2.31	2.23	2.16	2.11	2.07	2.03	1.98	1.93	1.88
20	4.35	3.49	3.10	2.87	2.71	2.60	2.51	2.45	2.39	2.35	2.28	2.20	2.12	2.08	2.04	1.99	1.95	1.90	1.84
21	4.32	3.47	3.07	2.84	2.68	2.57	2.49	2.42	2.37	2.32	2.25	2.18	2.10	2.05	2.01	1.96	1.92	1.87	1.81
22	4.30	3.44	3.05	2.82	2.66	2.55	2.46	2.40	2.34	2.30	2.23	2.15	2.07	2.03	1.98	1.94	1.89	1.84	1.78
23	4.28	3.42	3.03	2.80	2.64	2.53	2.44	2.37	2.32	2.27	2.20	2.13	2.05	2.01	1.96	1.91	1.86	1.81	1.76
24	4.26	3.40	3.01	2.78	2.62	2.51	2.42	2.36	2.30	2.25	2.18	2.11	2.03	1.98	1.94	1.89	1.84	1.79	1.73
25	4.24	3.39	2.99	2.76	2.60	2.49	2.40	2.34	2.28	2.24	2.16	2.09	2.01	1.96	1.92	1.87	1.82	1.77	1.71
26	4.23	3.37	2.98	2.74	2.59	2.47	2.39	2.32	2.27	2.22	2.15	2.07	1.99	1.95	1.90	1.85	1.80	1.75	1.69
27	4.21	3.35	2.96	2.73	2.57	2.46	2.37	2.31	2.25	2.20	2.13	2.06	1.97	1.93	1.88	1.84	1.79	1.73	1.67
28	4.20	3.34	2.95	2.71	2.56	2.45	2.36	2.29	2.24	2.19	2.12	2.04	1.96	1.91	1.87	1.82	1.77	1.71	1.65
29	4.18	3.33	2.93	2.70	2.55	2.43	2.35	2.28	2.22	2.18	2.10	2.03	1.94	1.90	1.85	1.81	1.75	1.70	1.64
30	4.17	3.32	2.92	2.69	2.53	2.42	2.33	2.27	2.21	2.16	2.09	2.01	1.93	1.89	1.84	1.79	1.74	1.68	1.62
40	4.08	3.23	2.84	2.61	2.45	2.34	2.25	2.18	2.12	2.08	2.00	1.92	1.84	1.79	1.74	1.69	1.64	1.58	1.51
60	4.00	3.15	2.76	2.53	2.37	2.25	2.17	2.10	2.04	1.99	1.92	1.84	1.75	1.70	1.65	1.59	1.53	1.47	1.39
120	3.92	3.07	2.68	2.45	2.29	2.17	2.09	2.02	1.96	1.91	1.83	1.75	1.66	1.61	1.55	1.50	1.43	1.35	1.25
∞	3.84	3.00	2.60	2.37	2.21	2.10	2.01	1.94	1.88	1.83	1.75	1.67	1.57	1.52	1.46	1.39	1.32	1.22	1.00

$\alpha=0.025$ （续表）

n \ m	1·	2	3	4	5	6	7	8	9	10	12	15	20	24	30	40	60	120	∞
1	647.8	799.5	864.2	899.6	921.8	937.1	948.2	956.7	963.3	368.6	976.7	984.9	993.1	997.2	1001	1006	1010	1014	1018
2	38.51	39.00	39.17	39.25	39.30	39.33	39.36	39.37	39.39	39.40	39.41	39.43	39.45	39.46	39.46	39.47	39.48	39.49	39.50
3	17.44	16.04	15.44	15.10	14.88	14.73	14.62	14.54	14.47	14.42	14.34	14.25	14.17	14.12	14.08	14.04	13.99	13.95	13.90
4	12.22	10.65	9.98	9.60	9.36	9.20	9.07	8.98	8.90	8.84	8.75	8.66	8.56	8.51	8.46	8.41	8.36	8.31	8.26
5	10.01	8.43	7.76	7.39	7.15	6.98	6.85	6.76	6.68	6.62	6.52	6.43	6.33	6.28	6.23	6.18	6.12	6.07	6.02
6	8.81	7.26	6.60	6.23	5.99	5.82	5.70	5.60	5.52	5.46	5.37	5.27	5.17	5.12	5.07	5.01	4.96	4.90	4.85
7	8.07	6.54	5.89	5.52	5.29	5.12	4.99	4.90	4.82	4.76	4.67	4.57	4.47	4.42	4.36	4.31	4.25	4.20	4.14
8	7.57	6.06	5.42	5.05	4.82	4.65	4.53	4.43	4.36	4.30	4.20	4.10	4.00	3.95	3.89	3.84	3.78	3.73	3.67
9	7.21	5.71	5.08	4.72	4.48	4.23	4.20	4.10	4.03	3.96	3.87	3.77	3.67	3.61	3.56	3.51	3.45	3.39	3.33
10	6.94	5.46	4.83	4.47	4.24	4.07	3.95	3.85	3.78	3.72	3.62	3.52	3.42	3.37	3.31	3.26	3.20	3.14	3.08
11	6.72	5.26	4.63	4.28	4.04	3.88	3.76	3.66	3.59	3.53	3.43	3.33	3.23	3.17	3.12	3.06	3.00	2.94	2.88
12	6.55	5.10	4.47	4.12	3.89	3.73	3.61	3.51	3.44	3.37	3.28	3.18	3.07	3.02	2.96	2.91	2.85	2.79	2.72
13	6.41	4.97	4.35	4.00	3.77	3.60	3.48	3.39	3.31	3.25	3.15	3.05	2.95	2.89	2.84	2.78	2.72	2.66	2.60
14	6.30	4.86	4.24	3.89	3.66	3.50	3.38	3.29	3.21	3.15	3.05	2.95	2.84	2.79	2.73	2.67	2.61	2.55	2.49
15	6.20	4.77	4.15	3.80	3.58	3.41	3.29	3.20	3.12	3.06	2.96	2.86	2.76	2.70	2.64	2.59	2.52	2.46	2.40
16	6.12	4.69	4.08	3.73	3.50	3.34	3.22	3.12	3.05	2.99	2.89	2.79	2.68	2.63	2.57	2.51	2.45	2.38	2.32
17	6.04	4.62	4.01	3.66	3.44	3.28	3.16	3.06	2.98	2.92	2.82	2.72	2.62	2.56	2.50	2.44	2.38	2.32	2.25
18	5.98	4.56	3.95	3.61	3.38	3.22	3.10	3.01	2.93	2.87	2.77	2.67	2.56	2.50	2.44	2.38	2.32	2.26	2.19
19	5.92	4.51	3.90	3.56	3.33	3.17	3.05	2.96	2.88	2.82	2.72	2.62	2.51	2.45	2.39	2.33	2.27	2.20	2.13
20	5.87	4.46	3.86	3.51	3.29	3.13	3.01	2.91	2.84	2.77	2.68	2.57	2.46	2.41	2.35	2.29	2.22	2.16	2.09
21	5.83	4.42	3.82	3.48	3.25	3.09	2.97	2.87	2.80	2.73	2.64	2.53	2.42	2.37	2.31	2.25	2.18	2.11	2.04
22	5.79	4.38	3.78	3.44	3.22	3.05	2.93	2.84	2.76	2.70	2.60	2.50	2.39	2.33	2.27	2.21	2.14	2.08	2.00
23	5.75	4.35	3.75	3.41	3.18	3.02	2.90	2.81	2.73	2.67	2.57	2.47	2.36	2.30	2.24	2.18	2.11	2.04	1.97
24	5.72	4.32	3.72	3.38	3.15	2.99	2.87	2.78	2.70	2.64	2.54	2.44	2.33	2.27	2.21	2.15	2.08	2.01	1.94
25	5.69	4.29	3.69	3.35	3.13	2.97	2.85	2.75	2.68	2.61	2.51	2.41	2.30	2.24	2.18	2.12	2.05	1.98	1.91
26	5.66	4.27	3.67	3.33	3.10	2.94	2.82	2.73	2.65	2.59	2.49	2.39	2.28	2.22	2.16	2.09	2.03	1.95	1.88
27	5.63	4.24	3.65	3.31	3.08	2.92	2.80	2.71	2.63	2.57	2.47	2.36	2.25	2.19	2.13	2.07	2.00	1.93	1.85
28	5.61	4.22	3.63	3.29	3.06	2.90	2.78	2.69	2.61	2.55	2.45	2.34	2.23	2.17	2.11	2.05	1.98	1.91	1.83
29	5.59	4.20	3.61	3.27	3.04	2.88	2.76	2.67	2.59	2.53	2.43	2.32	2.21	2.15	2.09	2.03	1.96	1.89	1.81
30	5.57	4.18	3.59	3.25	3.03	2.87	2.75	2.65	2.57	2.51	2.41	2.31	2.20	2.14	2.07	2.01	1.94	1.87	1.79
40	5.42	4.05	3.46	3.13	2.90	2.74	2.62	2.53	2.45	2.39	2.29	2.18	2.07	2.01	1.94	1.88	1.80	1.72	1.64
60	5.29	3.93	3.34	3.01	2.79	2.63	2.51	2.41	2.33	2.27	2.17	2.06	1.94	1.88	1.82	1.74	1.67	1.58	1.48
120	5.15	3.80	3.23	2.89	2.67	2.52	2.39	2.30	2.22	2.16	2.05	1.94	1.82	1.76	1.69	1.61	1.53	1.43	1.31
∞	5.02	3.69	3.12	2.79	2.57	2.41	2.29	2.19	2.11	2.05	1.94	1.83	1.71	1.64	1.57	1.48	1.39	1.27	1.00

$$\alpha = 0.01 \qquad\qquad (\text{续表})$$

m\n	1	2	3	4	5	6	7	8	9	10	12	15	20	24	30	40	60	120	∞
1	4052	4999.5	5403	5625	5746	5859	5928	5982	6022	6056	6106	6157	6209	6235	6261	6287	6313	6339	6366
2	98.50	99.00	99.17	99.25	99.30	99.33	99.36	99.37	99.39	99.40	99.42	99.43	99.45	99.46	99.47	99.47	99.48	99.49	99.50
3	34.12	30.82	29.46	28.71	28.24	27.91	27.67	27.49	27.35	27.23	27.05	26.87	26.69	26.60	26.50	26.41	26.32	26.22	26.13
4	21.20	18.00	16.69	15.98	15.52	15.21	14.98	14.80	14.66	14.55	14.37	14.20	14.02	13.93	13.84	13.75	13.65	13.56	13.46
5	16.26	13.27	12.06	11.39	10.97	10.67	10.46	10.29	10.16	10.05	9.89	9.72	9.55	9.47	9.38	9.29	9.20	9.11	9.02
6	13.75	10.92	9.78	9.15	8.75	8.47	8.26	8.10	7.98	7.87	7.72	7.56	7.40	7.31	7.23	7.14	7.06	6.97	6.88
7	12.25	9.55	8.45	7.85	7.46	7.19	6.99	6.84	6.72	6.62	6.47	6.31	6.16	6.07	5.99	5.91	5.82	5.74	5.65
8	11.26	8.65	7.59	7.01	6.63	6.37	6.18	6.03	5.91	5.81	5.67	5.52	5.36	5.28	5.20	5.12	5.03	4.95	4.86
9	10.56	8.02	6.99	6.42	6.06	5.80	5.61	5.47	5.35	5.26	5.11	4.96	4.81	4.73	4.65	4.57	4.48	4.40	4.31
10	10.04	7.56	6.55	5.99	5.64	5.39	5.20	5.06	4.94	4.85	4.71	4.56	4.41	4.33	4.25	4.17	4.08	4.00	3.91
11	9.65	7.21	6.22	5.67	5.32	5.07	4.89	4.74	4.63	4.54	4.40	4.25	4.10	4.02	3.94	3.86	3.78	3.69	3.60
12	9.33	6.93	5.95	5.41	5.06	4.82	4.64	4.50	4.39	4.30	4.16	4.01	3.86	3.78	3.70	3.62	3.54	3.45	3.36
13	9.07	6.70	5.74	5.21	4.86	4.62	4.44	4.30	4.19	4.10	3.96	3.82	3.66	3.59	3.51	3.43	3.34	3.25	3.17
14	8.86	6.51	5.56	5.04	4.69	4.46	4.28	4.14	4.03	3.94	3.80	3.66	3.51	3.43	3.35	3.27	3.18	3.09	3.00
15	8.68	6.36	5.42	4.89	4.56	4.32	4.14	4.00	3.89	3.80	3.67	3.52	3.37	3.29	3.21	3.13	3.05	2.96	2.87
16	8.53	6.23	5.29	4.77	4.44	4.20	4.03	3.89	3.78	3.69	3.55	3.41	3.26	3.18	3.10	3.02	2.93	2.84	2.75
17	8.40	6.11	5.18	4.67	4.34	4.10	3.93	3.79	3.68	3.59	3.46	3.31	3.16	3.08	3.00	2.92	2.83	2.75	2.65
18	8.29	6.01	5.09	4.58	4.25	4.01	3.84	3.71	3.60	3.51	3.37	3.23	3.08	3.00	2.92	2.84	2.75	2.66	2.57
19	8.18	5.93	5.01	4.50	4.17	3.94	3.77	3.63	3.52	3.43	3.30	3.15	3.00	2.92	2.84	2.76	2.67	2.58	2.49
20	8.10	5.85	4.94	4.43	4.10	3.87	3.70	3.56	3.46	3.37	3.23	3.09	2.94	2.86	2.78	2.69	2.61	2.52	2.42
21	8.02	5.78	4.87	4.37	4.04	3.81	3.64	3.51	3.40	3.31	3.17	3.03	2.88	2.80	2.72	2.64	2.55	2.46	2.36
22	7.95	5.72	4.82	4.31	3.99	3.76	3.59	3.45	3.35	3.26	3.12	2.98	2.83	2.75	2.67	2.58	2.50	2.40	2.31
23	7.88	5.66	4.76	4.26	3.94	3.71	3.54	3.41	3.30	3.21	3.07	2.93	2.78	2.70	2.62	2.54	2.45	2.35	2.26
24	7.82	5.61	4.72	4.22	3.90	3.67	3.50	3.36	3.26	3.17	3.03	2.89	2.74	2.66	2.58	2.49	2.40	2.31	2.21
25	7.77	5.57	4.68	4.18	3.85	3.63	3.46	3.32	3.22	3.13	2.99	2.85	2.70	2.62	2.54	2.45	2.36	2.27	2.17
26	7.72	5.53	4.64	4.14	3.82	3.59	3.42	3.29	3.18	3.09	2.96	2.81	2.66	2.58	2.50	2.42	2.33	2.23	2.13
27	7.68	5.49	4.60	4.11	3.78	3.56	3.39	3.26	3.15	3.06	2.93	2.78	2.63	2.55	2.47	2.38	2.29	2.20	2.10
28	7.64	5.45	4.57	4.07	3.75	3.53	3.36	3.23	3.12	3.03	2.90	2.75	2.60	2.52	2.44	2.35	2.26	2.17	2.06
29	7.60	5.42	4.54	4.04	3.73	3.50	3.33	3.20	3.09	3.00	2.87	2.73	2.57	2.49	2.41	2.33	2.23	2.14	2.03
30	7.56	5.39	4.51	4.02	3.70	3.47	3.30	3.17	3.07	2.98	2.84	2.70	2.55	2.47	2.39	2.30	2.21	2.11	2.01
40	7.31	5.18	4.31	3.83	3.51	3.29	3.12	2.99	2.89	2.80	2.66	2.52	2.37	2.29	2.20	2.11	2.02	1.92	1.80
60	7.08	4.98	4.13	3.65	3.34	3.12	2.95	2.82	2.72	2.63	2.50	2.35	2.20	2.12	2.03	1.94	1.84	1.73	1.60
120	6.85	4.79	3.95	3.48	3.17	2.96	2.79	2.66	2.56	2.47	2.34	2.19	2.03	1.95	1.86	1.76	1.66	1.53	1.38
∞	6.63	4.61	3.78	3.32	3.02	2.80	2.64	2.51	2.41	2.32	2.18	2.04	1.88	1.79	1.70	1.59	1.47	1.32	1.00

$$\alpha = 0.005$$

n \ m	1	2	3	4	5	6	7	8	9	10	12	15	20	24	30	40	60	120	∞
1	16211	20000	21615	22500	23056	23437	23715	23925	24091	24224	24426	24630	24836	24940	25044	25148	25253	25359	25465
2	198.5	199.0	199.2	199.2	199.3	199.3	199.4	199.4	199.4	199.4	199.4	199.4	199.4	199.5	199.5	199.5	199.5	199.5	199.5
3	55.55	49.80	47.47	46.19	45.39	44.84	44.43	44.13	43.88	43.69	43.39	43.08	42.78	42.62	42.47	42.31	42.15	41.99	41.83
4	31.33	26.28	24.26	23.15	22.46	21.97	21.62	21.35	21.14	20.97	20.70	20.44	20.17	20.03	19.89	19.75	19.61	19.47	19.32
5	22.78	18.31	16.53	15.56	14.94	14.51	14.20	13.96	13.77	13.62	13.38	13.15	12.90	12.78	12.66	12.53	12.40	12.27	12.14
6	18.63	14.54	12.92	12.03	11.46	11.07	10.79	10.57	10.39	10.25	10.03	9.81	9.59	9.47	9.36	9.24	9.12	9.00	8.88
7	16.24	12.40	10.88	10.05	9.52	9.16	8.89	8.68	8.51	8.38	8.18	7.97	7.75	7.65	7.53	7.42	7.31	7.19	7.08
8	14.69	11.04	9.60	8.81	8.30	7.95	7.69	7.50	7.34	7.21	7.01	6.81	6.61	6.50	6.40	6.29	6.18	6.06	5.95
9	13.61	10.11	8.72	7.96	7.47	7.13	6.88	6.69	6.54	6.42	6.23	6.03	5.83	5.73	5.62	5.52	5.41	5.30	5.19
10	12.83	9.43	8.08	7.34	6.87	6.54	6.30	6.12	5.97	5.85	5.66	5.47	5.27	5.17	5.07	4.97	4.86	4.75	4.64
11	12.23	8.91	7.60	6.88	6.42	6.10	5.86	5.68	5.54	5.42	5.24	5.05	4.86	4.76	4.65	4.55	4.44	4.34	4.23
12	11.75	8.51	7.23	6.52	6.07	5.76	5.52	5.35	5.20	5.09	4.91	4.72	4.53	4.43	4.33	4.23	4.12	4.01	3.90
13	11.37	8.19	6.93	6.23	5.79	5.48	5.25	5.08	4.94	4.82	4.64	4.46	4.27	4.17	4.07	3.97	3.87	3.76	3.65
14	11.06	7.92	6.68	6.00	5.56	5.26	5.03	4.86	4.72	4.60	4.43	4.25	4.06	3.96	3.86	3.76	3.66	3.55	3.44
15	10.80	7.70	6.48	5.80	5.37	5.07	4.85	4.67	4.54	4.42	4.25	4.07	3.88	3.79	3.69	3.58	3.48	3.37	3.26
16	10.58	7.51	6.30	5.64	5.21	4.91	4.69	4.52	4.38	4.27	4.10	3.92	3.73	3.64	3.54	3.44	3.33	3.22	3.11
17	10.38	7.35	6.16	5.50	5.07	4.78	4.56	4.39	4.25	4.14	3.97	3.79	3.61	3.51	3.41	3.31	3.21	3.10	2.98
18	10.22	7.21	6.03	5.37	4.96	4.66	4.44	4.28	4.14	4.03	3.86	3.68	3.50	3.40	3.30	3.20	3.10	2.99	2.87
19	10.07	7.09	5.92	5.27	4.85	4.56	4.34	4.18	4.04	3.93	3.76	3.59	3.40	3.31	3.21	3.11	3.00	2.89	2.78
20	9.94	6.99	5.82	5.17	4.76	4.47	4.26	4.09	3.96	3.85	3.68	3.50	3.32	3.22	3.12	3.02	2.92	2.81	2.69
21	9.83	6.89	5.73	5.09	4.68	4.39	4.18	4.01	3.88	3.77	3.60	3.43	3.24	3.15	3.05	2.95	2.84	2.73	2.61
22	9.73	6.81	5.65	5.02	4.61	4.32	4.11	3.94	3.81	3.70	3.54	3.36	3.18	3.08	2.98	2.88	2.77	2.66	2.55
23	9.63	6.73	5.58	4.95	4.54	4.26	4.05	3.88	3.75	3.64	3.47	3.30	3.12	3.02	2.92	2.82	2.71	2.60	2.48
24	9.55	6.66	5.52	4.89	4.49	4.20	3.99	3.83	3.69	3.59	3.42	3.25	3.06	2.97	2.87	2.77	2.66	2.55	2.43
25	9.48	6.60	5.46	4.84	4.43	4.15	3.94	3.78	3.64	3.54	3.37	3.20	3.01	2.92	2.82	2.72	2.61	2.50	2.38
26	9.41	6.54	5.41	4.79	4.38	4.10	3.89	3.73	3.60	3.49	3.33	3.15	2.97	2.87	2.77	2.67	2.56	2.45	2.33
27	9.34	6.49	5.36	4.74	4.34	4.06	3.85	3.69	3.56	3.45	3.28	3.11	2.93	2.83	2.73	2.63	2.52	2.41	2.29
28	9.28	6.44	5.32	4.70	4.30	4.02	3.81	3.65	3.52	3.41	3.25	3.07	2.89	2.79	2.69	2.59	2.48	2.37	2.25
29	9.23	6.40	5.28	4.66	4.26	3.98	3.77	3.61	3.48	3.38	3.21	3.04	2.86	2.76	2.66	2.56	2.45	2.33	2.21
30	9.18	6.35	5.24	4.62	4.23	3.95	3.74	3.58	3.45	3.34	3.18	3.01	2.82	2.73	2.63	2.52	2.42	2.30	2.18
40	8.83	6.07	4.98	4.37	3.99	3.71	3.51	3.35	3.22	3.12	2.95	2.78	2.60	2.50	2.40	2.30	2.18	2.06	1.93
60	8.49	5.79	4.73	4.14	3.76	3.49	3.29	3.13	3.01	2.90	2.74	2.57	2.39	2.29	2.19	2.08	1.96	1.83	1.69
120	8.18	5.54	4.50	3.92	3.55	3.28	3.09	2.93	2.81	2.71	2.54	2.37	2.19	2.09	1.98	1.87	1.75	1.61	1.43
∞	7.88	5.30	4.28	3.72	3.35	3.09	2.90	2.74	2.62	2.52	2.36	2.19	2.00	1.90	1.79	1.67	1.53	1.36	1.00

α＝0.001　　　　　　　　　　　　　　　　　　　　　（续表）

n \ m	1	2	3	4	5	6	7	8	9	10	12	15	20	24	30	40	60	120	∞
1	4053＋	5000＋	5404＋	5625＋	5764＋	5859＋	5929＋	5981＋	6023＋	6056＋	6107＋	6158＋	6209＋	6235＋	6261＋	6287＋	6313＋	6340＋	6366＋
2	998.5	999.0	999.2	999.2	999.3	999.3	999.4	999.4	999.4	999.4	999.4	999.4	999.4	999.5	999.5	999.5	999.5	999.5	999.5
3	167.0	148.5	141.1	137.1	134.6	132.8	131.6	130.6	129.9	129.2	128.3	127.4	126.4	125.9	125.4	125.0	124.5	124.0	123.5
4	74.14	61.25	56.18	53.44	51.71	50.53	49.66	49.00	48.47	48.05	47.41	46.76	46.10	45.77	45.43	45.09	44.75	44.40	44.05
5	47.18	37.12	33.20	31.09	29.75	28.84	28.16	27.64	27.24	26.92	26.42	25.91	25.39	25.14	24.87	24.60	24.33	24.06	23.79
6	35.51	27.00	23.70	21.92	20.81	20.03	19.46	19.03	18.69	18.41	17.99	17.56	17.12	16.89	16.67	16.44	16.21	15.99	15.75
7	29.25	21.69	18.77	17.19	16.21	15.52	15.02	14.63	14.33	14.08	13.71	13.32	12.93	12.73	12.53	12.33	12.12	11.91	11.70
8	25.42	18.49	15.83	14.39	13.49	12.86	12.40	12.04	11.77	11.54	11.19	10.84	10.48	10.30	10.11	9.92	9.73	9.53	9.33
9	22.86	16.39	13.90	12.56	11.71	11.13	10.70	10.37	10.11	9.89	9.57	9.24	8.90	8.72	8.55	8.37	8.19	8.00	7.81
10	21.04	14.91	12.55	11.28	10.48	9.92	9.52	9.20	8.96	8.75	8.45	8.13	7.80	7.64	7.47	7.30	7.12	6.94	6.67
11	19.69	13.81	11.56	10.35	9.58	9.05	8.66	8.35	8.12	7.92	7.63	7.32	7.01	6.85	6.68	6.52	6.35	6.17	6.00
12	18.64	12.97	10.80	9.63	8.89	8.38	8.00	7.71	7.48	7.29	7.00	6.71	6.40	6.25	6.09	5.93	5.76	5.59	5.42
13	17.81	12.31	10.21	9.07	8.35	7.86	7.49	7.21	6.98	6.80	6.52	6.23	5.93	5.78	5.63	5.47	5.30	5.14	4.97
14	17.14	11.78	9.73	8.62	7.92	7.43	7.08	6.80	6.58	6.40	6.13	5.85	5.56	5.41	5.25	5.10	4.94	4.77	4.60
15	16.59	11.34	9.34	8.25	7.57	7.09	6.74	6.47	6.26	6.08	5.81	5.54	5.25	5.10	4.95	4.80	4.64	4.47	4.31
16	16.12	10.97	9.00	7.94	7.27	6.81	6.46	6.19	5.98	5.81	5.55	5.27	4.99	4.85	4.70	4.54	4.39	4.23	4.06
17	15.72	10.66	8.73	7.68	7.02	6.56	6.22	5.96	5.75	5.58	5.32	5.05	4.78	4.63	4.48	4.33	4.18	4.02	3.85
18	15.38	10.39	8.49	7.46	6.81	6.35	6.02	5.76	5.56	5.39	5.13	4.87	4.59	4.45	4.30	4.15	4.00	3.84	3.67
19	15.08	10.16	8.28	7.26	6.62	6.18	5.85	5.59	5.39	5.22	4.97	4.70	4.43	4.29	4.14	3.99	3.84	3.68	3.51
20	14.82	9.95	8.10	7.10	6.46	6.02	5.69	5.44	5.24	5.08	4.82	4.56	4.29	4.15	4.00	3.86	3.70	3.54	3.38
21	14.59	9.77	7.94	6.95	6.32	5.88	5.56	5.31	5.11	4.95	4.70	4.44	4.17	4.03	3.88	3.74	3.58	3.42	3.26
22	14.38	9.61	7.80	6.81	6.19	5.76	5.44	5.19	4.99	4.83	4.58	4.33	4.06	3.92	3.78	3.63	3.48	3.32	3.15
23	14.19	9.47	7.67	6.69	6.08	5.65	5.33	5.09	4.89	4.73	4.48	4.23	3.96	3.82	3.68	3.53	3.38	3.22	3.05
24	14.03	9.34	7.55	6.59	5.98	5.55	5.23	4.99	4.80	4.64	4.39	4.14	3.87	3.74	3.59	3.45	3.29	3.14	2.97
25	13.88	9.22	7.45	6.49	5.88	5.46	5.15	4.95	4.71	4.56	4.31	4.06	3.79	3.66	3.52	3.37	3.22	3.06	2.89
26	13.74	9.12	7.36	6.41	5.80	5.38	5.07	4.83	4.64	4.48	4.24	3.99	3.72	3.59	3.44	3.30	3.15	2.99	2.82
27	13.61	9.02	7.27	6.33	5.73	5.31	5.00	4.76	4.57	4.41	4.17	3.92	3.66	3.52	3.38	3.23	3.08	2.92	2.75
28	13.50	8.93	7.19	6.25	5.66	5.24	4.93	4.69	4.50	4.35	4.11	3.86	3.60	3.46	3.32	3.18	3.02	2.86	2.69
29	13.39	8.85	7.12	6.19	5.59	5.18	4.87	4.64	4.45	4.29	4.05	3.80	3.54	3.41	3.27	3.12	2.97	2.81	2.54
30	13.29	8.77	7.05	6.12	5.53	5.12	4.82	4.58	4.39	4.24	4.00	3.75	3.49	3.36	3.22	3.07	2.92	2.76	2.59
40	12.61	8.25	6.60	5.70	5.13	4.73	4.44	4.21	4.02	3.87	3.64	3.40	3.15	3.01	2.87	2.73	2.57	2.41	2.23
60	11.97	7.76	6.17	5.31	4.76	4.37	4.09	3.87	3.69	3.54	3.31	3.08	2.83	2.69	2.55	2.41	2.25	2.08	1.89
120	11.38	7.32	5.79	4.95	4.42	4.04	3.77	3.55	3.38	3.24	3.02	2.78	2.53	2.40	2.26	2.11	1.95	1.76	1.54
∞	10.83	6.91	5.42	4.62	4.10	3.74	3.47	3.27	3.10	2.96	2.74	2.51	2.27	2.12	1.99	1.84	1.66	1.45	1.60

注：＋表示要将所列数乘以100。

参考文献

［1］ 盛骤,谢式千,潘承毅.概率论与数理统计.4 版.北京:高等教育出版社,2008.
［2］ 大连理工大学应用数学系.概率论与数理统计.2 版.大连:大连理工大学出版社,2007.
［3］ 同济大学应用数学系.工程数学/概率统计简明教程.北京:高等教育出版社,2003.
［4］ 孙荣恒.趣味随机问题.北京:科学出版社,2004.